海洋资源开发系列丛书

国家重点开发计划，国家科技重大专项，中华人民共和国工信部高技术船舶科研项目，陵水半潜式生产储油平台“深海一号”专项研究成果

向量式有限元及其在海洋工程的应用

余 杨 李振眠 编著

天津大学出版社
TIANJIN UNIVERSITY PRESS

图书在版编目(CIP)数据

向量式有限元及其在海洋工程的应用 / 余杨, 李振眠编著. -- 天津 : 天津大学出版社, 2022.9
（海洋资源开发系列丛书）
国家重点研发计划　国家科技重大专项　中华人民共和国工信部高技术船舶科研项目　陵水半潜式生产储油平台“深海一号”专项研究成果
ISBN 978-7-5618-7123-2

Ⅰ. ①向… Ⅱ. ①余… ②李… Ⅲ. ①有限元－应用－海洋工程－研究 Ⅳ. ①P75

中国版本图书馆CIP数据核字(2022)第007234号

XIANGLIANGSHI YOUXIANYUAN JI QI ZAI HAIYANG GONGCHENG DE YINGYONG

出版发行　天津大学出版社
地　　址　天津市卫津路92号天津大学内(邮编:300072)
电　　话　发行部:022-27403647
网　　址　www.tjupress.com.cn
印　　刷　北京盛通商印快线网络科技有限公司
经　　销　全国各地新华书店
开　　本　787×1092　1/16
印　　张　14.875
字　　数　343千
版　　次　2022年9月第1版
印　　次　2022年9月第1次
定　　价　39.00元

本书编委会

主任　余　杨　李振眠

委员　余建星　许雷阁　吴　晗　吴海欣

赵明仁　吴静怡　成司元　赵　宇

黄明哲　尤耀峰　孙文正　崔宇朋

张晓铭　段庆昊

前　言

向量式有限元是关于结构力学行为分析的一种新式方法，致力于通过简单而系统化的计算程序对结构的真实行为进行仿真。经过二十多年的发展，该方法已经在很多分析理论和应用实践上取得重要发展，尤其对大变形、大转动、材料（黏）弹（塑）性、屈曲、碰撞、断裂和穿透等复杂结构行为的模拟已显示出独特的优越性，包括程序的稳定性、计算的收敛性与准确性、程序编写的简洁性以及适合并行处理等。在海洋工程领域，将向量式有限元应用于海洋结构物分析的报道日渐增多，特别是在导管架平台、海洋立管等的力学行为分析上取得了很好的效果。

多年来，本书作者及其团队一直从事海洋工程专业领域的教学和科研工作，在以海洋平台结构、立管系统和海底管道为主的海洋油气采输结构系统安全评估与风险防控方面具有十多年的工程经验，先后承担国家 973 计划项目、国家自然科学基金项目、“十一五”“十二五”“十三五”国家重大科技专项课题、国家工信部高新技术船舶科研任务和国家重大工程攻关专项等。本书汇聚了作者及其团队在新式计算结构力学——向量式有限元方法的理论研究及应用于海洋工程领域的成果。这些成果的取得得到了上述项目的大力资助，在此深表感谢。

本书系统阐述了向量式有限元的基本理论方法、非线性力学问题求解策略和高性能计算实现方法，密切结合海上电气导管架平台、深海采矿软管、海洋柔性立管、海底管道等实用工程结构开展理论实践及工程化应用。本书编写过程中力求便于工程应用，因此紧密结合海洋工程实际。本书分 3 篇，共计 9 章。第 1 篇介绍向量式有限元的理论原理，分析了向量式有限元与经典有限元之间的区别与联系，介绍了常用的梁单元、薄板单元和薄壳单元；第 2 篇介绍非线性力学问题求解策略和计算机实现，涉及几何非线性、材料非线性、边界非线性、计算机策略、计算机编程实现与程序验证和 OpenMP、MPI 并行程序设计等内容；第 3 篇介绍向量式有限元在海洋工程中的应用，包括海上电气平台非线性动力分析、多浮子段缓波型柔性立管静动力响应分析、深海海底采矿弯曲软管结构动力响应分析、悬跨海底管道管土耦合分析和带整体式止屈器海底管道局部压溃 - 屈曲传播 - 止屈穿越行为分析等。

本书由余杨、余建星、吴海欣、李振眠等共同编写。在编写过程中，得到了天津大学建筑工程学院深水结构实验室师生的支持、鼓励和帮助，在此表示衷心感谢！

感谢作者研究团队为本书做出的贡献，团队成员包括吴静怡、成司元、赵明仁、赵宇、黄明哲、孙文正、崔宇朋、张晓铭、尤耀峰、段庆昊等。

在本书编写过程中，参阅和引用了同行专家的资料和科研成果。华北水利水电大学许雷阁老师和中科院力学研究所吴晗老师分别参与编写了“悬跨海底管道管土耦合分析”和“深海海底采矿弯曲软管结构动力响应分析”的相关内容，并对本书内容的编写提出了宝贵意见。本书第1篇“向量式有限元的理论原理”主要参考了浙江大学丁承先教授、段元峰教授、王震博士等的著作和论文，他们的工作给了我们很好的启发，在此对他们表示深切的谢意！

由于作者水平所限，书中难免有不妥之处，恳请读者批评指正，衷心感谢读者对本书提出宝贵意见！

作　者

2021年9月

于天津大学北洋园校区

目　　录

第 1 篇　向量式有限元的理论原理

第 1 章　向量式有限元简介

1.1　向量式有限元的起源和发展

向量式有限元（Vector Form Intrinsic Finite Element，VFIFE）是结构力学行为分析的一种新方法，致力于通过简单而系统化的计算程序对结构的真实行为进行仿真。该方法由美国普渡大学（Purdue University）丁承先教授首先提出，其研究团队提出和发展向量式有限元的过程如下。2001 年，针对泥砾土岩力学行为分析时应用显式固体有限元、大变形分析理论遇到的诸多困难提出了逆向运动分解概念，并在处理平面固体的极大变形和土岩问题上取得较好结果；2002—2004 年，联合中原大学等高校的研究团队（V-5 研究小组），提出了点方程式的概念，开发了一系列向量式有限元单元类型，包括平面及三维的桁架、刚架、薄膜和固体等多种单元。其间，还针对结构大变形、大变位、屈曲等以及刚体和柔性结构的运动问题进行数值验证；2005—2008 年，以连续介质力学为基础，发展了向量式固体力学理论。同时，提出了途径单元的概念，用来处理结构的弹（塑）性、断裂和碰撞等不连续行为的问题。这个阶段，向量式有限元的相关研究大多局限于台湾地区。尽管如此，在很多理论分析和应用实践上，该方法已经取得重要发展，尤其在处理多个结构的系统动力、大变形等问题上已显示出独特的优越性，包括程序的稳定性、计算的收敛性与准确性、程序编写的简洁性以及适合并行处理等。

自 2009 年起，丁承先教授任教于浙江大学建筑工程学院，与董石麟院士、吴东岳博士和段元锋博士等合作，在已有梁（杆）单元的基础上进一步发展了实体单元、薄膜单元、薄板单元和薄壳单元。实体单元类型有三维的轴对称固体单元、八结点六面体等参实体单元和四结点四面体实体单元等；薄膜单元类型有三角形常应变（Constant Strain Triangle，CST）薄膜单元和四结点四边形薄膜单元等；薄板单元类型主要是三角形离散基尔霍夫（Discrete Kirchhoff Triangle，DKT）薄板单元等；薄壳单元类型主要是三角形薄壳单元，由 CST 薄膜单元和 DKT 薄壳单元线性叠加得到。值得一提的是，除上述具名的学者外，该团队的王震博士对向量式有限元单元类型的开发也做出了重要贡献。

浙江大学团队的另外一个方面的重要工作是将向量式有限元方法成功应用于空间结构、大跨桥梁、高层建筑、输电塔线、管道等结构的行为分析。喻莹将向量式有限元方法引入空间结构分析领域，并取得了较好的效果。段元锋等采用向量式有限元平面梁单元，研究了斜拉桥在地震作用下振动和倒塌的全过程。朱明亮和董石麟利用向量式有限元对弦支穹顶的斜索和环索失效全过程进行了跟踪模拟分析，得到了弦支穹顶断索后位移和内力的动力响应曲线。倪秋斌采用向量式有限元方法建立了斜拉索数值模型，并研究了斜拉索的阻尼器设计参数，证实向量式有限元方法在斜拉索振动控制研究中具有很高的准确性。袁峰等采用弹性海床和塑性海床模拟管土相互作用，将向量式有限元方法初步应用于海洋管土动力循环中，取得了一些有意义的分析结果。

随着向量式有限元的推广，其在结构复杂行为，如大变形、大转动、材料(黏)弹(塑)性、屈曲、碰撞、断裂和穿透等的模拟优势日益显现。陈建霖在刚架单元中考虑 $P\text{-}\Delta$ 效应，并利用塑性理论建立塑性区预测了平面构架受力后因几何和材料变化产生的构件断裂和构架倒塌等破坏行为。蔡文昌针对二维刚架结构研究了含应变率影响的弹(塑)性材料结构的接触行为和断裂行为。钟俊杰将向量式有限元方法用于轮轨接触研究，在轮轨静态接触和滚动接触时分别采用间隙单元法和罚函数法，避免了接触过程中的边界非线性和接触刚度选取问题。于磊推导了应用于向量式有限元的各向异性膜材料的本构矩阵，考虑了膜材料接触时的摩擦作用，同时制定了膜结构碰撞接触准则，实现了膜结构褶皱分析与接触碰撞模拟。王震等将双线性弹(塑)性材料本构模型(考珀 - 西蒙兹模型，Cowper-Symonds model)引入向量式有限元实体单元，实现了考虑塑性硬化效应时实体结构的材料非线性行为分析。段元锋等针对弹性裂纹扩展和内聚裂纹扩展分别提出 VFIFE-J 积分方法和 VFIFE-FCM (Fictitious Crack Model)方法，能够在不需要全局刚度矩阵和额外的弱刚度单元情况下处理裂纹扩展问题。曲激婷和宋全宝基于向量式有限元理论建立了黏滞阻尼单元，对附加黏滞阻尼器的平面钢框架结构进行了抗竖向连续倒塌动力分析，结合拆除构件法开发考虑初始变形的瞬时卸载法程序，实现了构件拆除前静力分析和构件拆除后动力分析的全过程统一。

向量式有限元在一些非常规领域也有所应用，例如用于工程实务模拟、控制元件模拟、机构分析模拟、火灾和温度效应模拟、海洋结构物分析等。刘奕廷利用向量式有限元单元增减和边界条件改变便捷等特点，对房屋结构以及斜拉桥等结构物在施工各阶段的行为进行了数值模拟，以避免传统有限元需对每个施工阶段建立新模型的不便。陈诗宏利用向量式有限元研究了多种被动结构控制元件，如黏性液体阻尼器等消能元件、铅芯橡胶支承等减震元件的性能。张燕如运用向量式有限元对梁、不同约束条件和不同温度场分布情况下的柱构件参数进行了分析，进而研究了单跨门式刚架在理想(均匀)温度场与模拟真实火灾(非均匀)温度场中的性能。利恩(Lien K H)等验证了向量式有限元分析模型能有效预测钢结构在加热和降温阶段的非线性行为，并对多层多跨钢框架等结构在火灾下的整个过程进行了模拟。在作者所从事的海洋工程领域，也有不少学者尝试在海洋结构物分析过程中引入向量式有限元，并取得了很好的应用成果。陈旭俊和张圩假定杆件为梁结构，建立了导管架平台的向量式有限元静力分析模型，通过分析局部结构和整体结构的应力状态和力学性能，评估了导管架平台整体结构在极端环境条件下的安全性与可靠性。胡狄等考虑立柱式平台(SPAR)扶正的结构大变位特性，基于向量式有限元基本原理建立了扶正过程计算分析方法。李效民等将向量式有限元应用于顶张力立管的动力行为分析中，采用平面弯曲杆件元模拟质点间的相互作用力，分析了立管在海流、波浪作用下的动力响应特性。此外，王飞和李效民等采用三种弹簧模型模拟海床，将向量式有限元用于钢悬链线立管触地段与海床土体相互作用的研究中，分析了弹簧模型、土体刚度、土体吸力系数等参数对立管触地段变形和弯曲应力的影响。

经过近二十多年的发展，向量式有限元的研究和应用有了一定深度和广度的进展，能够处理很多实际问题，特别是在结构复杂行为分析等方面显示出了独特的优越性，即不同的结构形式（包括平面和三维的桁架、刚架、固体和板壳等）以及复杂的强非线性力学行为（包括大变形、空间运动、材料性质的变化、断裂、倒塌、碰撞等），都可以用相同的概念和程序来处理。但是，向量式有限元还需要进一步研究、丰富和完善，特别是传统结构力学分析方法相关概念方法的针对性迁移应用研究与面向特定应用领域及特殊问题的数值方法创新。相信随着研究的深入，向量式有限元将不断完善，并在工程领域得到广泛应用，成为解决实际工程难题的有效工具之一。

1.2　传统结构力学分析方法

在阐述向量式有限元分析之前，首先以弹性力学问题为例介绍传统结构力学分析方法，以便综合分析向量式有限元和传统结构力学方法在基本假设、基本概念、理论推导和计算分析方法等方面的区别与联系，使读者更好地理解和应用向量式有限元。本节内容重点参考的资料有：王勖成的《有限单元法》，张新春、慈铁军和范伟丽等翻译的《有限元方法编程》和曾攀的《有限元分析及应用》。

1.2.1　弹性力学基础理论

弹性力学的一个基本假设是结构由无数点组成，而这些点的空间位置可以用一组连续可微的函数表示。对于结构域内任意一点，通常取为一个微元自由体，其应力、应变和位移用连续函数表示，并满足平衡方程、几何方程和本构关系以及相应的边界条件。在如图 1-1 所示的直角坐标系 $x_1x_2x_3$ 中，用笛卡尔张量符号表示弹性力学基本方程如下。

平衡方程（在 Ω 内）：

$$\sigma_{ij,j} + \bar{f}_i = 0 \qquad (i = 1, 2, 3) \tag{1-1}$$

几何方程（在 Ω 内）：

$$\varepsilon_{ij} = \frac{1}{2}\left(u_{i,j} + u_{j,i}\right) \qquad (i, j = 1, 2, 3) \tag{1-2}$$

本构关系（在 Ω 内）：

$$\sigma_{ij} = D_{ijkl}\varepsilon_{kl} \qquad (i, j, k, l = 1, 2, 3) \tag{1-3}$$

此外，边界条件上满足在指定力的边界 S_σ 上：

$$\sigma_{ij} n_j = \bar{T}_i \qquad (i = 1, 2, 3) \tag{1-4}$$

在指定位移的边界 S_u 上：

$$u_i = \bar{u}_i \qquad (i = 1, 2, 3) \tag{1-5}$$

式中：σ、ε 分别为应力张量和应变张量；u、$\bar{f}$ 和 $\bar{T}$ 分别为位移张量、体力张量和面力张量；D 为弹性张量；下标“i”“j”“k”和“l”均为坐标标记，“$,j$”表示对独立坐标 x_j 求偏导数；$\sigma_{ij,j}$ 项中重复出现的下标“j”为哑指标，表示该项在该指标的取值范围（1，2，3）内遍历求和；n_j为边界外法线Ω的三个方向余弦；$\overline{u}_i$为边界S_u上弹性体的已知位移。

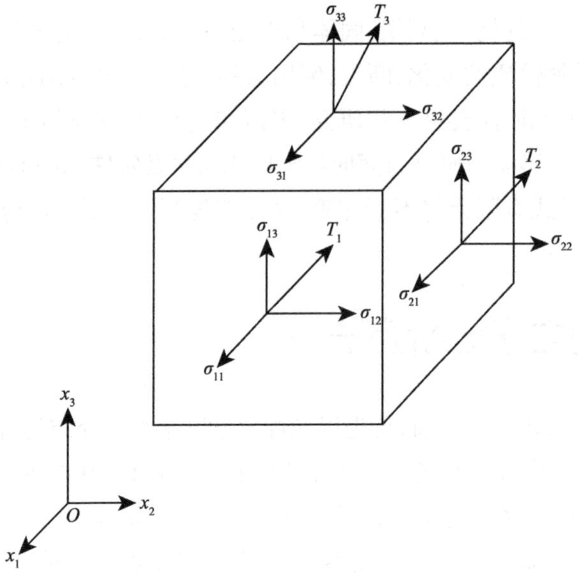

图 1-1　应力张量及其分量

对于弹性体动力学问题，描述结构动力学特征的基本力学变量和方程与上述的静力问题类似，但所有变量（位移、应变、应力和载荷等）不仅是空间位置的函数，也是时间的函数。此外，弹性体动力学平衡方程中增加了惯性力和阻尼力这两种体积力。弹性体动力学方程如下。

平衡方程（在Ω内）：

$$\sigma_{ij,j}+\overline{f}_i-\rho u_{i,tt}-\mu u_{i,t}=0 \qquad (i=1,2,3) \tag{1-6}$$

几何方程（在Ω内）：

$$\varepsilon_{ij}=\frac{1}{2}\left(u_{i,j}+u_{j,i}\right) \qquad (i,j=1,2,3) \tag{1-7}$$

本构关系（在Ω内）：

$$\sigma_{ij}=D_{ijkl}\varepsilon_{kl} \qquad (i,j,k,l=1,2,3) \tag{1-8}$$

在指定力的边界S_σ上：

$$\sigma_{ij}n_j=\overline{T}_i \qquad (i=1,2,3) \tag{1-9}$$

在指定位移的边界S_u上：

$$u_i=\overline{u}_i \qquad (i=1,2,3) \tag{1-10}$$

另外，还应计入下列两个初始条件。

初始时刻位移条件：

$$u_i\left(x_1,x_2,x_3,0\right)=u_i\left(x_1,x_2,x_3\right) \qquad (i=1,2,3) \tag{1-11}$$

初始时刻速度条件：

$$u_{i,t}\left(x_1,x_2,x_3,0\right)=u_{i,t}\left(x_1,x_2,x_3\right) \qquad (i=1,2,3) \tag{1-12}$$

式中：ρ 为质量密度；μ 为阻尼系数；$u_{i,t}$、$u_{i,tt}$ 分别为 u_i 对时间 t 的一次导数和二次导数，即表示 i 方向的速度和加速度。

上述的弹性体静力学方程和动力学方程均属于偏微分方程。这些偏微分方程的求解方法多种多样，根据对偏微分方程的处理方式主要可分为基于微分形式和基于积分形式两大类。表 1-1 列出了微分形式的求解方法与积分形式的求解方法的特点比较。

表 1-1　求解弹性力学方程的主要方法及其特点比较

求解方法	微分形式			积分形式		
				加权残值法		
	解析法	半解析法	差分法	伽辽金（Galerkin）法	残值最小二乘法	最小势能原理
方式	求解原微分方程			积分形式的极值问题		
求解过程	1. 直接针对原方程； 2. 分离变量； 3. 偏微分方程→常微分方程； 4. 解析或半解析求解		1. 微分→差商； 2. 线性化方程组； 3. 方程组求解	1. 假设试函数满足所有边界条件； 2. 由原始方程定义残值的积分形式； 3. 取残值最小； 4. 线性化方程组		1. 假设试函数满足所有位移边界条件； 2. 定义势能泛函的积分形式（与原始方程无直接关系）； 3. 取极值最小； 4. 线性化方程组
函数的要求及形式	1. 为简化问题或进行变量分离，可先假设解函数的形式； 2. 函数连续性要求高			1. 试函数要满足所有边界条件； 2. 函数连续性要求高		1. 试函数只满足位移边界条件； 2. 函数连续性要求低
泛函形式	无			1. 泛函直接由原始方程形成； 2. 泛函中的导数阶次高		1. 需定义新的泛函，要求在极值条件下与原始方程对应； 2. 泛函中的导数阶次低
方程的最后形式	常微分方程		差分方程	积分方程→线性方程组		线性方程组
关键点	寻找满足全场条件的解函数			全场试函数满足所有边界条件		全场试函数只需满足位移边界条件
难易程度	很难			较难		简单
求解精度	高			较高		低
通用性	不好		较好	较好		很好
解题范围	简单问题（非常有限）		较复杂问题	较大		大
规范性	不规范，技巧要求高		比较规范	只要试函数确定，后续过程非常规范		

基于微分形式的求解方法，即使用解析法、半解析法和差分法，直接求解原微分方程，这种方法需要寻找满足全场条件的解函数，具有非常高的求解精度。解析法和半解析法通过分离变量法将偏微分方程转换为常微分方程，需要较高的数学技巧，只能处理非常有限的简单问题。差分法的思路是将偏微分方程转换为差分方程，由此构造线性方程组进行求解，该方法能够处理一些复杂的问题。

基于积分形式的求解方法，是指利用微分方程的等效积分“弱形式”，将偏微分方程求解问题等效为等效积分形式的极值问题。积分形式的求解方法包括伽辽金法、残值最小二乘法和最小势能原理。伽辽金法和残值最小二乘法要求试函数满足所有边界条件,而最小势能原理只要求试函数满足位移边界条件。这与微分形式求解方法对试函数的要求相比,在问题求解的精度要求较宽松,属于近似计算。但是,积分形式的求解方法难度较低,而且具有较好的通用性,能够处理大部分问题。由于将偏微分方程求解问题转换为积分形式的极值问题,方程的最终形式是线性方程组,运用非常规范的解法就能够得到方程组的解。

由于实际工程问题非常复杂,从工程适用性和实用性角度考虑,积分形式的求解方法具有较明显的综合优势,因此常作为经典有限元方法的重要基础原理使用。

1.2.2 经典有限元分析方法

由表 1-1 可知,在积分形式求解方法原理基础上要发展出通用于工程实际中任意复杂结构的力学分析和求解方法,需要解决以下技术难点:①复杂物体的几何描述;②规范化的试函数;③ 全场试函数的表达。经典有限元分析方法的解决方案:首先需要在力学偏微分方程所在的空间上对其进行离散化,即将一个大的区域划分为一系列标准形状的几何体(即有限单元),然后在这些标准几何体上构建规范化的试函数表达。利用试函数和最小势能原理或加权残值法,将力学偏微分方程(式(1-1)至式(1-5)或式(1-6)至式(1-12))变成某种形式的矩阵方程,以此把单元中某些特定点(即结点)上的输入(已知量)和同一点上的输出(未知量)联系起来。为求解某个大型区域上的方程,通常将各个有限单元上的矩阵方程按结点叠加起来,得到一个总体矩阵方程后求解。经典有限元分析方法的基本思路如图 1-2 所示。

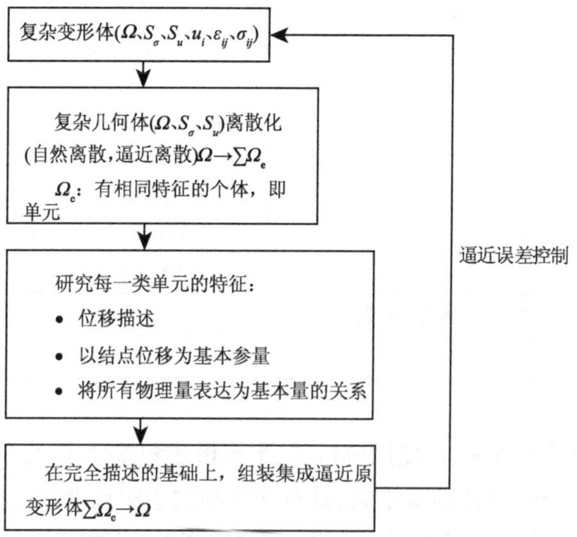

图 1-2 经典有限元分析方法的基本思路

下面以 1.2.1 节所述的弹性体动力学问题为例,介绍使用经典有限元分析方法的基本步骤。

1. 连续区域的离散化

弹性体动力学问题由四维组成,包括三维位置空间 (x_1, x_2, x_3) 和一维时间 t。在有限元分析中一般采用部分离散的方法,即只对空间域进行离散。空间域按一定规则划分为有限个标准的单元,实现 $\Omega \to \sum \Omega_e$。这一步骤是按问题的几何特点和精度要求等因素划分一类或者不同类单元的组合,由此形成网格,即将原来的连续体离散为在单元结点处相互连接的有限单元结合体。

2. 构造插值函数

由于只对空间域进行离散,因此在每个有限单元内位移 $\boldsymbol{u}$ 的插值可以表示为

$$\boldsymbol{u} = \boldsymbol{N}\boldsymbol{a}^{\mathrm{e}} \tag{1-13}$$

其中,

$$\boldsymbol{u} = \begin{pmatrix} u_1(x_1, x_2, x_3, t) \\ u_2(x_1, x_2, x_3, t) \\ u_3(x_1, x_2, x_3, t) \end{pmatrix} = \begin{pmatrix} u(x, y, z, t) \\ v(x, y, z, t) \\ w(x, y, z, t) \end{pmatrix} \tag{1-14}$$

$$\boldsymbol{N} = (\boldsymbol{N}_1 \quad \boldsymbol{N}_2 \quad \cdots \quad \boldsymbol{N}_n), \boldsymbol{N}_i = N_i \boldsymbol{I}_{3\times3} (i = 1, 2, \cdots, n) \tag{1-15}$$

$$\boldsymbol{a}^{\mathrm{e}} = \begin{pmatrix} \boldsymbol{a}_1 \\ \boldsymbol{a}_2 \\ \vdots \\ \boldsymbol{a}_n \end{pmatrix}, \boldsymbol{a}_i = \begin{pmatrix} u_i \\ v_i \\ w_i \end{pmatrix} (i = 1, 2, \cdots, n) \tag{1-16}$$

式中:$\boldsymbol{I}_{3\times3}$ 为单位矩阵;$\boldsymbol{N}_i$ 为试函数矩阵;$\boldsymbol{a}_i$ 是单元 i 的待定参数结点位移,$\boldsymbol{a}^{\mathrm{e}}$ 为单元结点位移列阵,二者均为时间的函数;N_i 称为试函数(或形函数)的已知函数,取自完全的函数系列,是线性独立的。完全的函数系列是指序列内任一函数都可以用此序列表示,且序列内函数相互独立。近似解通常需要满足强制边界条件和连续性的要求。而 (x, y, z) 表示为与笛卡尔坐标系对应的直角坐标系,即 (x, y, z) 与 (x_1, x_2, x_3) 对应、(u, v, w) 与 (u_1, u_2, u_3) 对应。

3. 形成结构整体的求解方程

平衡方程(式(1-6))和力的边界条件(式(1-9))的等效积分形式的伽辽金提法可表示为

$$\int_\Omega \delta u_i \left(\sigma_{ij,j} + \bar{f}_i - \rho u_{i,tt} - \mu u_{i,t}\right) \mathrm{d}\Omega - \int_{S_\sigma} \delta u_i \left(\sigma_{ij} n_j - \bar{T}_i\right) \mathrm{d}S = 0 \tag{1-17}$$

对式(1-17)的第 1 项 $\int_\Omega \delta u_i \sigma_{ij,j} \mathrm{d}\Omega$ 进行分部积分,并代入本构关系式(式(1-8)),则从式(1-17)可以得到

$$\int_\Omega \left(\delta\varepsilon_{ij} D_{ijkl} \varepsilon_{kl} + \delta u_i \rho u_{i,tt} + \delta u_i \mu u_{i,t}\right) \mathrm{d}\Omega = \int_\Omega \delta u_i \bar{f}_i \mathrm{d}\Omega + \int_{S_\sigma} \delta u_i \bar{T} \mathrm{d}S \tag{1-18}$$

将离散后的位移表达式(1-13)代入式(1-18),并注意到结点位移变化 $\delta \boldsymbol{a}$ 的任意性,最终得到结构整体的运动控制方程为

$$\boldsymbol{M}\ddot{\boldsymbol{a}}(t) + \boldsymbol{C}\dot{\boldsymbol{a}}(t) + \boldsymbol{K}\boldsymbol{a}(t) = \boldsymbol{Q}(t) \tag{1-19}$$

式中:$\ddot{\boldsymbol{a}}(t)$、$\dot{\boldsymbol{a}}(t)$ 分别为结构的结点加速度向量和结点速度向量;$\boldsymbol{M}$、$\boldsymbol{C}$、$\boldsymbol{K}$ 和 $\boldsymbol{Q}(t)$ 分别为结构的质量矩阵、阻尼矩阵、刚度矩阵和结点载荷向量,并分别由各自的单元矩阵和向量集成,即

$$M = \sum_{e} M^{e} \tag{1-20a}$$

$$C = \sum_{e} C^{e} \tag{1-20b}$$

$$K = \sum_{e} K^{e} \tag{1-20c}$$

$$Q = \sum_{e} Q^{e} \tag{1-20d}$$

其中，

$$M^{e} = \int_{\Omega^{e}} \rho N^{T} N \mathrm{d}\Omega^{e} \tag{1-21a}$$

$$C^{e} = \int_{\Omega^{e}} \mu N^{T} N \mathrm{d}\Omega^{e} \tag{1-21b}$$

$$K^{e} = \int_{\Omega^{e}} B^{T} D B \mathrm{d}\Omega^{e} \tag{1-21c}$$

$$Q^{e} = \int_{\Omega^{e}} N^{T} f \mathrm{d}\Omega^{e} + \int_{S_{\sigma}} N^{T} T \mathrm{d}S \tag{1-21d}$$

式中：$\boldsymbol{M}^{e}$、$\boldsymbol{C}^{e}$、$\boldsymbol{K}^{e}$和$\boldsymbol{Q}^{e}$分别为单元的质量矩阵、阻尼矩阵、刚度矩阵和结点载荷向量；$\boldsymbol{B}$为应力 - 应变关系矩阵；$\boldsymbol{D}$为材料本构关系矩阵；$\boldsymbol{f}$为单元体积载荷向量；$\boldsymbol{T}$为单元边界载荷向量。

4. 求解运动控制方程

式(1-19)如果是时间无关的，即静力分析，该方程应退化为

$$Ka = Q \tag{1-22}$$

式(1-22)属于线性代数方程组，可以用基于高斯消元法的直接解法和迭代解法等进行求解。由于有限元分析中线性代数方程组常常是大型的，甚至是超大型的，因此应该选择适当的解法，在保证求解精度的条件下尽可能地提高效率。

比较式(1-19)和式(1-22)，由于动力学平衡方程中出现惯性力和阻尼力两项体积力，因此引入了质量矩阵和阻尼矩阵，最后得到的求解方程(式(1-19))为二阶常微分方程组。关于二阶常微分方程组的解法，在有限元分析中常常使用直接积分法和振型叠加法进行求解。关于线性代数方程组和常微分方程组的解法在本节参考的经典有限元相关书籍中可以找到，这里不进一步展开。

5. 计算结构的应变和应力

当从式(1-19)求解得到单元结点的位移向量$\boldsymbol{a}(t)$后，可利用几何方程(式(1-7))和本构关系(式(1-8))计算所需要的应变$\boldsymbol{\varepsilon}(t)$和应力$\boldsymbol{\sigma}(t)$。

1.3 向量式有限元分析

向量式有限元分析有着与1.2节所述的经典有限元分析完全不同的理论架构，基本的差异是选择了一组不同的描述概念和简化假设。向量式有限元分析寻求用一个简化、系统、通用的理论和计算程序来处理结构力学问题。对于结构分析的复杂性，向量式有限元分析追求通过较小的修改来解决问题。因此，向量式有限元分析方法对结构静力和动力问题统一用动力学分析方法处理。总体来看，向量式有限元分析有三个基本概念：点值描述(point value description)、途径单元(path element)和逆向运动(inverse motion)。本节将阐述向量式有限元分析方法中这三个基本概念及其相关的简化假设，展示向量式有限元理论的推导思路和计算分析方法。本节重点参考的资料为丁承先、段元锋和吴东岳所著的《向量式结构力学》。

1.3.1　基本概念和假设

1.3.1.1　点值描述与质点运动方程

向量式力学分析方法采用的假设与传统结构力学分析方法不同：结构虽然也由无数个点构成，但可以通过选择一组有限数目的点来描述整体结构特性，结构的力学状态由点的运动状态确定。如图 1-3 所示，用点来表示连续体的形状，即点的位置 - 时间函数 $\boldsymbol{u}_i(t)=(x_i,y_i,z_i,\theta_{xi},\theta_{yi},\theta_{zi},t)$，$i$ 为点的标记(通常为非零的有限自然数)。上述的点是结构的质量通过一定的方式分配得到的质点(mass particle)，即有 $\Omega\to\sum P_i$，P_i 为质点。

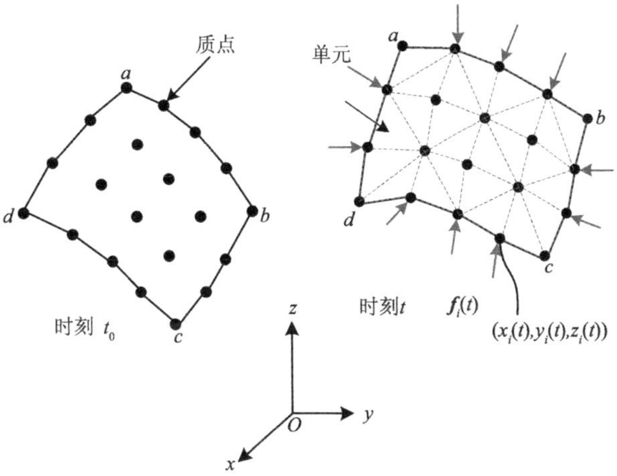

图 1-3　连续体点值描述方法

基于这样的假设，可以运用牛顿第二定律计算得到质点运动的平动微分方程和转动微分方程：

$$\boldsymbol{M}_i\ddot{\boldsymbol{u}}_i+\alpha\boldsymbol{M}_i\dot{\boldsymbol{u}}_i=\boldsymbol{F}_i \tag{1-23}$$

$$\boldsymbol{J}_i\ddot{\boldsymbol{\theta}}_i+\alpha\boldsymbol{J}_i\dot{\boldsymbol{\theta}}_i=\boldsymbol{F}_{\theta i} \tag{1-24}$$

式中：$\boldsymbol{M}_i$、$\boldsymbol{J}_i$ 分别为质点 P_i 的平动质量矩阵和转动惯量矩阵；α 为阻尼参数；$\boldsymbol{F}_i$、$\boldsymbol{F}_{\theta i}$ 分别为质点 P_i 受到的合力和合力矩向量。沿用 1.2 节所述的结点位移向量符号，此处 $\boldsymbol{u}_i=(x_i\quad y_i\quad z_i)^{\mathrm{T}}$ 为质点位移向量，$\boldsymbol{\theta}_i=(\theta_{xi}\quad \theta_{yi}\quad \theta_{zi})^{\mathrm{T}}$ 为质点转动角度向量。

对比 1.2 节所述的传统结构力学分析方法，二者的主要区别有以下四点。

(1)质点运动方程是关于一维时间的微分方程，而传统结构动力学偏微分方程是关于一维时间和三维空间的偏微分方程(对于结构静力学问题，是关于三维空间的偏微分方程)，二者求解难度和求解方法差异大。其中，质点运动方程(式(1-23)和式(1-24))采用差分方法可转换为差分方程，即可实现显式积分求解。

（2）质点运动方程针对的是一个独立质点，结构域内所有质点均需要满足该运动方程，属于结构物理模型的强形式。当所有质点的运动得到求解时，结构的力学状态即可确定。而经典有限元方法中，式（1-19）是基于试函数建立起来的符合整体边界条件要求（基于最小势能原理则只要求满足位移边界条件）的方程，属于结构物理模型的弱形式。

（3）经典有限元方法中，式（1-19）存在整体刚度矩阵，需要由单元刚度矩阵通过结点连接关系集合得到。整体刚度矩阵在复杂强非线性问题中常常会出现奇异性，导致无法得到正确解。这一问题的解决常常是借助额外的或者修正的数值方法，是经典有限元方法处理复杂力学问题的瓶颈之一。

（4）质点运动同时描述了结构的变形和运动，而式（1-19）只描述了结构的变形。因此，向量式有限元要求解结构变形需要用一定的方式从质点运动中提取出来。这表明向量式有限元自带大变位问题处理能力，但也要求有求解结构变形的特殊方法。这将在 1.3.1.3 节中进一步阐述。

为实现式（1-23）和式（1-24）的求解，需要解决以下几个问题：①如何用一个适当的方式实现 $\Omega \to \sum P_i$，得到平动质量矩阵 $\boldsymbol{M}_i$ 和转动惯量矩阵 $\boldsymbol{J}_i$；②如何计算质点受到的合力向量 $\boldsymbol{F}_i$ 和合力矩向量 $\boldsymbol{F}_{\theta i}$；③如何选择合适的差分方法和计算参数来有效控制计算误差。

首先讨论问题①的处理方法。向量式有限元将结构实体近似为质点集合，理论上计算质点平动质量和转动惯量并没有统一的方式，只要求满足如下基本原则：应取足够数量的质点，使其对应的离散质量分布情况（质点质量分布和截面质量分布）接近于连续体质量的真实分布，以保证结构计算结果趋近于真实情况。从这个原则出发，在解决问题①时，我们可以借鉴 1.2 节经典有限元方法的离散单元概念，特别是经典有限元处理动力学问题时求解结点质量矩阵的方法。

我们将质点之间的联系用特定的或者标准的形式体现，对这些形式的定义可以沿用经典有限元方法的“单元”概念，即如图 1-3（b）所示的三角形单元等。在一定程度上，可以认为质点间单元形成的网格与经典有限元方法的网格并无差异，只是向量式有限元分析中的网格结点为质点，而经典有限元分析中网格结点为结点。这也是本书所述方法称为向量式有限元的一个重要原因。质点上分配的平动质量包括质点集中质量和相连单元的等效结点质量。集成方法是估算质点总平动质量的通用方法，即通过单元内结构质量向结点聚合的方法。为简化计算，相连单元的等效结点质量通常平均分配到单元的各个结点，然后再集成到对应的质点上。于是，有

$$\boldsymbol{M}_i = \boldsymbol{m}_i + \sum_{j=1}^{k} \boldsymbol{m}_j \tag{1-25}$$

式中：$\boldsymbol{m}_i$ 为质点的集中质量；$\boldsymbol{m}_j$ 为与质点相连的单元 j 的对应结点等效质量；k 为与质点相连的单元总数。

一般地，结构材料呈均匀分布状态，则有 $\boldsymbol{m}_i = \boldsymbol{0}$。式（1-25）可简化为

$$\boldsymbol{M}_i = \sum_{j=1}^{k} \boldsymbol{m}_j \tag{1-26}$$

同样，质点转动惯量包括质点集中惯量和相连单元的等效结点惯量。采用相连单元平均分配到结点然后集成到质点的方法，有

$$\boldsymbol{J}_i = \boldsymbol{j}_i + \sum_{j=1}^{k} \boldsymbol{j}_j \tag{1-27}$$

式中：$\boldsymbol{j}_i$ 为质点的集中惯量；$\boldsymbol{j}_j$ 为与质点相连的单元 j 的对应结点等效惯量。

对于均质材料，同样有 $\boldsymbol{j}_i = \boldsymbol{0}$。那么，式(1-27)可简化为

$$\boldsymbol{J}_i = \sum_{j=1}^{k} \boldsymbol{j}_j \tag{1-28}$$

至此，问题①得到解决。对于问题②，合力(矩)向量包括结构外力(矩)向量和结构内力(矩)向量。基于单元的概念，结构外力(矩)向量等效计算方法也可以沿用经典有限元结点外力(矩)向量的计算方法，而结构内力(矩)向量的计算则需要用向量式有限元特有的途径单元和单元逆向运动等方法进行计算。这将在 1.3.1.2 节、1.3.1.3 节和 1.3.2 节中进行说明。对于问题③，计算误差主要包括差分公式的误差、点值描述的误差和内力(矩)计算的误差等。这部分内容将在 1.3.3 节中进行讨论。

1.3.1.2　途径单元与差分格式

基于 1.3.1.1 节的点值描述，结构的运动可转化为离散质点的时间函数。将结构描述为有限数目的质点，这一步骤属于空间离散。此外，向量式有限元还将对结构运动轨迹进行时间离散。这里引入“途径单元”概念，就是将每个质点运动过程的时间划分成很多个微小的时刻，即 $t \to \sum \Delta t_i\ (i = 0,1,2,\cdots,n)$，其中 t 为运动的时间，Δt_i 为标记为 i 的时间段，n 为有限自然数。如图 1-4 所示，标记时间段 Δt_i 的开始时刻为 t_i，结束时刻为 t_{i+1}，即有 $\Delta t_i = t_{i+1} - t_i$，那么时间轨迹将可以用一组相互连接的时间段描述或者离散为一组有顺序的时刻 t_0，t_1，t_2，$\cdots$，t_i，t_{i+1}，$\cdots$，而 Δt_i 或者 $t_i \leqslant t \leqslant t_{i+1}$ 被称为途径单元。在任意一个 Δt_i 内，有如下假设：

(1)结构单元内的变形、应变、应力定义以及内力计算的步骤均相同，遵循统一的标准化计算步骤；

(2)结构单元的变形很小，内力增量满足材料力学的小变形假设；

(3)计算均以途径单元开始时刻 t_i 结构的几何和受力状态作为基础；

(4)质点的运动控制方程均可由式(1-23)和式(1-24)计算得到。

因此，在某一个途径单元 Δt_i 内进行计算时，仅需要知道途径单元开始时刻 t_i 的质点和单元的状态信息，或者仅需要开始时刻及前一个途径单元的质点和单元的状态信息，不用考虑更早时刻的质点运动历程(取决于初始条件的连续性)；然后，通过质点运动方程可以计算得到途径单元结束时刻 t_{i+1} 的质点和单元的状态信息；随后，又能进入下一个途径单元的计算。如此逐步推进，直至整个计算完成。

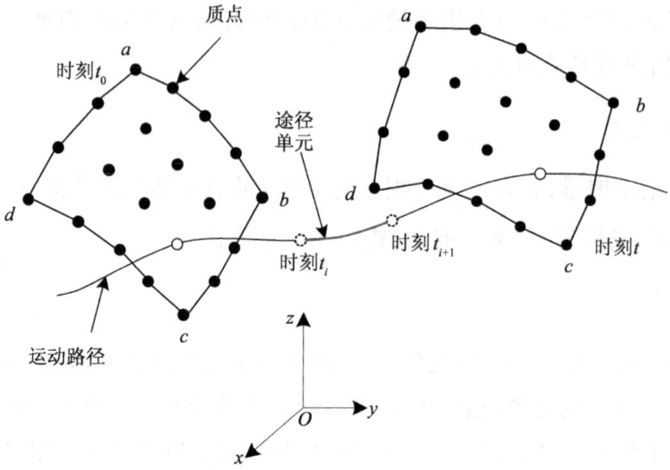

图 1-4 途径单元 $t_i \leqslant t \leqslant t_{i+1}$

沿着这个思路,式(1-23)和式(1-24)可以很自然地利用差分显式积分方法进行求解。为提高计算精度,推荐使用中央差分方法,但该方法要求利用前两个时刻(前一个途径单元)的几何和受力状态进行求解。由于质量矩阵$\boldsymbol{M}_i$是对角阵(M_i为质点 i 的质量),而转动惯量矩阵$\boldsymbol{J}_i$一般是非对角阵,因而利用中央差分方法前要先进行角位移自变量解耦,得到下式:

$$\ddot{\boldsymbol{u}}_i + \alpha\dot{\boldsymbol{u}}_i = \frac{1}{M_i}\boldsymbol{F}_i \tag{1-29}$$

$$\ddot{\boldsymbol{\theta}}_i + \alpha\dot{\boldsymbol{\theta}}_i = \boldsymbol{J}_i^{-1}\boldsymbol{F}_{\theta i} \tag{1-30}$$

然后进行各质点运动方程(式(1-29)、式(1-30))的独立差分计算求解。无初始条件(连续)时的中央差分公式为

$$\boldsymbol{u}_i^{n+1} = c_1\left(\frac{\Delta t^2}{M_i}\right)\boldsymbol{F}_i^n + 2c_1\boldsymbol{u}_i^n - c_2\boldsymbol{u}_i^{n-1} \tag{1-31}$$

$$\boldsymbol{\theta}_i^{n+1} = c_1\Delta t^2\boldsymbol{J}_i^{-1}\boldsymbol{F}_{\theta i}^n + 2c_1\boldsymbol{\theta}_i^n - c_2\boldsymbol{\theta}_i^{n-1} \tag{1-32}$$

式中:Δt 为时间步长;$c_1 = \dfrac{1}{1+\dfrac{\alpha}{2}\Delta t}$;$c_2 = c_1\left(1-\dfrac{\alpha}{2}\Delta t\right)$。

有初始条件(不连续)时的中央差分公式为

$$\boldsymbol{u}_i^{n+1} = \frac{1}{1+c_2}\left[c_1\left(\frac{\Delta t^2}{M_i}\right)\boldsymbol{F}_i^n + 2c_1\boldsymbol{u}_i^n + 2c_2\dot{\boldsymbol{u}}_i^n\Delta t\right] \tag{1-33}$$

$$\boldsymbol{\theta}_i^{n+1} = \frac{1}{1+c_2}\left(c_1\Delta t^2\boldsymbol{J}_i^{-1}\boldsymbol{F}_{\theta i}^n + 2c_1\boldsymbol{\theta}_i^n + 2c_2\dot{\boldsymbol{\theta}}_i^n\Delta t\right) \tag{1-34}$$

1.3.1.3 质点载荷计算与单元逆向运动

质点运动方程(式(1-23)、式(1-24))中,含有质点的合力向量$\boldsymbol{F}_i$和合力矩向量$\boldsymbol{F}_{\theta i}$。质点合力(矩)向量应由质点等效外力(矩)向量和质点等效内力(矩)向量集成,即

$$\boldsymbol{F}_i = \boldsymbol{F}_i^{\text{ext}} + \boldsymbol{F}_i^{\text{int}} \tag{1-35}$$

$$\boldsymbol{F}_{\theta i}=\boldsymbol{F}_{\theta i}^{\text{ext}}+\boldsymbol{F}_{\theta i}^{\text{int}} \tag{1-36}$$

式中：$\boldsymbol{F}_i^{\text{ext}}$、$\boldsymbol{F}_{\theta i}^{\text{ext}}$分别为质点的外力向量和外力矩向量；$\boldsymbol{F}_i^{\text{int}}$、$\boldsymbol{F}_{\theta i}^{\text{int}}$分别为单元传递给质点的内力向量和内力矩向量。

对于外力（矩）向量的计算，可借鉴经典有限元关于单元体积力和面力计算等效结点力的方法。等效结点力是指非结点载荷按照虚功原理等效到单元结点上的作用力。

$$\boldsymbol{f}_v^{\text{e}}=\iiint_{\Omega}\boldsymbol{N}^{\text{T}}\boldsymbol{p}_v\text{d}\Omega \tag{1-37}$$

$$\boldsymbol{f}_s^{\text{e}}=\iint_{S_\sigma}\boldsymbol{N}^{\text{T}}\boldsymbol{p}_s\text{d}S \tag{1-38}$$

式中：$\boldsymbol{p}_v$是作用在单元上的体积力；$\boldsymbol{p}_s$是作用在单元上的分布面力。

基于 1.3.1.1 节中向量式有限元的单元概念，可以运用式（1-37）和式（1-38）首先计算单元结点上的等效力，然后将等效力施加到对应的质点上。我们注意到，式（1-37）和式（1-38）引入了形函数矩阵$\boldsymbol{N}$，它的元素是位置坐标的函数，这在向量式有限元中可以自然沿用。关于不同单元类型中形函数矩阵和等效质点外力的计算在本篇后续单元理论（第 1 篇的第 2~4 章）介绍中还将进一步说明。

对于内力（矩）向量的计算，向量式有限元需要一组内力（矩）向量与点位置之间的关系式。而点之间的内力是单元上质点间的内力只与相对位置中的纯变形相关。质点运动同时描述了结构的变形和运动，因此向量式有限元分析提取单元的纯变形，为此提出了“逆向运动”的概念。

以途径单元开始时刻t_i的形态为参考基准（也称为参考架构，Reference frame），结束时刻t_{i+1}的形态为开始时刻t_i的形态作一个虚拟的逆向刚体运动（包括刚体平移和刚体转动），得到的虚拟的形态。刚体平移向量可以定义为任意一个单元结点在Δt_i内的位移；刚体转动向量则可以以刚体平移的参考单元结点为旋转中心进行旋转。例如，对于线单元，旋转后虚拟的形态与参考基准重合。对于面单元，旋转后虚拟的形态与参考基准共平面，且有一条边重合。由此得到的虚拟形态与参考基准之间的差异是质点发生的纯变形，记质点i纯线变形位移为$\Delta\boldsymbol{\eta}_i^{\text{d}}$、纯角变形位移为$\Delta\boldsymbol{\eta}_{\theta i}^{\text{d}}$。基于途径单元的假设，在任意一个$\Delta t_i$内结构刚体位移可以很大，但变形增量很小，因此虚拟形态的变形和内力可分别用微应变和工程应力描述，内力与位移的关系可以用材料力学来推导。

求解单元结点内力时，向量式有限元采用定义单元变形坐标系（亦称单元随体坐标系）的方法将三维空间问题转化到二维平面上。单元计算得到纯变形$\Delta\boldsymbol{\eta}_i^{\text{d}}$和$\Delta\boldsymbol{\eta}_{\theta i}^{\text{d}}$后，将它们分别转换到单元变形坐标系上，得到$\hat{\boldsymbol{u}}_i$和$\hat{\boldsymbol{\theta}}_i$。依据单元形函数（同式（1-37）和式（1-38）中所述的$\boldsymbol{N}$），可以计算单元应变分布向量$\Delta\hat{\boldsymbol{\varepsilon}}$。依据材料的应力 - 应变关系矩阵可计算得到单元应力向量$\hat{\boldsymbol{\sigma}}$。根据虚功原理，结点内力因为结点变形产生的虚功与单元内的变形虚功相等，即

$$\sum_i\delta\begin{pmatrix}\hat{\boldsymbol{u}}_i\\\hat{\boldsymbol{\theta}}_i\end{pmatrix}^{\text{T}}\begin{pmatrix}\hat{\boldsymbol{f}}_i\\\hat{\boldsymbol{f}}_{\theta i}\end{pmatrix}=\int_V\delta\left(\Delta\hat{\boldsymbol{\varepsilon}}\right)^{\text{T}}\hat{\boldsymbol{\sigma}}\text{d}V \tag{1-39}$$

式中：$\hat{\boldsymbol{f}}_i$为变形坐标系下单元结点i的结点内力向量；$\hat{\boldsymbol{f}}_{\theta i}$为结点内力矩向量；等号左边$\delta$表

示虚位移，等号右边 δ 表示虚应变。

在得到结点内力之后，再经过一个正向的刚体运动，使单元回到原来的空间位置。也就是将这组虚拟形态上的力作一个方向转换处理，得到正确的内力向量 $\boldsymbol{f}_i$ 和内力矩向量 $\boldsymbol{f}_{\theta i}$（整体坐标系下的）。最后，根据质点与单元的连接关系进行内力集成即可得到如下质点等效内力向量和内力矩向量：

$$\boldsymbol{F}_i^{\text{int}}=\sum_{j=1}^{k}\boldsymbol{f}_i^{j} \tag{1-40}$$

$$\boldsymbol{F}_{\theta i}^{\text{int}}=\sum_{j=1}^{k}\boldsymbol{f}_{\theta i}^{j} \tag{1-41}$$

式中：上标 j 为单元的标记。

1.3.2 计算分析流程

基于 1.3.1 节所述的基本假设和概念，参照经典有限元分析方法的基本思路（图 1-2），得到向量式有限元基本思路，如图 1-5 所示。对比可以发现，向量式有限元是一个直接的理论，即结构直接被假设为有限数目质点的集合（注意向量式有限元仍假设结构连续，是由无限多个点组合而成，只是选取了其中有限数目的点进行近似）。所推导的控制方程是基于该假设的一个自然结果，就是一组计算质点运动的公式，且只有一个步骤。从这点上看，并不区分结构的形式（如杆件、板壳、实体或是它们的任意组合），独立的变量都是相似的一组点的位置，控制方程都大致相同，具有广义和便捷的优点。

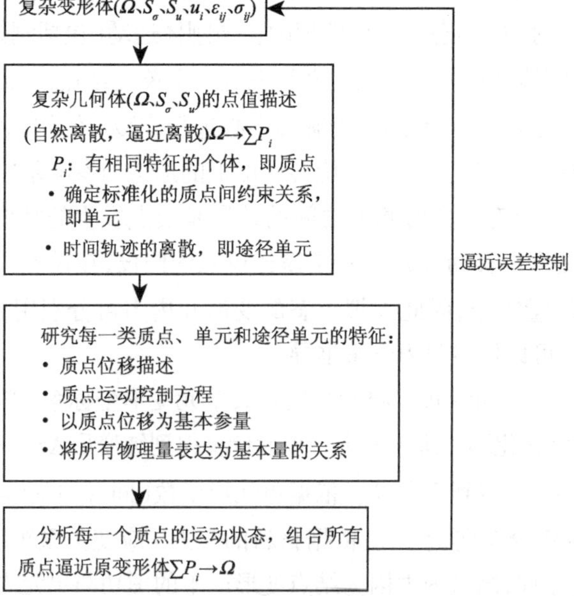

图 1-5 向量式有限元基本思路

经典有限元方法有三个步骤：①以 1.2.1 节所述的将结构行为用一组三维或者四维的偏微分方程来表示；②以 1.2.2 节（图 1-2）所描述的将偏微分方程写成数值计算的离散模式；③根据离散的方法，选择一个计算程序。显然，经典有限元方法中数学理论和数值计算二者分离，后者是为前者服务的一个步骤，因此数值计算方法具有多样性（表 1-1）。当数学理论发生改变时，数值计算常有更改的必要，例如 1.2.1 节弹性体静力学方程和动力学方程及它们的数值求解方法的差异。

在空间离散和时间离散的配置上做了适当的选择后，向量式有限元分析通过时间步不断迭代推进，计算的主要内容有：①通过质点平动和转动计算获得单元纯变形；②单元结点内力（矩）向量计算。依据式（1-31）和式（1-32）或者式（1-33）和式（1-34），计算更新质点的位移 $\boldsymbol{u}_i^{n+1}$ 和 $\boldsymbol{\theta}_i^{n+1}$。在当前时间步内，根据前两个时刻质点的位置信息 $\boldsymbol{u}_i^{n-1}$、$\boldsymbol{\theta}_i^{n-1}$、$\boldsymbol{u}_i^n$ 和 $\boldsymbol{\theta}_i^n$（以不连续初始条件为例），通过逆向运动计算单元变形坐标系上质点的纯变形 $\hat{\boldsymbol{u}}_i$ 和 $\hat{\boldsymbol{\theta}}_i$，依据形函数和本构关系计算单元应变分布 $\Delta\hat{\boldsymbol{\varepsilon}}$ 和单元应力向量 $\hat{\boldsymbol{\sigma}}$。由虚功原理计算变形坐标系下单元结点 i 的结点内力向量 $\hat{\boldsymbol{f}}_i$ 和内力矩向量 $\hat{\boldsymbol{f}}_{\theta i}$，再经过方向转化和单元集成得到单元传递给质点的内力和内力矩向量 $\boldsymbol{F}_i^{\text{int}}$ 和 $\boldsymbol{F}_{\theta i}^{\text{int}}$。依据质点的新位置 $\boldsymbol{u}_i^{n+1}$ 和 $\boldsymbol{\theta}_i^{n+1}$ 更新质点的外力和外力矩向量 $\boldsymbol{F}_i^{\text{ext}}$ 和 $\boldsymbol{F}_{\theta i}^{\text{ext}}$。将所有更新的几何信息和力学信息统一传递到下一时间步，如此迭代直到计算完成（图 1-6）。

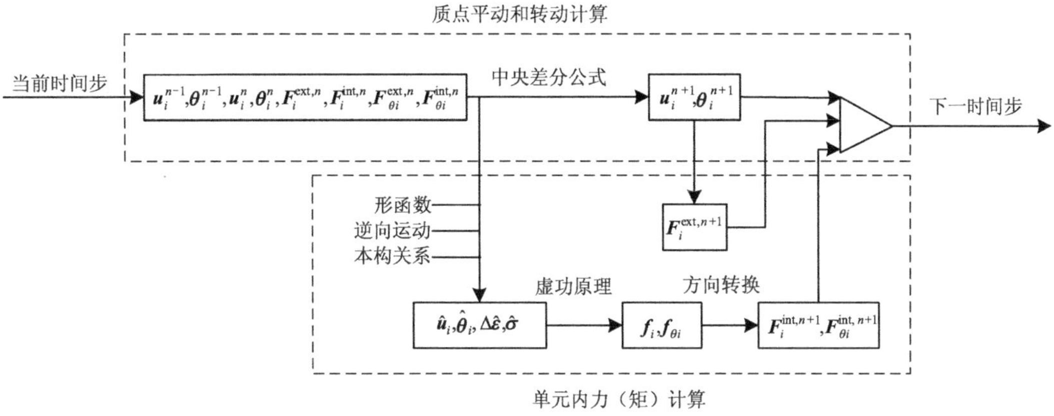

图 1-6 向量式有限元核心计算流程

1.3.3 其他相关问题的讨论

1. 约束的处理

这里讨论的约束主要是位移边界上的约束。由于向量式有限元采用点值描述，那么位移边界上的约束将直接等效为质点运动的限制。例如，对称边界上对结构位移和转角的约束应体现为该位置处质点的位移和转角的约束。

2. 材料属性

在每个途径单元 Δt_i 内，单元运动变化是假设小变形和允许大变位的情况。处理上不考虑单元的几何变化对结点内力的影响，对应材料性质亦保持不变，使用复杂的材料增量模式并不增加计算的复杂程度。应力增量和应变增量的关系可表示为

$$\Delta\hat{\boldsymbol{\sigma}} = \boldsymbol{D}\Delta\hat{\boldsymbol{\varepsilon}} \tag{1-42}$$

式中：$\boldsymbol{D}$ 为材料在时间步初始时刻 t_i 的材料本构矩阵。当材料为弹性时，$\boldsymbol{D}$ 为切线模数矩阵

(线弹性时为常量矩阵);当材料为塑性时,$\boldsymbol{D}$为弹(塑)性矩阵,其中的元素常常不是常量,需要通过增加专门的求解模块获得。

3. 时间步长和阻尼参数

向量式有限元的研究对象是离散质点,质点与相邻质点间的约束关系是结构的内力。一个质点受到的结构内力作用可等效简化成质点 - 弹簧单自由度体系,其自振圆频率(ω)和临界阻尼系数(C_r)分别为

$$\omega=\sqrt{k/m} \tag{1-43}$$

$$C_r=2m\omega \tag{1-44}$$

式中:m为质点质量;k为弹簧刚度。

采用显式中央差分方法求解质点运动方程时,临界时间步长(h_c)和临界阻尼参数(α_c)为

$$h_c=2\sqrt{m/k} \tag{1-45}$$

$$\alpha_c=C_r/m=2\sqrt{k/m} \tag{1-46}$$

计算选取的时间步长应小于临界时间步长,即$h<h_c$。

固体内部质点间的内力作用在宏观上可分为轴向拉伸、剪切和弯曲作用,一般轴向拉伸刚度最大、弯曲刚度最小。计算应该考虑最小临界时间步长,因而可采用轴向拉伸刚度来近似估算临界时间步长h_c的下限值。轴向拉伸刚度(k_t)计算公式为

$$k_t=EA/l \tag{1-47}$$

式中:E为弹性模量;A为组件的截面面积;l为组件的特征长度。

因而,有

$$h_c=2l\sqrt{\rho/E} \tag{1-48}$$

式中:ρ为质量密度。

对于临界阻尼参数α_c,可采用弯曲刚度近似估算其下限值;选取阻尼参数α应满足$\alpha<\alpha_c$,且应避免α过大无振荡效应、α过小振荡效应显著,导致趋于平衡状态非常缓慢。

上述的时间步长是估算值。实践经验表明,时间步长取值应比估算值小得多。特别是对于加载速度较大或者非线性较强的问题,如果时间步长不能足够小,求解往往会出现不收敛现象。实际操作过程中,可以依据估算值进行试算,观察求解过程中的收敛情况,判断是否要选择更小的时间步长。

4. 静力和动力求解

对于动力求解问题,有阻尼时需取用结构的实际阻尼参数$\alpha=C/m$,其中C为传统结构动力学中的阻尼系数,无阻尼时直接取阻尼参数$\alpha=0$即可。

对于静力求解问题,需要经由动力学分析过程。可以通过以下两种方法控制质点动力运动过程中的振荡效应,使结构迅速趋于平衡状态,以实现“准静态”模拟。

1)缓慢加载

将外载荷$\boldsymbol{F}^{\text{ext}}$和$\boldsymbol{F}_{\theta}^{\text{ext}}$分成足够多数量的等份,然后进行逐级缓慢加载,可将结构响应时间全过程内的动力响应幅值控制在较小振荡范围内,即类似于准静态加载方式。实际操作

过程中，也可以通过增加加载时长以减小加载速率，这个过程往往需要进行加载速率的试算：随着加载速率减小，结构的响应趋于一致，其差别在认可的范围内，然后取尽量大的加载速率以节约计算成本。

2）虚拟阻尼

在质点运动过程中考虑虚拟阻尼力的作用，即引入阻尼参数 α 来实现最终趋于静力平衡状态。阻尼参数的选取对于最终静力平衡结果没有影响，但会影响收敛速度。实际选取阻尼参数 α 时，可取 $\alpha < \alpha_c$ 的接近值，以较快获得静力收敛结果。

5. 误差分析和内力自平衡机制

向量式有限元所获得的结构行为响应是结构真实解的近似值，计算过程中存在如下三个方面的计算误差。

1）差分公式的计算误差

式（1-33）和式（1-34）（或式（1-35）和式（1-36））采用中央差分公式进行数值求解，而中央差分有最大时间步长的限制，否则将发生发散。差分计算本身的误差则可以通过减小时间步长来控制。此时，也需要兼顾计算成本和程序设计的精度，并不是越小的时间步长越好。

2）点值描述的误差

向量式有限元中不同时间离散和空间离散的配置以及不同的简化假设将得到不同的近似解。在途径单元（对应中央差分的时间子步）内，假设单元变形是小变形。当整个结构有很大的变形时，需减小时间步长才可获得较好的计算精度；当结构具有碰撞、断裂等复杂行为时，还需要增多空间离散点的配置才能够得到较为准确的结果。

3）内力计算的误差

每一个途径单元内单元结点刚体转动位移的估算和虚功方程的数值积分求解（通常采用有限数目的积分点进行近似计算）等均存在误差。在循环迭代过程中可能会引起单元结点内力计算的误差累积，然后导致程序发散不收敛或不稳定。由于向量式有限元采用中央差分公式求解，时间增量较小，时间总步数巨大，上述累计误差不可小视。不过，向量式有限元中存在内力自平衡机制，无须多余操作即可有效消除内力计算的误差影响。具体理解如下。

内力描述的是运动过程中由于空间质点与相邻质点间相对位置变化引起的相互约束关系；假设第 n 时间步内，单元结点内力由于误差导致在某个方向上其计算值大于真实值，对应质点上的合力（外载荷扣除内力）将小于真实值；在第 $n+1$ 时间步内，所得到的相对位移就会小于真实值，再次计算的单元结点内力也将随之进行减小修正。可见，单元结点内力计算公式和质点运动控制方程形成了物理上有效的估算和修正机制，使得误差不会出现累积扩散。这也是向量式有限元方法在计算上的一大优势。

本章部分图例

说明：为了方便读者直观地查看彩色图例，此处节选了书中的部分内容进行展示。页面左侧的页码，为您标注了对应内容在书中出现的位置。

第 2 章　向量式有限元梁单元理论

在三维空间中，当一个结构在一个方向的尺度明显大于其他两个方向的尺度，并且在这个方向上应力效果最重要时，该结构称为梁柱结构。其中，以承受轴向力为主的构件是柱，以承受弯矩为主的构件是梁。梁的变形依赖于它的拓扑形式、结构尺寸、横截面形状、材料性质和载荷边界条件等诸多因素。在分析梁结构变形时，需要对梁结构的变形模式做合理的假设和必要的简化。根据力学分析简化假设的不同，力学中常用的梁模型主要有欧拉-伯努利（Euler-Bernoulli）梁理论、铁木辛柯（Timoshenko）梁理论、弗拉索夫（Vlasov）梁理论、通用梁理论（general beam theory）和高阶梁理论等。本节介绍的向量式有限元梁单元是基于欧拉-伯努利梁理论推导得到的，考虑了剪力、弯矩、扭矩、拉伸和压缩等效果。重点参考资料有：丁承先、段元锋和吴东岳的《向量式结构力学》和徐荣桥的《结构分析的有限元法与 MATLAB 程序设计》。

2.1　离散过程

首先，采用点值描述的方式将空间梁结构离散为一系列质点。如图 2-1 所示，每一个梁单元 ab 连接两个相邻质点 a 和 b，每个质点可以连接多个梁单元。途径离散，即质点运动轨迹在时间上的离散，每一个离散轨迹称为途径单元，如图 2-1（b）所示。假设 t_0 和 t 分别为某一运动的开始时刻与结束时刻，这段时间被各个时刻，如 $t_0, t_1, \cdots, t_i, t_{i+1}, \cdots, t$ 分为一系列相互连接的时间段，时间步长为 $\Delta t_i = t_{i+1} - t_i$。

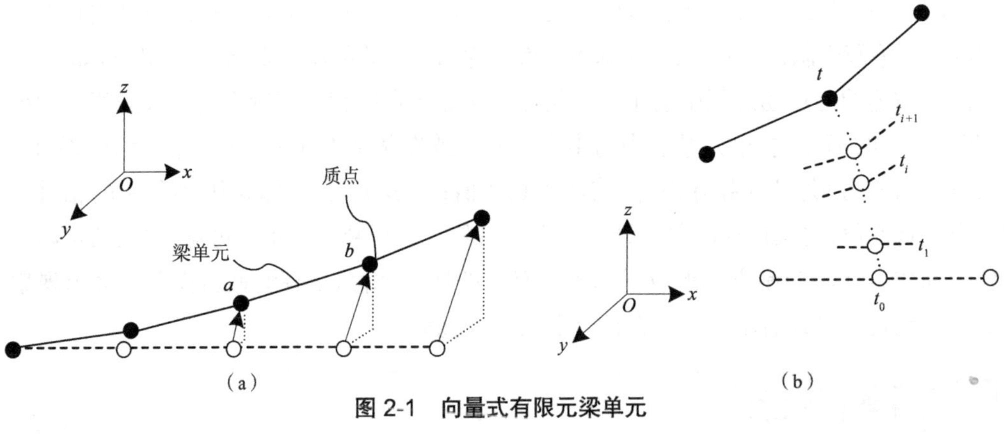

图 2-1　向量式有限元梁单元

（a）几何离散　（b）途径离散

在一个途径单元内，单元 ab 的变形服从以下两个基本假设。

（1）单元长度变化、转动角度、弯曲角度以及剪切变形均为小量。该时间步内，单元形状不变；在时间步结束时，单元形状及位置信息才进行更新。

（2）单元内力可由传统材料力学中挠曲理论计算得到。基本假设是保持单元轴为一直线，截面性质参数及材料性质参数沿着单元轴为一常数，对于梁截面上的任意一点，主轴方向相同。

根据 1.3.1 节，对于空间梁单元上的任意质点 i，其运动变量可以分解为沿整体坐标系坐标轴方向的三个线位移 $\boldsymbol{u}_i=\begin{pmatrix}x_i & y_i & z_i\end{pmatrix}^{\mathrm{T}}$ 和三个角位移 $\boldsymbol{\theta}_i=\begin{pmatrix}\theta_{xi} & \theta_{yi} & \theta_{zi}\end{pmatrix}^{\mathrm{T}}$。如图 2-2 所示，沿着整体坐标系坐标轴方向质点受到的作用力包括：连接单元 j 对质点 i 的三个内力 $\boldsymbol{F}_j^{\mathrm{int}}=\begin{pmatrix}F_{xj}^{\mathrm{int}} & F_{yj}^{\mathrm{int}} & F_{zj}^{\mathrm{int}}\end{pmatrix}^{\mathrm{T}}$ 和三个内力矩 $\boldsymbol{F}_{\theta j}^{\mathrm{int}}=\begin{pmatrix}F_{\theta_x j}^{\mathrm{int}} & F_{\theta_y j}^{\mathrm{int}} & F_{\theta_z j}^{\mathrm{int}}\end{pmatrix}^{\mathrm{T}}$（省略质点下标 i），三个外力 $\boldsymbol{F}_i^{\mathrm{ext}}=\begin{pmatrix}F_{xi}^{\mathrm{ext}} & F_{yi}^{\mathrm{ext}} & F_{zi}^{\mathrm{ext}}\end{pmatrix}^{\mathrm{T}}$ 和三个外力矩 $\boldsymbol{F}_{\theta i}^{\mathrm{ext}}=\begin{pmatrix}F_{\theta_x i}^{\mathrm{ext}} & F_{\theta_y i}^{\mathrm{ext}} & F_{\theta_z i}^{\mathrm{ext}}\end{pmatrix}^{\mathrm{T}}$。那么，在一个途径单元内，不计阻尼的空间梁质点的控制方程可以表达为

$$m_i\frac{\mathrm{d}^2}{\mathrm{d}t^2}\begin{pmatrix}x_i\\y_i\\z_i\end{pmatrix}=\begin{pmatrix}F_{xi}^{\mathrm{ext}}\\F_{yi}^{\mathrm{ext}}\\F_{zi}^{\mathrm{ext}}\end{pmatrix}+\sum_{j=1}^{k}\begin{pmatrix}F_{xj}^{\mathrm{int}}\\F_{xj}^{\mathrm{int}}\\F_{xj}^{\mathrm{int}}\end{pmatrix}\tag{2-1}$$

$$\begin{pmatrix}J_{xx} & J_{xy} & J_{xz}\\J_{yx} & J_{yy} & J_{yz}\\J_{zx} & J_{zy} & J_{zz}\end{pmatrix}\frac{\mathrm{d}^2}{\mathrm{d}t^2}\begin{pmatrix}\theta_{xi}\\\theta_{yi}\\\theta_{zi}\end{pmatrix}=\begin{pmatrix}F_{\theta_x i}^{\mathrm{ext}}\\F_{\theta_y i}^{\mathrm{ext}}\\F_{\theta_z i}^{\mathrm{ext}}\end{pmatrix}+\sum_{j=1}^{k}\begin{pmatrix}F_{\theta_x j}^{\mathrm{int}}\\F_{\theta_y j}^{\mathrm{int}}\\F_{\theta_z j}^{\mathrm{int}}\end{pmatrix}\tag{2-2}$$

式中：m_i 为质点总质量；$\begin{pmatrix}J_{xx} & J_{xy} & J_{xz}\\J_{yx} & J_{yy} & J_{yz}\\J_{zx} & J_{zy} & J_{zz}\end{pmatrix}$ 为总质量惯性矩，是一个对称矩阵（此处省略质点下标 i）；k 为相连接的梁单元的总数。

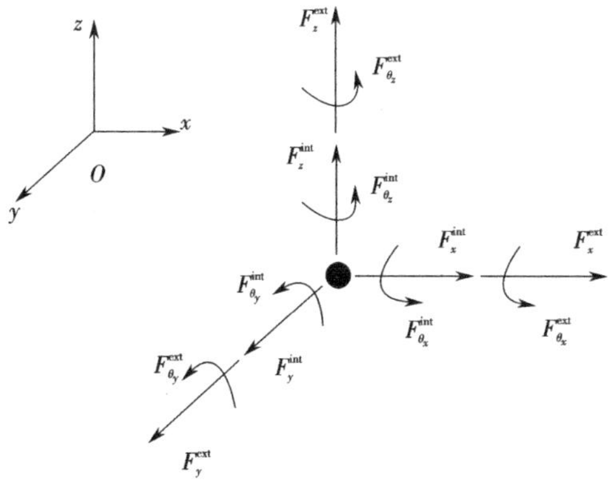

图 2-2　空间梁质点受力

求解式（2-1）和式（2-2）时，可用 1.3.1.2 节所述的中央差分方法。其初始条件（ t_0 时刻）为

$$\frac{\mathrm{d}}{\mathrm{d}t}\begin{pmatrix}x_i & y_i & z_i\end{pmatrix}^{\mathrm{T}}=\begin{pmatrix}\dot{x}_i^0 & \dot{y}_i^0 & \dot{z}_i^0\end{pmatrix}^{\mathrm{T}}\tag{2-3a}$$

$$\frac{\mathrm{d}}{\mathrm{d}t}\begin{pmatrix}\theta_{xi} & \theta_{yi} & \theta_{zi}\end{pmatrix}^{\mathrm{T}} = \begin{pmatrix}\dot{\theta}_{xi}^{0} & \dot{\theta}_{yi}^{0} & \dot{\theta}_{zi}^{0}\end{pmatrix}^{\mathrm{T}} \tag{2-3b}$$

$$\begin{pmatrix}x_i & y_i & z_i\end{pmatrix}^{\mathrm{T}} = \begin{pmatrix}x_i^0 & y_i^0 & z_i^0\end{pmatrix}^{\mathrm{T}} \tag{2-3c}$$

$$\begin{pmatrix}\theta_{xi} & \theta_{yi} & \theta_{zi}\end{pmatrix}^{\mathrm{T}} = \begin{pmatrix}\theta_{xi}^{0} & \theta_{yi}^{0} & \theta_{zi}^{0}\end{pmatrix}^{\mathrm{T}} \tag{2-3d}$$

式中:上标 0 表示时刻 t_0。

由于用没有质量的梁单元连接空间点,实体梁部分的质量将用等效质量叠加到空间点上。实际上,等效质量的大小与梁单元的结点无关,可认为是直接加在两端对应的质点上,只是根据经典有限元的传统,称为梁单元结点 a 和 b 的等效质量,然后再提供给与结点相接的空间点。梁单元 j 对应的梁分段分配给结点 a 和 b 的质量可按下式计算:

$$m_j^a = m_j^b = \frac{1}{2}\rho_j V_j \tag{2-4}$$

式中:ρ_j、V_j 分别为梁分段的密度和体积。一般情况下,在一个途径单元或者更长的一段时间内,忽略梁分段的性质和几何变化。对于常见的工程梁结构,如果无特别的要求,梁分段的结点质量常取定值。

那么,质点的总质量按相连接梁单元所提供的等效质量集成为

$$m^a = \sum_{j=1}^{k} m_j^a \tag{2-5a}$$

$$m^b = \sum_{j=1}^{k} m_j^b \tag{2-5b}$$

质量惯性矩阵一个简单的计算是把时刻 t_n 梁单元对应的梁分段质量先平均分配到两个结点的截面上,如图 2-3 所示。那么,任意一个截面对梁单元随体坐标系的主轴 $\hat{y}$ 和 $\hat{z}$ 的质量惯性矩分别为

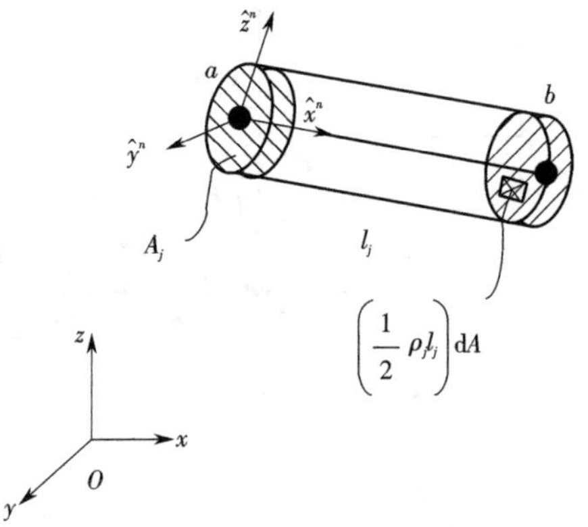

图 2-3 质量分配到结点截面上

$$\boldsymbol{J}_{\hat{y}} = \left(\frac{1}{2}\rho_j l_j \boldsymbol{A}_j\right) r_{\hat{y}}^2 \tag{2-6a}$$

$$\boldsymbol{J}_{\hat{z}} = \left(\frac{1}{2}\rho_j l_j \boldsymbol{A}_j\right) r_{\hat{z}}^2 \tag{2-6b}$$

式中：l_j 为梁单元长度；$r_{\hat{y}}$、$r_{\hat{z}}$ 分别为截面在对应方向上的回转半径；$\boldsymbol{A}_j$ 为由整体坐标系 (x,y,z) 到单元 j 随体坐标系 $(\hat{x},\hat{y},\hat{z})$ 的转换矩阵。

对于主轴 $\hat{x}$ 质量惯性矩 $J_{\hat{x}}$ 有如下关系：

$$J_{\hat{x}} = J_{\hat{y}} + J_{\hat{z}} \tag{2-7}$$

那么，主轴坐标的结点惯性矩表示为

$$\hat{\boldsymbol{J}}_j^a = \hat{\boldsymbol{J}}_j^b = \begin{pmatrix} J_{\hat{x}} & 0 & 0 \\ 0 & J_{\hat{y}} & 0 \\ 0 & 0 & J_{\hat{z}} \end{pmatrix} \tag{2-8}$$

然后，需要将 $\hat{\boldsymbol{J}}_j^a$（$\hat{\boldsymbol{J}}_j^b$）转换到整体坐标系中，再提供给对应的空间点：

$$\boldsymbol{J}_j^a = \boldsymbol{J}_j^b = \boldsymbol{A}_j^{\mathrm{T}} \hat{\boldsymbol{J}}_j^a \boldsymbol{A}_j \text{（或} \boldsymbol{A}_j^{\mathrm{T}} \hat{\boldsymbol{J}}_j^b \boldsymbol{A}_j\text{）} \tag{2-9}$$

最后，按相连接梁单元所提供的结点惯性矩集成为质点的总惯性矩：

$$\boldsymbol{J}^a = \sum_{j=1}^{k} \boldsymbol{J}_j^a \tag{2-10a}$$

$$\boldsymbol{J}^b = \sum_{j=1}^{k} \boldsymbol{J}_j^b \tag{2-10b}$$

2.2　单元随体参考系及其随动变化

空间梁单元随体参考系是为了求得单元的纯变形而设置的。在向量式有限元中单元随体参考系的定义服从右手准则，即与单元主轴向量方向相同。在初始时刻 t_0，单元 ab 的初始主轴向量定义如图 2-4 所示，即为空间点 a 指向空间点 b 的矢量。主轴向量的第一个主轴方向 $\boldsymbol{e}_{\hat{x}}^0$ 定义见式(2-11)。引入参考点 c 以定义第二个主轴方向 $\boldsymbol{e}_{\hat{y}}^0$，见式(2-12)，即空间点 a、b、c 三个点所构成的平面的法向矢量。依据右手准则，可得第三个主轴方向 $\boldsymbol{e}_{\hat{z}}^0$，见式(2-13)，其与第一个主轴方向和第二个主轴方向垂直。

$$\boldsymbol{e}_{\hat{x}}^0 = \frac{\boldsymbol{u}_b^0 - \boldsymbol{u}_a^0}{\left|\boldsymbol{u}_b^0 - \boldsymbol{u}_a^0\right|} \tag{2-11}$$

$$\boldsymbol{e}_{ac}^0 = \frac{\boldsymbol{u}_c^0 - \boldsymbol{u}_a^0}{\left|\boldsymbol{u}_c^0 - \boldsymbol{u}_a^0\right|} \tag{2-12a}$$

$$\boldsymbol{e}_{\hat{y}}^0 = \frac{\boldsymbol{e}_{ac}^0 \times \boldsymbol{e}_{\hat{x}}^0}{\left|\boldsymbol{e}_{ac}^0 \times \boldsymbol{e}_{\hat{x}}^0\right|} \tag{2-12b}$$

$$\boldsymbol{e}_{\hat{z}}^0 = \boldsymbol{e}_{\hat{x}}^0 \times \boldsymbol{e}_{\hat{y}}^0 \tag{2-13}$$

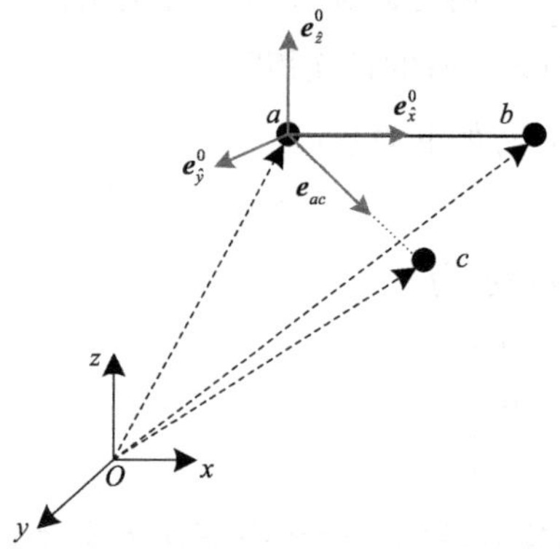

图 2-4 单元 ab 初始主轴向量的定义

以图 2-4 为例,初始时刻单元 ab 位于平面 xOz 内,第一个主轴方向 $e_{\hat{x}}^0$ 与 x 轴方向相同;可以取该平面内异于空间点 a 和 b 的任意一点 c,那么得到的第二个主轴方向 $e_{\hat{y}}^0$ 与 y 轴方向相同;第三个主轴方向 $e_{\hat{z}}^0$ 与 z 轴方向相同。随着单元的空间运动和变形,单元随体参考系和主轴方向会发生改变,从时刻 t_n 至 t_{n+1},它们的主轴方向 $\left(\boldsymbol{e}_{\hat{x}}^n,\boldsymbol{e}_{\hat{y}}^n,\boldsymbol{e}_{\hat{z}}^n\right)$ 和 $\left(\boldsymbol{e}_{\hat{x}}^{n+1},\boldsymbol{e}_{\hat{y}}^{n+1},\boldsymbol{e}_{\hat{z}}^{n+1}\right)$ 间有一个向量转动关系,如图 2-5 所示。时刻 t_n 的单元结点位置是 $\boldsymbol{u}_a^n$ 和 $\boldsymbol{u}_b^n$,单元的主轴方向 $\left(\boldsymbol{e}_{\hat{x}}^n,\boldsymbol{e}_{\hat{y}}^n,\boldsymbol{e}_{\hat{z}}^n\right)$ 已知;时刻 t_{n+1} 的单元结点位置是 $\boldsymbol{u}_a^{n+1}$ 和 $\boldsymbol{u}_b^{n+1}$,可以首先取得 Δt_n 时段内单元结点的位移向量 $\boldsymbol{d}_a^n$、$\boldsymbol{d}_b^n$ 和转动向量 $\boldsymbol{\beta}_a^n$、$\boldsymbol{\beta}_b^n$ 如下:

$$\boldsymbol{d}_a^n=\boldsymbol{u}_a^{n+1}-\boldsymbol{u}_a^n \tag{2-14}$$

$$\boldsymbol{d}_b^n=\boldsymbol{u}_b^{n+1}-\boldsymbol{u}_b^n \tag{2-15}$$

$$\boldsymbol{\beta}_a^n=\boldsymbol{\theta}_a^{n+1}-\boldsymbol{\theta}_a^n \tag{2-16}$$

$$\boldsymbol{\beta}_b^n=\boldsymbol{\theta}_b^{n+1}-\boldsymbol{\theta}_b^n \tag{2-17}$$

同式(2-11)一起,可以计算第一个主轴方向 $\boldsymbol{e}_{\hat{x}}^{n+1}$ 为

$$\boldsymbol{e}_{\hat{x}}^{n+1}=\frac{\boldsymbol{u}_b^{n+1}-\boldsymbol{u}_a^{n+1}}{\left|\boldsymbol{u}_b^{n+1}-\boldsymbol{u}_a^{n+1}\right|} \tag{2-18}$$

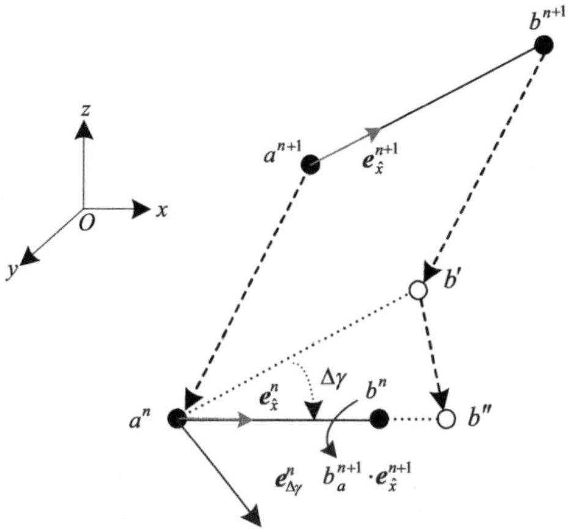

图 2-5 三维梁单元主轴方向转动角及主轴转动角

要计算时刻 t_{n+1} 的第二个主轴方向,需先计算 Δt_n 时段内梁单元的主轴转动向量 $\boldsymbol{\gamma}^n$。单元主轴转动可以分解为两个分量:一个是单元截面对其法线所做的转动 $\boldsymbol{\gamma}_a^n$;另一个是单元截面法线的转动 $\Delta\gamma^n$。

以结点 a 作为转动的参考点,单元截面对其法线的转动等于结点 a 的转动向量在其第一轴向方向 $\boldsymbol{e}_{\hat{x}}^n$ 的分量,即

$$\boldsymbol{\gamma}_a^n = \left(\boldsymbol{\beta}_a^n \boldsymbol{e}_{\hat{x}}^n\right)\boldsymbol{e}_{\hat{x}}^n \tag{2-19}$$

单元截面法线的转动可以用单元主轴方向的变化来计算,转动幅值及其单位化方向向量计算公式如下

$$\Delta\gamma^n = \arcsin\left(\left|\boldsymbol{e}_{\hat{x}}^n \times \boldsymbol{e}_{\hat{x}}^{n+1}\right|\right) \tag{2-20a}$$

$$\boldsymbol{e}_{\Delta\gamma}^n = \frac{\boldsymbol{e}_{\hat{x}}^n \times \boldsymbol{e}_{\hat{x}}^{n+1}}{\left|\boldsymbol{e}_{\hat{x}}^n \times \boldsymbol{e}_{\hat{x}}^{n+1}\right|} \tag{2-20b}$$

那么,主轴的转动向量及其单位化向量为

$$\boldsymbol{\gamma}^n = \boldsymbol{\gamma}_a^n + \Delta\gamma^n \cdot \boldsymbol{e}_{\Delta\gamma}^n \tag{2-21a}$$

$$\boldsymbol{e}_\gamma^n = \begin{pmatrix} l_\gamma & m_\gamma & n_\gamma \end{pmatrix}^{\mathrm{T}} = \frac{\boldsymbol{\gamma}^n}{\left|\boldsymbol{\gamma}^n\right|} \tag{2-21b}$$

式中:l_γ、m_γ、n_γ 分别为沿各主轴的单位向量分量。

通过几何推导,时刻 t_{n+1} 的第二个主轴方向 $\boldsymbol{e}_{\hat{y}}^{n+1}$ 和时刻 t_n 的第二个主轴方向 $\boldsymbol{e}_{\hat{y}}^n$ 之间的关系如下:

$$\boldsymbol{e}_{\hat{y}}^{n+1} = \boldsymbol{R}_\gamma \cdot \boldsymbol{e}_{\hat{y}}^n \tag{2-22}$$

式中:$\boldsymbol{R}_\gamma$ 为转动矩阵,计算方法为

$$\boldsymbol{R}_\gamma = \boldsymbol{I} + \sin\gamma^n \boldsymbol{A}_{\gamma^n} + \left(1-\cos\gamma^n\right)\boldsymbol{A}_{\gamma^n}^2 \tag{2-23}$$

$$\boldsymbol{A}_{\gamma^n} = \begin{pmatrix} 0 & -n_\gamma & m_\gamma \\ n_\gamma & 0 & -l_\gamma \\ -m_\gamma & l_\gamma & 0 \end{pmatrix} \tag{2-24}$$

式中:$\boldsymbol{I}$ 为 3×3 单位矩阵;$\gamma^n = \left|\boldsymbol{\gamma}^n\right|$。

依据右手准则,时刻 t_{n+1} 第三个主轴方向 $\boldsymbol{e}_{\hat{z}}^{n+1}$ 可由下式求得:

$$\boldsymbol{e}_{\hat{z}}^{n+1} = \boldsymbol{e}_{\hat{x}}^{n+1} \times \boldsymbol{e}_{\hat{y}}^{n+1} \tag{2-25}$$

在每个时间步内,主轴向量需进行更新。如在时间步 Δt_n,初始时刻主轴向量为 $\left(\boldsymbol{e}_{\hat{x}}^n, \boldsymbol{e}_{\hat{y}}^n, \boldsymbol{e}_{\hat{z}}^n\right)$,但在下一时间步初始时刻的主轴向量则由 $\left(\boldsymbol{e}_{\hat{x}}^{n+1}, \boldsymbol{e}_{\hat{y}}^{n+1}, \boldsymbol{e}_{\hat{z}}^{n+1}\right)$ 取代。

2.3 逆向运动与单元变形

计算单元的变形需要用到 2.2 节的单元随体参考系(主轴坐标)$\hat{x}\hat{y}\hat{z}$,对应于基础架构

t_n时刻的主轴方向$\boldsymbol{e}_{\hat{x}}^n\boldsymbol{e}_{\hat{y}}^n\boldsymbol{e}_{\hat{z}}^n$。根据式(2-9)关于$\boldsymbol{A}_j$的定义,主轴坐标与整体坐标间的转换关系如下:

$$\begin{pmatrix}\hat{x}^n & \hat{y}^n & \hat{z}^n\end{pmatrix}^{\mathrm{T}} = \boldsymbol{A}_j^n\begin{pmatrix}x^n & y^n & z^n\end{pmatrix}^{\mathrm{T}} \tag{2-26}$$

同样,在一个途径单元为式(2-16)和式(2-17)所定义的结点转动$\boldsymbol{\beta}_a^n$和$\boldsymbol{\beta}_b^n$改用主轴坐标表示如下:

$$\hat{\boldsymbol{\beta}}_a^n = \boldsymbol{A}_j^n\boldsymbol{\beta}_a^n \tag{2-27a}$$

$$\hat{\boldsymbol{\beta}}_b^n = \boldsymbol{A}_j^n\boldsymbol{\beta}_b^n \tag{2-27b}$$

对于时间步长Δt_n,令t_{n+1}时刻的单元$a^{n+1}b^{n+1}$做如图2-6所示的虚拟的逆向运动,包括刚体平移和刚体转动。同2.2节,取结点a^{n+1}作为逆向运动的参考点,并设定式(2-14)所定义的$\boldsymbol{d}_a^n=\boldsymbol{u}_a^{n+1}-\boldsymbol{u}_a^n$为梁单元的刚体平移向量。经过逆向刚体平移,得到虚拟梁单元$a'b'$,那么单元结点$a^{n+1}b^{n+1}$对参考点a^{n+1}的相对位移向量为

$$\boldsymbol{\eta}_a = 0 \tag{2-28}$$

$$\boldsymbol{\eta}_b = \boldsymbol{d}_b^n + \left(-\boldsymbol{d}_a^n\right) \tag{2-29}$$

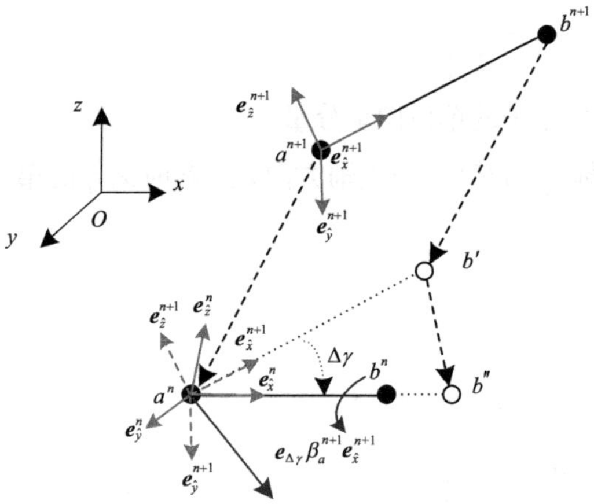

图 2-6 三维梁单元逆向运动

与式(2-21)相同,主轴的转动向量及其单位向量为

$$\boldsymbol{\gamma}^n = \boldsymbol{\gamma}_a^n + \Delta\gamma^n\boldsymbol{e}_{\Delta\gamma}^n \tag{2-30a}$$

$$\boldsymbol{e}_\gamma^n = \begin{pmatrix}l_\gamma & m_\gamma & n_\gamma\end{pmatrix}^{\mathrm{T}} = \frac{\boldsymbol{\gamma}^n}{\left|\boldsymbol{\gamma}^n\right|} \tag{2-30b}$$

应该注意的是,转动向量$\boldsymbol{\gamma}^n$是用整体坐标表示的。由于单元截面的法线的转动向量$\Delta\gamma^n\cdot\boldsymbol{e}_{\Delta\gamma}^n$垂直于第一个主轴方向$\boldsymbol{e}_{\hat{x}}^n$,可以转换成用主轴坐标表示,得

$$\hat{\theta}_1^n = \Delta\gamma^n\boldsymbol{e}_{\Delta\gamma}^n\boldsymbol{e}_{\hat{x}}^n = 0 \tag{2-31}$$

$$\hat{\theta}_2^n = \Delta\gamma^n\boldsymbol{e}_{\Delta\gamma}^n\boldsymbol{e}_{\hat{y}}^n \tag{2-32}$$

$$\hat{\theta}_3^n = \Delta\gamma^n\boldsymbol{e}_{\Delta\gamma}^n\boldsymbol{e}_{\hat{z}}^n \tag{2-33}$$

$$\boldsymbol{\gamma}^n = \boldsymbol{\gamma}_a^n + \hat{\theta}_2^n \boldsymbol{e}_{\hat{y}}^n + \hat{\theta}_3^n \boldsymbol{e}_{\hat{x}}^n \tag{2-34}$$

令 $\hat{\beta}_{a1}^n = \boldsymbol{\beta}_a^n \boldsymbol{e}_{\hat{x}}^n$，根据式（2-19），$\boldsymbol{\gamma}_a^n = \hat{\beta}_{a1}^n \boldsymbol{e}_{\hat{x}}^n$，代入式（2-34）得到

$$\boldsymbol{\gamma}^n = \hat{\beta}_{a1}^n \boldsymbol{e}_{\hat{x}}^n + \hat{\theta}_2^n \boldsymbol{e}_{\hat{y}}^n + \hat{\theta}_3^n \boldsymbol{e}_{\hat{z}}^n \tag{2-35}$$

将式（2-35）表示为主轴坐标的向量如下：

$$\hat{\boldsymbol{\gamma}}^n = \begin{pmatrix} \hat{\beta}_{a1}^n & \hat{\theta}_2^n & \hat{\theta}_3^n \end{pmatrix}^{\mathrm{T}} \tag{2-36}$$

通过上述逆向运动，消去单元 ab 在一个途径单元内的刚体平移与刚体转动，余下的即为单元在该时间步内的纯变形量，可由经典有限元方法求解单元内力。单元的纯变形量计算过程如下。

（1）单元结点的空间位移导致的轴向变形量。从几何条件可以计算开始时刻 t_n 和结束时刻 t_{n+1} 对应的单元长度分别为 l_n 和 l_{n+1}，则轴向变形量为二者差值，即

$$\hat{\Delta}_l^n = l_{n+1} - l_n = \left|\boldsymbol{u}_b^{n+1} - \boldsymbol{u}_a^{n+1}\right| - \left|\boldsymbol{u}_b^n - \boldsymbol{u}_a^n\right| \tag{2-37}$$

（2）单元结点的空间转动引起的结点扭转和弯曲角度。由于逆向转动是梁单元的一个刚体转动，结点 a 和 b 的逆向转动均为 $-\hat{\gamma}^n$。而式（2-27）表示的是后一个途径单元内单元位置变化引起的结点转动 $\hat{\boldsymbol{\beta}}_a^n$ 和 $\hat{\boldsymbol{\beta}}_b^n$。那么单元 ab 和虚拟单元 $a''b''$ 之间的结点转动的角度应为这二者之和，即

$$\hat{\boldsymbol{\beta}}_{a''}^n = \hat{\boldsymbol{\beta}}_a^n + \left(-\hat{\boldsymbol{\gamma}}^n\right) \tag{2-38}$$

$$\hat{\boldsymbol{\beta}}_{b''}^n = \hat{\boldsymbol{\beta}}_b^n + \left(-\hat{\boldsymbol{\gamma}}^n\right) \tag{2-39}$$

由于上式均用主轴坐标表示，式（2-38）和式（2-39）表示的向量差可以直接用分量的差表示，称为梁单元的结点扭转角度和弯曲角度，具体形式如下：

$$\hat{\boldsymbol{\beta}}_{a''}^n = \hat{\boldsymbol{\varphi}}_a^n = \begin{pmatrix} \hat{\varphi}_{a1}^n \\ \hat{\varphi}_{a2}^n \\ \hat{\varphi}_{a3}^n \end{pmatrix} = \begin{pmatrix} \hat{\beta}_{a1}^n + \left(-\hat{\beta}_{a1}^n\right) \\ \hat{\beta}_{a2}^n + \left(-\hat{\theta}_2^n\right) \\ \hat{\beta}_{a3}^n + \left(-\hat{\theta}_3^n\right) \end{pmatrix} = \begin{pmatrix} 0 \\ \hat{\beta}_{a2}^n + \left(-\hat{\theta}_2^n\right) \\ \hat{\beta}_{a3}^n + \left(-\hat{\theta}_3^n\right) \end{pmatrix} \tag{2-40}$$

$$\hat{\boldsymbol{\beta}}_{b''}^n = \hat{\boldsymbol{\varphi}}_b^n = \begin{pmatrix} \hat{\varphi}_{b1}^n \\ \hat{\varphi}_{b2}^n \\ \hat{\varphi}_{b3}^n \end{pmatrix} = \begin{pmatrix} \hat{\beta}_{b1}^n + \left(-\hat{\beta}_{a1}^n\right) \\ \hat{\beta}_{b2}^n + \left(-\hat{\theta}_2^n\right) \\ \hat{\beta}_{b1}^n + \left(-\hat{\theta}_3^n\right) \end{pmatrix} \tag{2-41}$$

式（2-40）或式（2-41）表示的向量的物理意义如下：第一个元素为结点的轴向扭转变形角度，第二个元素表示 $\hat{x}O\hat{z}$ 平面上的弯曲变形角度，第三个元素表示 $\hat{x}O\hat{y}$ 平面上的弯曲变形角度。

2.4　单元内力求解

一般情况下，空间梁单元每个质点的运动共有六个自由度，分别对应于六个方向的质点受力。对于如图 2-7 所示的梁单元 ab，考虑一个途径单元内的单元随体坐标系分别为

$\boldsymbol{e}_{\hat{x}}^{n}\boldsymbol{e}_{\hat{y}}^{n}\boldsymbol{e}_{\hat{z}}^{n}$ 和 $\boldsymbol{e}_{\hat{x}}^{n+1}\boldsymbol{e}_{\hat{y}}^{n+1}\boldsymbol{e}_{\hat{z}}^{n+1}$，相应的时刻 t_n 随体坐标系下质点内力列阵为

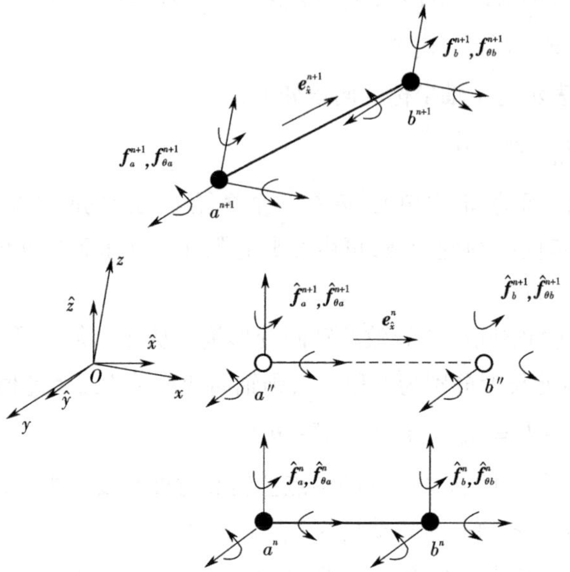

图 2-7 单元内力及对质点作用力分解

$$\hat{\boldsymbol{f}}_a^n=\begin{pmatrix}\hat{f}_{xa}^n & \hat{f}_{ya}^n & \hat{f}_{za}^n\end{pmatrix}^{\mathrm{T}} \tag{2-42a}$$

$$\hat{\boldsymbol{f}}_{\theta a}^n=\begin{pmatrix}\hat{f}_{\theta_x a}^n & \hat{f}_{\theta_y a}^n & \hat{f}_{\theta_z a}^n\end{pmatrix}^{\mathrm{T}} \tag{2-42b}$$

$$\hat{\boldsymbol{f}}_b^n=\begin{pmatrix}\hat{f}_{xb}^n & \hat{f}_{yb}^n & \hat{f}_{zb}^n\end{pmatrix}^{\mathrm{T}} \tag{2-43a}$$

$$\hat{\boldsymbol{f}}_{\theta b}^n=\begin{pmatrix}\hat{f}_{\theta_x b}^n & \hat{f}_{\theta_y b}^n & \hat{f}_{\theta_z b}^n\end{pmatrix}^{\mathrm{T}} \tag{2-43b}$$

时刻 t_{n+1} 随体坐标系下质点内力列阵为

$$\hat{\boldsymbol{f}}_a^{n+1}=\begin{pmatrix}\hat{f}_{xa}^{n+1} & \hat{f}_{ya}^{n+1} & \hat{f}_{za}^{n+1}\end{pmatrix}^{\mathrm{T}} \tag{2-44a}$$

$$\hat{\boldsymbol{f}}_{\theta a}^{n+1}=\begin{pmatrix}\hat{f}_{\theta_x a}^{n+1} & \hat{f}_{\theta_y a}^{n+1} & \hat{f}_{\theta_z a}^{n+1}\end{pmatrix}^{\mathrm{T}} \tag{2-44b}$$

$$\hat{\boldsymbol{f}}_b^{n+1}=\begin{pmatrix}\hat{f}_{xb}^{n+1} & \hat{f}_{yb}^{n+1} & \hat{f}_{zb}^{n+1}\end{pmatrix}^{\mathrm{T}} \tag{2-45a}$$

$$\hat{\boldsymbol{f}}_{\theta b}^{n+1}=\begin{pmatrix}\hat{f}_{\theta_x b}^{n+1} & \hat{f}_{\theta_y b}^{n+1} & \hat{f}_{\theta_z b}^{n+1}\end{pmatrix}^{\mathrm{T}} \tag{2-45b}$$

二者存在下列关系：

$$\hat{\boldsymbol{f}}_a^{n+1}=\hat{\boldsymbol{f}}_a^n+\Delta\hat{\boldsymbol{f}}_a \tag{2-46a}$$

$$\hat{\boldsymbol{f}}_{\theta a}^{n+1}=\hat{\boldsymbol{f}}_{\theta a}^n+\Delta\hat{\boldsymbol{f}}_{\theta a} \tag{2-46b}$$

$$\hat{\boldsymbol{f}}_b^{n+1}=\hat{\boldsymbol{f}}_b^n+\Delta\hat{\boldsymbol{f}}_b \tag{2-47a}$$

$$\hat{\boldsymbol{f}}_{\theta b}^{n+1}=\hat{\boldsymbol{f}}_{\theta b}^n+\Delta\hat{\boldsymbol{f}}_{\theta b} \tag{2-47b}$$

式中：$\Delta\hat{\boldsymbol{f}}_a=\begin{pmatrix}\Delta\hat{f}_{xa} & \Delta\hat{f}_{ya} & \Delta\hat{f}_{za}\end{pmatrix}^{\mathrm{T}}$，$\Delta\hat{\boldsymbol{f}}_{\theta a}=\begin{pmatrix}\Delta\hat{f}_{\theta_x a} & \Delta\hat{f}_{\theta_y a} & \Delta\hat{f}_{\theta_z a}\end{pmatrix}^{\mathrm{T}}$，$\Delta\hat{\boldsymbol{f}}_b=\begin{pmatrix}\Delta\hat{f}_{xb} & \Delta\hat{f}_{yb} & \Delta\hat{f}_{zb}\end{pmatrix}^{\mathrm{T}}$，$\Delta\hat{\boldsymbol{f}}_{\theta b}=\begin{pmatrix}\Delta\hat{f}_{\theta_x b} & \Delta\hat{f}_{\theta_y b} & \Delta\hat{f}_{\theta_z b}\end{pmatrix}^{\mathrm{T}}$，均为随体坐标系下的质点内力增量。

时刻 t_{n+1} 整体坐标系下质点内力列阵为

$$\boldsymbol{f}_a^{n+1}=\left(f_{xa}^{n+1}\quad f_{ya}^{n+1}\quad f_{za}^{n+1}\right)^{\mathrm{T}} \tag{2-48a}$$

$$\boldsymbol{f}_{\theta a}^{n}=\left(f_{\theta_x a}^{n+1}\quad f_{\theta_y a}^{n+1}\quad f_{\theta_z a}^{n+1}\right)^{\mathrm{T}} \tag{2-48b}$$

$$\boldsymbol{f}_b^{n+1}=\left(f_{xb}^{n+1}\quad f_{yb}^{n+1}\quad f_{zb}^{n+1}\right)^{\mathrm{T}} \tag{2-49a}$$

$$\boldsymbol{f}_{\theta b}^{n+1}=\left(f_{\theta_x b}^{n+1}\quad f_{\theta_y b}^{n+1}\quad f_{\theta_z b}^{n+1}\right)^{\mathrm{T}} \tag{2-49b}$$

向量式有限元计算式(2-48)和式(2-49)经历如下步骤：首先利用经典有限元方法的相关理论计算随体坐标系下质点力增量，然后更新得到时刻 t_{n+1} 随体坐标系下质点内力，最后再转换得到时刻 t_{n+1} 整体坐标系下质点内力。

假设梁单元质点间任意一个截面上的一点随体坐标系下变形向量为

$$\hat{\boldsymbol{\delta}}=\left(\hat{u}\quad \hat{v}\quad \hat{w}\quad \hat{\theta}_x\quad \hat{\theta}_y\quad \hat{\theta}_z\right)^{\mathrm{T}} \tag{2-50}$$

根据梁的挠曲理论

$$\hat{u}=\hat{u}_{\mathrm{m}}-\hat{y}\frac{\partial\hat{v}}{\partial\hat{x}}-\hat{z}\frac{\partial\hat{w}}{\partial\hat{x}} \tag{2-51}$$

式中：$\hat{u}_{\mathrm{m}}$ 为单元主轴 $\hat{x}$ 与截面相交点（$\hat{y}=0$）的轴向变形。用经典有限元方法的形函数作为内插函数，轴向变形 $\hat{u}_{\mathrm{m}}$ 和转动变形 $\hat{\theta}$ 的变形模式取 $\hat{x}$ 的线性函数，而挠度 $\hat{v}$ 和 $\hat{w}$ 则用三次多项式表示。

$$\hat{u}_{\mathrm{m}}=a_0+a_1\hat{x} \tag{2-52}$$

$$\hat{v}=b_0+b_1\hat{x}+b_2\hat{x}^2+b_3\hat{x}^3 \tag{2-53}$$

$$\hat{\theta}=e_0+e_1\hat{x} \tag{2-54}$$

$$\hat{w}=c_0+c_1\hat{x}+c_2\hat{x}^2+c_3\hat{x}^3 \tag{2-55}$$

要注意，式(2-52)至式(2-55)中共有 12 个系数，结合式(2-37)、式(2-40)和式(2-41)，存在下列边界条件：$\hat{x}=0$，$\hat{u}_{\mathrm{m}}=0$，$\frac{\partial\hat{u}}{\partial\hat{x}}=\hat{\varphi}_{a1}^n$，$\frac{\partial\hat{v}}{\partial\hat{x}}=\hat{\varphi}_{a2}^n$，$\frac{\partial\hat{w}}{\partial\hat{x}}=\hat{\varphi}_{a3}^n$，$\hat{v}=0$，$\hat{w}=0$ 或 $\hat{x}=l$，$\hat{u}_{\mathrm{m}}=\hat{\varDelta}_l^n$，$\frac{\partial\hat{u}}{\partial\hat{x}}=\hat{\varphi}_{b1}^n$，$\frac{\partial\hat{v}}{\partial\hat{x}}=\hat{\varphi}_{b2}^n$，$\frac{\partial\hat{w}}{\partial\hat{x}}=\hat{\varphi}_{b3}^n$，$\hat{v}=0$，$\hat{w}=0$。

将质点的轴向位移、扰度和转动变形记为

$$\hat{\boldsymbol{\delta}}_u=\left(\hat{u}_a\quad \hat{u}_b\right)^{\mathrm{T}} \tag{2-56a}$$

$$\hat{\boldsymbol{\delta}}_v=\left(\hat{v}_a\quad \hat{\theta}_{za}\quad \hat{v}_b\quad \hat{\theta}_{zb}\right)^{\mathrm{T}} \tag{2-56b}$$

$$\hat{\boldsymbol{\delta}}_\theta=\left(\hat{\theta}_{xa}\quad \hat{\theta}_{xb}\right)^{\mathrm{T}} \tag{2-57a}$$

$$\hat{\boldsymbol{\delta}}_w=\left(\hat{w}_a\quad \hat{\theta}_{ya}\quad \hat{w}_b\quad \hat{\theta}_{yb}\right)^{\mathrm{T}} \tag{2-57b}$$

联立式(2-52)至式(2-55)，结合上述边界条件，得到用质点变形模式时，矩阵表达为

$$\hat{\boldsymbol{u}}=\boldsymbol{N}_u\hat{\boldsymbol{\delta}}_u \tag{2-58a}$$

$$\hat{\boldsymbol{\theta}}=\boldsymbol{N}_\theta\hat{\boldsymbol{\delta}}_\theta \tag{2-58b}$$

$$\hat{\boldsymbol{v}} = \boldsymbol{N}_v \hat{\boldsymbol{\delta}}_v \tag{2-58c}$$

$$\hat{\boldsymbol{w}} = \boldsymbol{N}_w \hat{\boldsymbol{\delta}}_w \tag{2-58d}$$

式中：$\boldsymbol{N}_u$、$\boldsymbol{N}_\theta$、$\boldsymbol{N}_v$和$\boldsymbol{N}_w$为形函数矩阵。

应变$\hat{\varepsilon}$可以用微应变公式计算：

$$\hat{\varepsilon} = \frac{\partial \hat{u}}{\partial \hat{x}} \tag{2-59}$$

将式(2-58)代入式(2-59)得到

$$\Delta\hat{\varepsilon} = \boldsymbol{B}\hat{\boldsymbol{u}} \tag{2-60}$$

式中：$\boldsymbol{B}$为梁单元的位移-应变关系矩阵。

假设应力$\Delta\hat{\sigma}$和应变$\Delta\hat{\varepsilon}$之间是线性关系，则有

$$\Delta\hat{\sigma} = D\Delta\hat{\varepsilon} \tag{2-61}$$

式中：D为材料在轴应力为$\hat{\sigma}^n$时的切线模量。

计算结点内力的基础：①结点内力因为结点变形所产生的虚功与单元内的变形虚功相等；②单元的两组结点内力满足平衡条件。先考虑变形的虚功，即

$$\delta U_1 = \delta U_2 \tag{2-62}$$

$$\delta U_1 = \int_V (\delta\hat{\varepsilon})\hat{\sigma} \mathrm{d}V \tag{2-63}$$

$$\delta U_2 = \delta\left(\hat{\boldsymbol{u}}_*^n\right)\hat{\boldsymbol{f}}_*^{n+1} \tag{2-64}$$

式中：$\hat{\varepsilon}$是单元上任意一点在途径单元内产生的轴向应变；$\hat{\sigma}$是在时刻t_{n+1}虚拟单元$a''b''$在这一点上的全部应力；$\hat{\boldsymbol{u}}_*^n$与$\hat{\boldsymbol{f}}_*^{n+1}$分别为单元质点集合的变形向量和内力(矩)向量，表达式为

$$\hat{\boldsymbol{u}}_*^n = \begin{bmatrix} \hat{\Delta}_l^n & \hat{\varphi}_{b1}^n & \hat{\varphi}_{a2}^n & \hat{\varphi}_{b2}^n & \hat{\varphi}_{a3}^n & \hat{\varphi}_{b3}^n \end{bmatrix}^{\mathrm{T}}$$

$$\hat{\boldsymbol{f}}_*^{n+1} = \begin{bmatrix} \hat{f}_{xa}^{n+1} & \hat{f}_{\theta_x b}^{n+1} & \hat{f}_{\theta_y a}^{n+1} & \hat{f}_{\theta_y b}^{n+1} & \hat{f}_{\theta_z a}^{n+1} & \hat{f}_{\theta_z b}^{n+1} \end{bmatrix}^{\mathrm{T}}$$

由于单元$a''b''$和$a^n b^n$的方向相同，两个形态的轴应力值$\hat{\sigma}$和σ^n之差$\Delta\hat{\sigma} = \hat{\sigma}^{n+1} - \hat{\sigma}^n$，代入式(2-63)得到

$$\hat{\boldsymbol{f}}_*^{n+1} = \hat{\boldsymbol{f}}_*^n + \Delta\hat{\boldsymbol{f}}_* \tag{2-65}$$

式中：

$$\hat{\boldsymbol{f}}_*^n = \int_{V^n} \boldsymbol{B}^{\mathrm{T}}\left(\hat{\sigma}^n\right)\mathrm{d}V \tag{2-66}$$

$$\Delta\hat{\boldsymbol{f}}_* = \int_{V^n} \boldsymbol{B}^{\mathrm{T}}\left(\Delta\hat{\sigma}\right)\mathrm{d}V \tag{2-67}$$

得到以下的结点内力和弯矩：

$$\Delta\hat{f}_{xa} = \frac{E^n A^n}{l^n}\hat{\Delta}_l^n \tag{2-68}$$

$$\Delta\hat{f}_{\theta_x b} = \frac{G^n \hat{J}_1^n}{l^n}\hat{\varphi}_{b1}^n \tag{2-69}$$

$$\Delta\hat{f}_{\theta_y a} = \frac{E^n \hat{J}_2^n}{l^n}\left(4\hat{\varphi}_{a2}^n + 2\hat{\varphi}_{b2}^n\right) \tag{2-70}$$

$$\Delta\hat{f}_{\theta_y b}=\frac{E^n\hat{J}_2^n}{l^n}\left(2\hat{\varphi}_{a2}^n+4\hat{\varphi}_{b2}^n\right) \tag{2-71}$$

$$\Delta\hat{f}_{\theta_z a}=\frac{E^n\hat{J}_3^n}{l^n}\left(4\hat{\varphi}_{a3}^n+2\hat{\varphi}_{b3}^n\right) \tag{2-72}$$

$$\Delta\hat{f}_{\theta_z b}=\frac{E^n\hat{J}_3^n}{l^n}\left(2\hat{\varphi}_{a3}^n+4\hat{\varphi}_{b3}^n\right) \tag{2-73}$$

式中：E^n 为单元弹性模量；A^n 为单元截面面积；l^n 为单元长度；Δ_l^n 为单元轴向伸长量；$\hat{J}_1^n$、$\hat{J}_2^n$、$\hat{J}_3^n$ 分别为基础架构截面对主轴 $\hat{x}$、$\hat{y}$ 和 $\hat{z}$ 的平面惯性矩；G^n 为剪应力为 τ^n 时的切线模量。在一个途径单元之内，这些参数都是常数，直到下一个途径单元才更新。

在向量式有限元中，质点运动遵循牛顿第二定律，单元没有质量，因此在任意时刻，单元必须满足静力平衡条件。在逆向运动过程中，消去了单元 ab 的六个自由度，因而应该有六个静力平衡条件。通过这些静力平衡条件，可以求得单元内其他六个自由度的力，即

$$\sum\hat{F}_x=0 \tag{2-74a}$$

$$\Delta\hat{f}_{xa}=-\Delta\hat{f}_{xb} \tag{2-74b}$$

$$\sum\hat{M}_x=0 \tag{2-75a}$$

$$\Delta\hat{f}_{\theta_x a}=-\Delta\hat{f}_{\theta_x b} \tag{2-75b}$$

$$\sum\hat{M}_z=0 \tag{2-76a}$$

$$\Delta\hat{f}_{\theta_y b}=-\frac{1}{l^n}\left(\Delta\hat{f}_{\theta_z a}+\Delta\hat{f}_{\theta_z b}\right) \tag{2-76b}$$

$$\sum\hat{M}_y=0 \tag{2-77a}$$

$$\Delta\hat{f}_{\theta_y b}=\frac{1}{l^n}\left(\Delta\hat{f}_{\theta_y a}+\Delta\hat{f}_{\theta_y b}\right) \tag{2-77b}$$

$$\sum\hat{F}_y=0 \tag{2-78a}$$

$$\Delta\hat{f}_{ya}=-\Delta\hat{f}_{yb} \tag{2-78b}$$

$$\sum\hat{F}_z=0 \tag{2-79a}$$

$$\Delta\hat{f}_{za}=-\Delta\hat{f}_{zb} \tag{2-79b}$$

至此求解得到由于变形位移和变形转动而产生的结点力增量 $\Delta\hat{\boldsymbol{f}}_a$、$\Delta\hat{\boldsymbol{f}}_b$ 和结点弯矩增量 $\Delta\hat{\boldsymbol{f}}_{\theta a}$、$\Delta\hat{\boldsymbol{f}}_{\theta b}$。在每个途径单元上，基础构型上的结点内力 $\hat{\boldsymbol{f}}_a^n$、$\hat{\boldsymbol{f}}_b^n$ 和内力矩 $\hat{\boldsymbol{f}}_{\theta a}^n$、$\hat{\boldsymbol{f}}_{\theta b}^n$ 都是已知量，将结点力增量和结点弯矩增量代入式(2-46)和式(2-47)，可以得到单元在虚拟位置 $a'b'$ 的内力 $\hat{\boldsymbol{f}}_a^{n+1}$、$\hat{\boldsymbol{f}}_b^{n+1}$ 和内力矩 $\hat{\boldsymbol{f}}_{\theta a}^{n+1}$、$\hat{\boldsymbol{f}}_{\theta b}^{n+1}$。但此时的单元内力和内力矩是以主轴坐标表示的，需要转换到整体坐标系下，转换矩阵为 $\boldsymbol{A}^{\mathrm{T}}$；然后令梁单元做正向运动，回到 t_{n+1} 时刻的原位置 $a^{n+1}b^{n+1}$。经过坐标转换以及刚体转动之后的质点内力表示如下：

$$\boldsymbol{f}_a^{n+1}=\left(\boldsymbol{R}_\gamma\right)\boldsymbol{A}^{\mathrm{T}}\begin{pmatrix}\hat{f}_{xa}^{n+1}\\ \hat{f}_{ya}^{n+1}\\ \hat{f}_{za}^{n+1}\end{pmatrix} \tag{2-80a}$$

$$\boldsymbol{f}_{\theta a}^{n+1}=\left(\boldsymbol{R}_{\gamma}\right)\boldsymbol{A}^{\mathrm{T}}\begin{pmatrix}\hat{f}_{\theta_x a}^{n+1}\\ \hat{f}_{\theta_y a}^{n+1}\\ \hat{f}_{\theta_z a}^{n+1}\end{pmatrix} \tag{2-80b}$$

$$\boldsymbol{f}_{b}^{n+1}=\left(\boldsymbol{R}_{\gamma}\right)\boldsymbol{A}^{\mathrm{T}}\begin{pmatrix}\hat{f}_{xb}^{n+1}\\ \hat{f}_{yb}^{n+1}\\ \hat{f}_{zb}^{n+1}\end{pmatrix} \tag{2-81a}$$

$$\boldsymbol{f}_{\theta b}^{n+1}=\left(\boldsymbol{R}_{\gamma}\right)\boldsymbol{A}^{\mathrm{T}}\begin{pmatrix}\hat{f}_{\theta_x b}^{n+1}\\ \hat{f}_{\theta_y b}^{n+1}\\ \hat{f}_{\theta_z b}^{n+1}\end{pmatrix} \tag{2-81b}$$

与此同时，与单元相连接的空间质点所受到的内力和内力矩分别为相连接单元反向内力和内力矩之和。

2.5 单元外力计算

接下来讨论作用在质点上的外体积力和外面力的等效质点外力计算方法。在单元随体坐标系上描述挠曲理论时，单元轴的拉伸变形、轴向的扭曲以及弯曲变形可以在分别独立计算后叠加。外力计算也是如此。所谓等效质点外力，是指非质点外载荷按照虚功相等的原则分配到质点上的外力。在时刻 t_{n+1}，一组用整体坐标描述的外力的一般计算思路是首先按照逆向运动转换为主轴坐标分量，然后进行等效质点外力计算，再通过正向运动转换到整体坐标系中。这两个变换过程和前文计算纯变形和单元内力中的变换一致，此处不再赘述。

下面主要讲述在主轴坐标系下一般性的质点等效外力的计算方法。式（1-37）和式（1-38）是一般性公式，对于作用在梁单元上的分布力，可以简写为

$$\boldsymbol{f}_s^{\mathrm{e}}=\int_l \boldsymbol{N}^{\mathrm{T}}\boldsymbol{p}_s\mathrm{d}x \tag{2-82}$$

式中：l 为单元长度。

1. 分布轴向力

分布轴向力 $\hat{p}(x)$ 的等效空间点力如图 2-8 所示，其所对应的轴向变形的形函数矩阵是 $\boldsymbol{N}_u$，由式（2-82）得到等效结点力

$$\hat{\boldsymbol{f}}_s^{\mathrm{e}}=\int_0^l \hat{p}(\hat{x})\boldsymbol{N}_u^{\mathrm{T}}\mathrm{d}\hat{x} \tag{2-83}$$

将形函数代入式（2-83），则得到

$$\hat{\boldsymbol{f}}_s^{\mathrm{e}}=\begin{pmatrix}\hat{f}_{Na}\\ \hat{f}_{Nb}\end{pmatrix}=\begin{pmatrix}1 & -\dfrac{1}{l}\\ 0 & \dfrac{1}{l}\end{pmatrix}\begin{pmatrix}\int_0^l \hat{p}(\hat{x})\mathrm{d}\hat{x}\\ \int_0^l \hat{p}(\hat{x})\hat{x}\mathrm{d}\hat{x}\end{pmatrix} \tag{2-84}$$

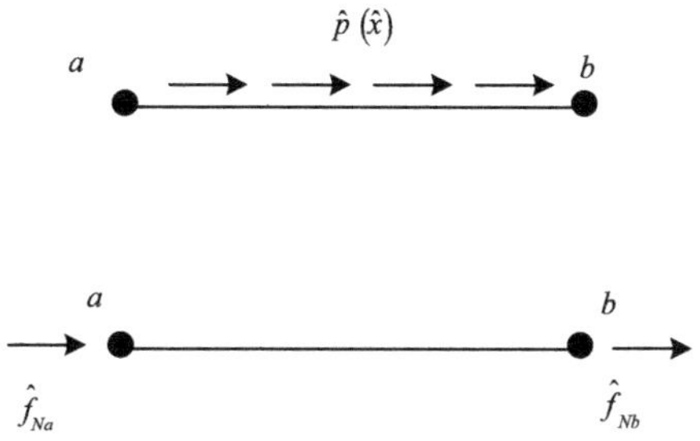

图 2-8　分布轴向力的等效空间点力

对于均布轴向力，$\hat{p}(\hat{x})=\hat{p}$，则有 $\hat{f}_{Na}=\hat{f}_{Nb}=\dfrac{\hat{p}l}{2}$。对于线性分布的轴向力，设在 a 处的值为 $\hat{p}_1$，在 b 处的值为 $\hat{p}_2$，那么有 $\hat{f}_{Na}=\dfrac{l}{6}(2\hat{p}_1+\hat{p}_2)$、$\hat{f}_{Nb}=\dfrac{l}{6}(\hat{p}_1+2\hat{p}_2)$。

2. 分布扭矩

分布扭矩的等效空间点力如图 2-9 所示，扭转角的形函数矩阵和轴向位移的形函数矩阵是相同的，它的等效结点力

$$\hat{\boldsymbol{f}}_s^{\mathrm{e}}=\int_0^l \hat{f}_{\theta_x}(\hat{x})\boldsymbol{N}_u^{\mathrm{T}}\mathrm{d}\hat{x} \tag{2-85}$$

详细写为

$$\hat{\boldsymbol{f}}_s^{\mathrm{e}}=\begin{pmatrix}\hat{f}_{\theta_x a}\\ \hat{f}_{\theta_x b}\end{pmatrix}=\begin{pmatrix}1 & -\dfrac{1}{l}\\ 0 & \dfrac{1}{l}\end{pmatrix}\begin{pmatrix}\int_0^l \hat{f}_{\theta_x}(\hat{x})\mathrm{d}\hat{x}\\ \int_0^l \hat{f}_{\theta_x}(\hat{x})\hat{x}\mathrm{d}\hat{x}\end{pmatrix} \tag{2-86}$$

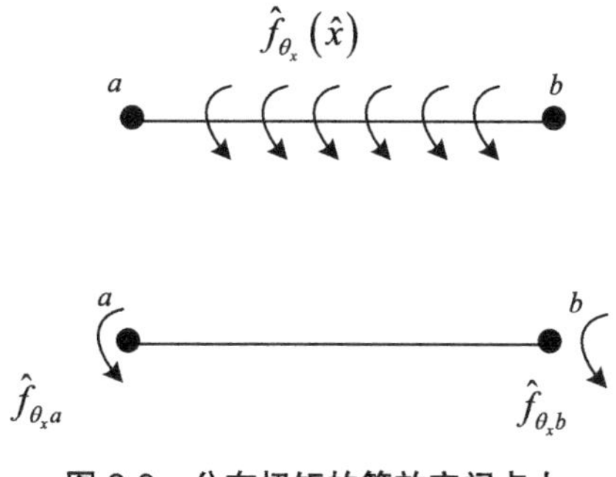

图 2-9　分布扭矩的等效空间点力

对于均匀扭转力矩，有 $\hat{f}_{\theta_x}(\hat{x})=\hat{f}_{\theta_x}$，则 $\hat{f}_{\theta_x a}=\hat{f}_{\theta_x b}=\hat{f}_{\theta_x}\dfrac{l}{2}$；对于线性分布扭矩的等效质点力为 $\hat{f}_{\theta_x a}=\dfrac{l}{6}\left(2\hat{f}_{\theta_x a}+\hat{f}_{\theta_x b}\right)$ 和 $\hat{f}_{\theta_x b}=\dfrac{l}{6}\left(\hat{f}_{\theta_x a}+2\hat{f}_{\theta_x b}\right)$，其中 $\hat{f}_{\theta_x a}$ 和 $\hat{f}_{\theta_x b}$ 分别为两个质点上分布扭矩的集度值。

3. 分布横向力

分布横向力的等效空间点力如图 2-10 所示，分布横向力所对应挠度的形函数矩阵是

$\boldsymbol{N}_v$,它的等效结点力

$$\hat{\boldsymbol{f}}_s^{\mathrm{e}} = \int_0^l \hat{p}(\hat{x}) \boldsymbol{N}_v^{\mathrm{T}} \mathrm{d}\hat{x} \tag{2-87}$$

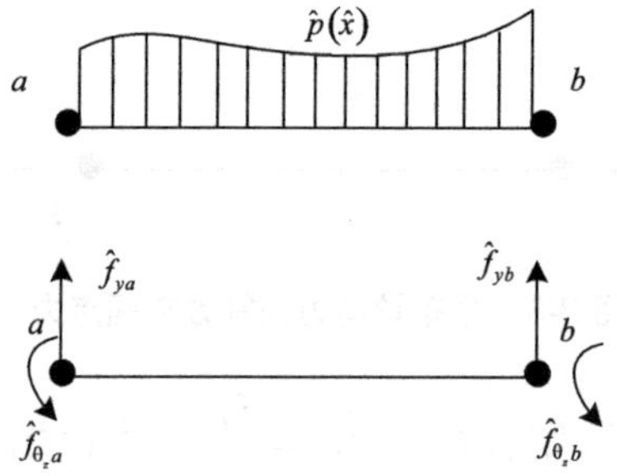

图 2-10 分布横向力的等效空间点力

将形函数代入,详细写为

$$\hat{\boldsymbol{f}}_s^{\mathrm{e}} = \begin{pmatrix} \hat{f}_{ya} \\ \hat{f}_{\theta_z a} \\ \hat{f}_{yb} \\ \hat{f}_{\theta_z b} \end{pmatrix} = \begin{pmatrix} 1 & 0 & -\dfrac{3}{l^2} & \dfrac{2}{l^3} \\ 0 & 1 & -\dfrac{2}{l} & \dfrac{1}{l^2} \\ 0 & 0 & \dfrac{3}{l^2} & -\dfrac{2}{l^3} \\ 0 & 0 & -\dfrac{1}{l} & \dfrac{1}{l^2} \end{pmatrix} \begin{pmatrix} \int_0^l \hat{p}(\hat{x}) \mathrm{d}\hat{x} \\ \int_0^l \hat{p}(\hat{x}) \hat{x} \mathrm{d}\hat{x} \\ \int_0^l \hat{p}(\hat{x}) \hat{x}^2 \mathrm{d}\hat{x} \\ \int_0^l \hat{p}(\hat{x}) \hat{x}^3 \mathrm{d}\hat{x} \end{pmatrix} \tag{2-88}$$

式中:$\hat{f}_{ya}$、$\hat{f}_{yb}$ 为等效质点剪力;$\hat{f}_{\theta_z a}$、$\hat{f}_{\theta_z b}$ 为等效结点弯矩。

若为均布横向力,即 $\hat{p}(\hat{x}) = \hat{p}$,有

$$\begin{pmatrix} \hat{f}_{ya} & \hat{f}_{\theta_z a} & \hat{f}_{yb} & \hat{f}_{\theta_z b} \end{pmatrix}^{\mathrm{T}} = \begin{pmatrix} \dfrac{\hat{p}l}{2} & \dfrac{\hat{p}l^2}{12} & \dfrac{\hat{p}l}{2} & -\dfrac{\hat{p}l^2}{12} \end{pmatrix}^{\mathrm{T}} \tag{2-89}$$

对于线性分布的横向力,其等效结点力

$$\begin{pmatrix} \hat{f}_{ya} & \hat{f}_{\theta_z a} & \hat{f}_{yb} & \hat{f}_{\theta_z b} \end{pmatrix}^{\mathrm{T}} = \begin{pmatrix} \dfrac{(7\hat{p}_1 + 3\hat{p}_2)l}{20} \\ \dfrac{(3\hat{p}_1 + 2\hat{p}_2)l^2}{60} \\ \dfrac{(3\hat{p}_1 + 7\hat{p}_2)l}{20} \\ -\dfrac{(2\hat{p}_1 + 3\hat{p}_2)l^2}{60} \end{pmatrix} \tag{2-90}$$

4. 分布弯矩

分布弯矩的等效结点力如图 2-11 所示,分布弯矩所对应的弯曲转角的形函数矩阵是 $\boldsymbol{N}_v$ 对 x 的导数,记为 $\boldsymbol{N}_v'$,它的等效结点力

$$\hat{\boldsymbol{f}}_s^{\mathrm{e}} = \int_0^l \hat{f}_{\theta_z}(\hat{x}) \boldsymbol{N}_v'^{\mathrm{T}} \mathrm{d}\hat{x} \tag{2-91}$$

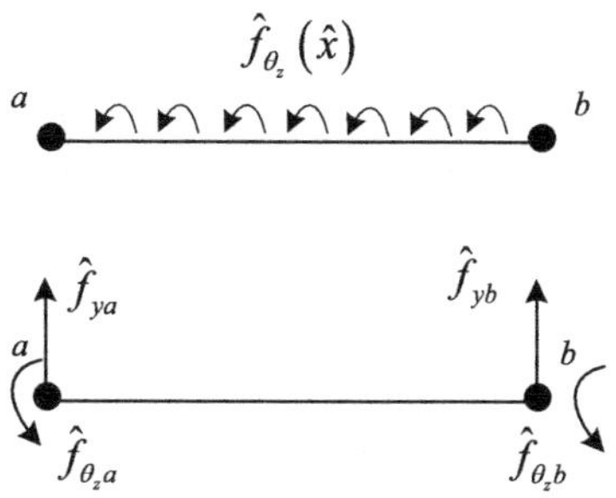

图 2-11　分布弯矩的等效结点力

详细写为

$$\hat{\boldsymbol{f}}_s^{\mathrm{e}}=\begin{pmatrix}\hat{f}_{ya}\\ \hat{f}_{\theta_z a}\\ \hat{f}_{yb}\\ \hat{f}_{\theta_z b}\end{pmatrix}=\begin{pmatrix}1 & 0 & -\dfrac{3}{l^2} & \dfrac{2}{l^3}\\ 0 & 1 & -\dfrac{2}{l} & \dfrac{1}{l^2}\\ 0 & 0 & \dfrac{3}{l^2} & -\dfrac{2}{l^3}\\ 0 & 0 & -\dfrac{1}{l} & \dfrac{1}{l^2}\end{pmatrix}\begin{pmatrix}0\\ \int_0^l \hat{f}_{\theta_z}(\hat{x})\hat{x}\mathrm{d}\hat{x}\\ \int_0^l 2\hat{f}_{\theta_z}(\hat{x})\hat{x}\mathrm{d}\hat{x}\\ \int_0^l 3\hat{f}_{\theta_z}(\hat{x})\hat{x}^2\mathrm{d}\hat{x}\end{pmatrix} \tag{2-92}$$

若为均布弯矩，即 $\hat{f}_{\theta_z}(\hat{x})=\hat{f}_{\theta_z}$，有

$$\begin{pmatrix}\hat{f}_{ya} & \hat{f}_{\theta_z a} & \hat{f}_{yb} & \hat{f}_{\theta_z b}\end{pmatrix}^{\mathrm{T}}=\begin{pmatrix}-\hat{f}_{\theta_z} & 0 & \hat{f}_{\theta_z} & 0\end{pmatrix}^{\mathrm{T}} \tag{2-93}$$

对于线性分布的弯矩，其等效结点力

$$\begin{pmatrix}\hat{f}_{ya} & \hat{f}_{\theta_z a} & \hat{f}_{yb} & \hat{f}_{\theta_z b}\end{pmatrix}^{\mathrm{T}}=\begin{pmatrix}-\dfrac{\hat{f}_{\theta_z a}+\hat{f}_{\theta_z b}}{2}\\ \dfrac{\left(\hat{f}_{\theta_z a}-\hat{f}_{\theta_z b}\right)l}{12}\\ \dfrac{\left(\hat{f}_{\theta_z a}+\hat{f}_{\theta_z b}\right)}{2}\\ -\dfrac{\left(\hat{f}_{\theta_z a}-\hat{f}_{\theta_z b}\right)l}{12}\end{pmatrix} \tag{2-94}$$

式中：$\hat{f}_{\theta_z a}$、$\hat{f}_{\theta_z b}$ 分别为两个质点对应结点处的分布弯矩。

本章部分图例

说明：为了方便读者直观地查看彩色图例，此处节选了书中的部分内容进行展示。页面左侧的页码，为您标注了对应内容在书中出现的位置。

第 3 章　向量式有限元薄板单元理论

板是指厚度比其他尺寸要小得多的平面或曲面构件，在工程中应用广泛。仿照根据梁理论建立梁单元的思路，自然想到根据板理论建立板单元。目前主要有两种板理论，一是薄板理论，也被称为基尔霍夫板（Kirchhoff plate）理论，它忽略了板的横向剪切变形；另一种是明特林板（Mindlin plate）理论，它考虑了板的横向剪切变形的影响，适合于板的厚跨比较大的情形，常被称为瑞斯纳板（Reissner plate）理论或中厚板理论。这里讨论的是薄板，主要依据薄板理论建立离散基尔霍夫理论（Discrete Kirchhoff Theory，DKT）三角形薄板单元。巴特兹（Batoz）等已解决了该 DKT 薄板单元相邻单元间完全协调的问题，与其他三角形单元的计算相比，具有较好的精度和效率。本章内容重点参考了浙江大学王震博士等发表的文献。

3.1　离散过程

采用点值描述思想，将空间薄板结构进行离散。板单元的几何离散如图 3-1 所示。这里讨论的是具有复杂几何描述灵活性的三角形单元，每一个板单元连接三个相邻质点，每个质点可以连接多个板单元。途径离散的思路与梁单元类似，此处不再赘述。同样地，在一个途径单元内薄板单元的变形服从以下两个基本假设。

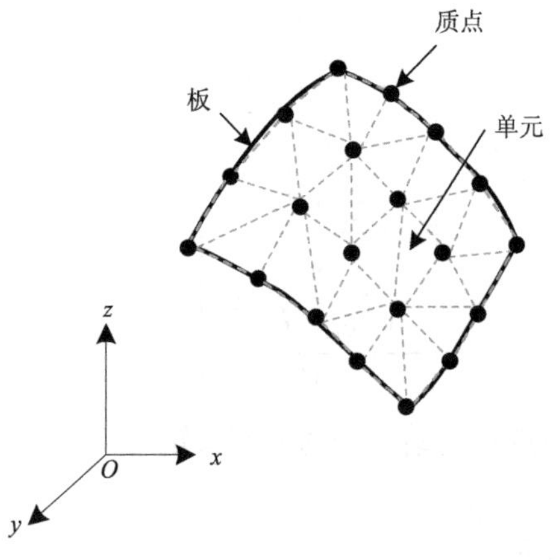

图 3-1　板单元的几何离散

（1）薄板单元面积变化、转动角度、弯曲角度以及剪切变形均为小量。在时间步内，单元形状不变。在时间步结束时，单元形状及位置信息才进行更新。

（2）薄板单元的内力可由 DKT 薄板理论计算得到，基本假设是板的中面是一中性面，变形前垂直于中面的法线，变形后仍然保持直线（直法线假定），而且仍然垂直于变形后的中面（横向剪切应变为 0）。

由于空间点用没有质量的薄板单元连接，实体板部分的质量将用等效质量叠加到空间点上得到质点。质点应视为一个有质量而无大小的点，可以参考经典有限元方法的结点等效质量进行计算。质点质量的划分有两种方式：一种是集成方式，将各个单元的质量均分到结点上，再进行集成获得质点的质量，可用于非均质的任意网格模型；另一种是均分方式，适用于均质均匀网格模型，即先将结构总质量按网格总数进行均分，根据结构总质量按网格总数进行均分，再根据质点所占网格数均匀分配到各个质点上。这里我们推荐选择第一种方法，其灵活性更好。薄板单元 j 对应的薄板分块分配给结点 a、b 和 c 的质量可按下式计算：

$$m_j^a = m_j^b = m_j^c = \frac{1}{3}\rho_j V_j \tag{3-1}$$

式中：ρ_j、V_j 分别为薄板分块的密度和体积。一般情况下，在一个途径单元或者更长的一段时间内，忽略薄板分块的性质和几何变化，常常可以取时刻 t_0 质点的质量并保持不变。

那么，质点的总质量按相连接的薄板单元所提供的等效质量集成为

$$m^a = \sum_{j=1}^{k} m_j^a \tag{3-2a}$$

$$m^b = \sum_{j=1}^{k} m_j^b \tag{3-2b}$$

$$m^c = \sum_{j=1}^{k} m_j^c \tag{3-2c}$$

关于质量惯性矩计算，应将质点视为一个具有形状的刚体（例如图 2-3 所示的梁单元质量截面），同时应限制其尺寸远小于网格单元尺寸。与上述质点的质量假定一样，质量惯性矩的计算也分为集成方式和均分方式。集成方式如图 3-2（a）所示，是先将薄板单元质量均分到单元边横截面上（截面质量），再将截面质量收缩至薄板单元的角端小范围内（如取 $t_a/2$ 长度），最后进行集成获得质点的转动惯量。此方式中质点的截面形状依赖于实际网格的划分，通用性比较好。均分方式是先将结构总质量按均匀网格总数进行均分，再根据质点所占网格数均匀分配到各质点上，再将分配的质点质量均布到假设的质点截面形状（如图 3-2（b）所示的十字正交形）上以计算质点的转动惯量。这种方式中质点的截面形状不依赖于网格的实际划分，但要求网格是均匀的。

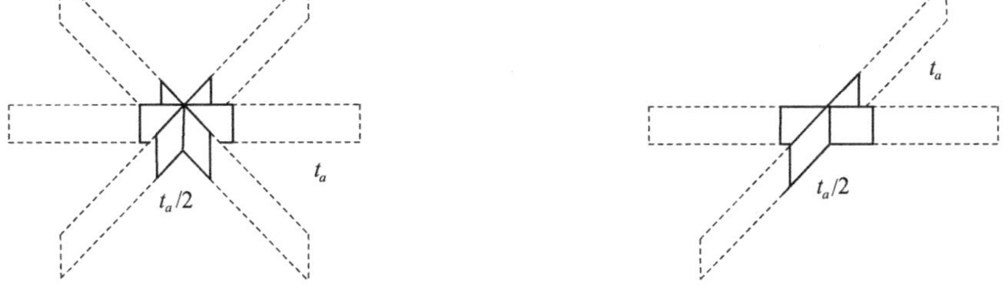

（a）　（b）

图 3-2　假定质点截面形状（t_a 为厚度）

（a）集成方式　（b）均分方式

3.2 逆向运动与单元变形

对于空间三角形单元,随体参考系或主轴方向的定义如图 3-3 所示。与梁单元相似,在时间步 $t_n \leqslant t \leqslant t_{n+1}$ 内,主轴方向由单元在时刻 t_n 的位置和形状定义。第一个主轴方向 $\boldsymbol{e}_{\hat{x}}^n$ 为单元边 $a^n b^n$ 的方向向量,即从质点 a^n 指向 b^n 的单位向量。

$$\boldsymbol{e}_{\hat{x}}^n = \frac{\boldsymbol{u}_b^n - \boldsymbol{u}_a^n}{\left|\boldsymbol{u}_b^n - \boldsymbol{u}_a^n\right|} \tag{3-3}$$

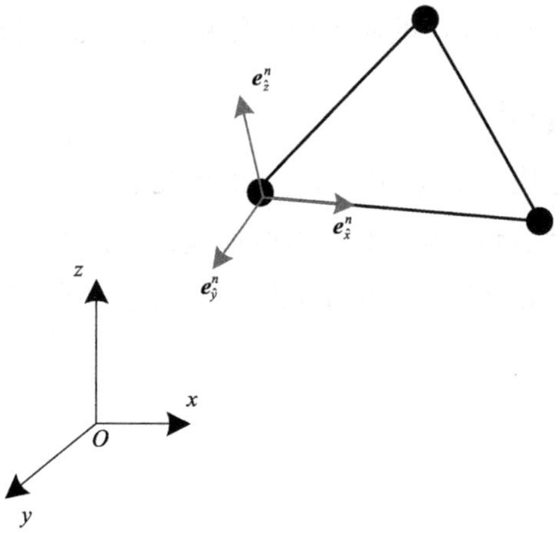

图 3-3 三角形单元的随体参考系定义

第二个主轴方向 $\boldsymbol{e}_{\hat{y}}^n$ 垂直于时刻 t_n 单元所在平面,可以通过单元任意两条边的方向向量叉乘计算得到,例如

$$\boldsymbol{e}_{\hat{y}}^n = \boldsymbol{n}^n = \frac{\left(\boldsymbol{u}_b^n - \boldsymbol{u}_a^n\right) \times \left(\boldsymbol{u}_c^n - \boldsymbol{u}_a^n\right)}{\left|\left(\boldsymbol{u}_b^n - \boldsymbol{u}_a^n\right) \times \left(\boldsymbol{u}_c^n - \boldsymbol{u}_a^n\right)\right|} \tag{3-4}$$

根据右手准则,第三个主轴方向 $\boldsymbol{e}_{\hat{z}}^n$ 与第一个主轴方向 $\boldsymbol{e}_{\hat{x}}^n$ 和第二个主轴方向 $\boldsymbol{e}_{\hat{y}}^n$ 均垂直,计算方法如下:

$$\boldsymbol{e}_{\hat{z}}^n = \boldsymbol{e}_{\hat{x}}^n \times \boldsymbol{e}_{\hat{y}}^n \tag{3-5}$$

在下一时间步,主轴方向由时刻 t_{n+1} 时的单元状态决定,更新为 $\left(\boldsymbol{e}_{\hat{x}}^{n+1} \quad \boldsymbol{e}_{\hat{y}}^{n+1} \quad \boldsymbol{e}_{\hat{z}}^{n+1}\right)$。

如图 3-4 所示,在时间步 $t_n \leqslant t \leqslant t_{n+1}$ 内,薄板单元经历的刚体运动可分为刚体平移和刚体转动两部分。为了得到单元的纯变形量,同样通过逆向运动消去单元的刚体运动,分三个步骤:逆向平移、逆向面外转动和逆向面内转动。在时刻 t_n 和 t_{n+1} 单元的位置分别标记为 a^n、b^n、c^n 和 a^{n+1}、b^{n+1}、c^{n+1},对应的位置向量是 $\left(\boldsymbol{u}_a^n \quad \boldsymbol{u}_b^n \quad \boldsymbol{u}_c^n\right)$ 和 $\left(\boldsymbol{u}_a^{n+1} \quad \boldsymbol{u}_b^{n+1} \quad \boldsymbol{u}_c^{n+1}\right)$,可以首先取得 Δt_n 时段内的位移向量 $\boldsymbol{d}_a^n$、$\boldsymbol{d}_b^n$、$\boldsymbol{d}_c^n$ 和结点的转动向量 $\boldsymbol{\beta}_a^n$、$\boldsymbol{\beta}_b^n$、$\boldsymbol{\beta}_c^n$,如下:

$$\boldsymbol{d}_a^n = \boldsymbol{u}_a^{n+1} - \boldsymbol{u}_a^n \tag{3-6}$$

$$\boldsymbol{d}_b^n = \boldsymbol{u}_b^{n+1} - \boldsymbol{u}_b^n \tag{3-7}$$

$$\boldsymbol{d}_c^n = \boldsymbol{u}_c^{n+1} - \boldsymbol{u}_c^n \tag{3-8}$$

$$\boldsymbol{\beta}_a^n = \boldsymbol{\theta}_a^{n+1} - \boldsymbol{\theta}_a^n \tag{3-9}$$

$$\boldsymbol{\beta}_b^n = \boldsymbol{\theta}_b^{n+1} - \boldsymbol{\theta}_b^n \tag{3-10}$$

$$\boldsymbol{\beta}_c^n = \boldsymbol{\theta}_c^{n+1} - \boldsymbol{\theta}_c^n \tag{3-11}$$

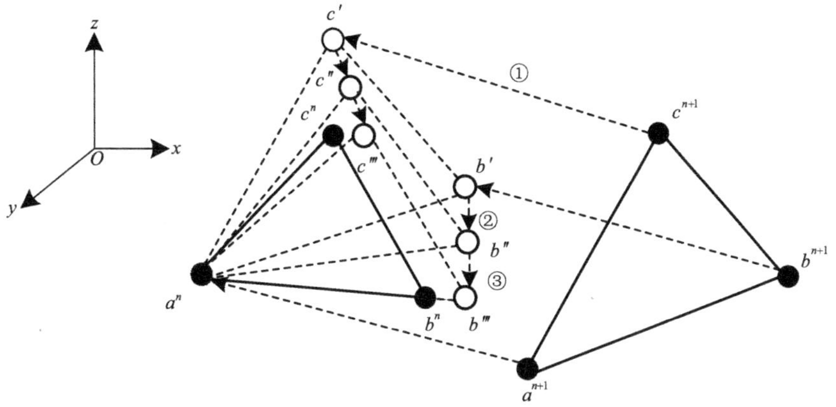

图 3-4　三角形单元的空间逆运动

①—逆向平移；②—逆向面外转动；③—逆向面内转动

以质点 a^n 为参考点，单元刚体平移量即为质点 a^n 的位移量 $\boldsymbol{d}_a^n$。消去刚体平移后，单元位置为 a'、b'、c'，单元结点位移量相应为

$$\boldsymbol{\eta}_a = \boldsymbol{d}_a^n + \left(-\boldsymbol{d}_a^n\right) = 0 \tag{3-12}$$

$$\boldsymbol{\eta}_b = \boldsymbol{d}_b^n + \left(-\boldsymbol{d}_a^n\right) \tag{3-13}$$

$$\boldsymbol{\eta}_c = \boldsymbol{d}_c^n + \left(-\boldsymbol{d}_a^n\right) \tag{3-14}$$

经过逆向刚体平移后，还需要消去单元的刚体转动。如图 3-5 所示，刚体转动向量 $\boldsymbol{\gamma}_{\mathrm{r}}$ 由两部分组成，分别为平面外单元转动向量 $\boldsymbol{\gamma}_{\mathrm{op}}$ 和平面内单元转动向量 $\boldsymbol{\gamma}_{\mathrm{ip}}$，即

$$\boldsymbol{\gamma}_{\mathrm{r}} = \boldsymbol{\gamma}_{\mathrm{op}} + \boldsymbol{\gamma}_{\mathrm{ip}} \tag{3-15}$$

通过几何推导，可得平面外刚体转动角度

$$\gamma_{\mathrm{op}} = \cos^{-1}\left(\frac{\boldsymbol{n}' \cdot \boldsymbol{n}''}{|\boldsymbol{n}'||\boldsymbol{n}''|}\right) \quad (\gamma_{\mathrm{op}} \in [0, \pi]) \tag{3-16}$$

平面外转动方向向量

$$\boldsymbol{n}_{\mathrm{op}} = \frac{\boldsymbol{n}' \cdot \boldsymbol{n}''}{|\boldsymbol{n}'||\boldsymbol{n}''|} = \left(l_{\mathrm{op}} \quad m_{\mathrm{op}} \quad n_{\mathrm{op}}\right)^{\mathrm{T}} \tag{3-17}$$

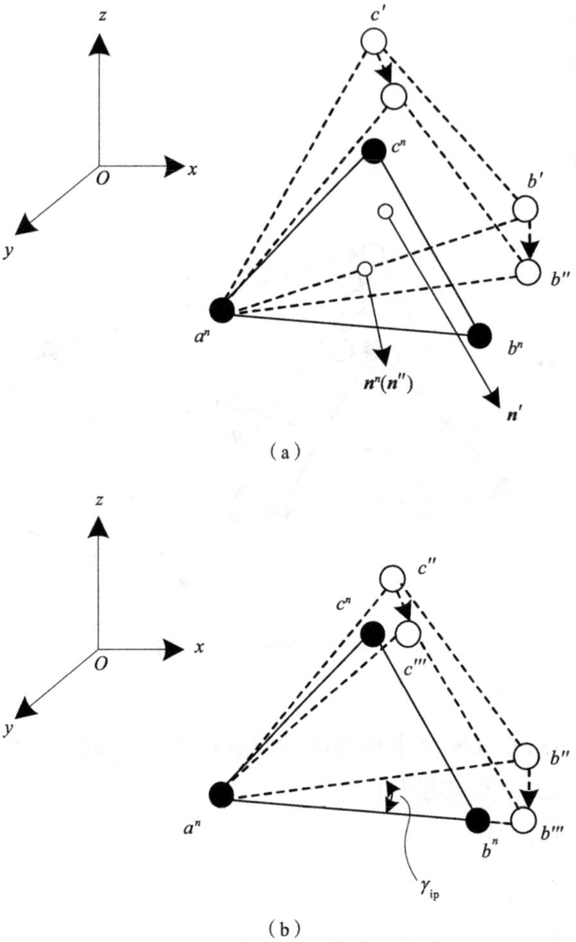

图 3-5 三角形单元的逆向转动

(a)平面外转动 (b)平面内转动

因此,可得到平面外转动向量

$$\boldsymbol{\gamma}_{\mathrm{op}}=\gamma_{\mathrm{op}}\boldsymbol{n}_{\mathrm{op}} \tag{3-18}$$

平面外转动引起的结点刚体位移与结点刚体转角可由下列式子确定:

$$\boldsymbol{\eta}_a^{\mathrm{r\text{-}op}}=0 \tag{3-19}$$

$$\boldsymbol{\eta}_b^{\mathrm{r\text{-}op}}=\left[\boldsymbol{R}_{\mathrm{op}}^{\mathrm{T}}\left(-\gamma_{\mathrm{op}}\right)-\boldsymbol{I}\right]\boldsymbol{d}_{ab}''=\boldsymbol{R}_{\mathrm{op}}^{*}\left(-\gamma_{\mathrm{op}}\right)\boldsymbol{d}_{ab}'' \tag{3-20}$$

$$\boldsymbol{\eta}_c^{\mathrm{r\text{-}op}}=\left[\boldsymbol{R}_{\mathrm{op}}^{\mathrm{T}}\left(-\gamma_{\mathrm{op}}\right)-\boldsymbol{I}\right]\boldsymbol{d}_{ac}''=\boldsymbol{R}_{\mathrm{op}}^{*}\left(-\gamma_{\mathrm{op}}\right)\boldsymbol{d}_{ac}'' \tag{3-21}$$

$$\boldsymbol{\beta}_a^{\mathrm{r\text{-}op}}=-\gamma_{\mathrm{op}} \tag{3-22}$$

$$\boldsymbol{\beta}_b^{\mathrm{r\text{-}op}}=-\gamma_{\mathrm{op}} \tag{3-23}$$

$$\boldsymbol{\beta}_c^{\mathrm{r\text{-}op}}=-\gamma_{\mathrm{op}} \tag{3-24}$$

式中:$\boldsymbol{I}$为 3×3 单位矩阵;

$$\boldsymbol{R}_{\mathrm{op}}^{*}\left(-\gamma_{\mathrm{op}}\right)=\left[1-\cos\left(-\gamma_{\mathrm{op}}\right)\right]\boldsymbol{A}_{\mathrm{op}}^{2}+\sin\left(-\gamma_{\mathrm{op}}\right)\boldsymbol{A}_{\mathrm{op}} \tag{3-25}$$

$$\boldsymbol{A}_{\mathrm{op}}=\begin{pmatrix}0 & -n_{\mathrm{op}} & m_{\mathrm{op}}\\ n_{\mathrm{op}} & 0 & l_{\mathrm{op}}\\ -m_{\mathrm{op}} & l_{\mathrm{op}} & 0\end{pmatrix} \tag{3-26}$$

$$\boldsymbol{d}''_{ab}=\boldsymbol{u}''_a-\boldsymbol{u}''_b \tag{3-27}$$

$$\boldsymbol{d}''_{ac}=\boldsymbol{u}''_a-\boldsymbol{u}''_c \tag{3-28}$$

单元 $a'b'c'$ 通过逆向平面外刚体转动，到达了 t_n 时刻单元 $a^nb^nc^n$ 所在平面，标记此时单元的位置为 $a''b''c''$，各个质点的位移与转角如下：

$$\boldsymbol{\eta}''_a=0 \tag{3-29}$$

$$\boldsymbol{\eta}''_b=\boldsymbol{d}^n_b+\left(-\boldsymbol{d}^n_a\right)+\boldsymbol{\eta}^{\mathrm{r\text{-}op}}_b \tag{3-30}$$

$$\boldsymbol{\eta}''_c=\boldsymbol{d}^n_c+\left(-\boldsymbol{d}^n_c\right)+\boldsymbol{\eta}^{\mathrm{r\text{-}op}}_c \tag{3-31}$$

$$\boldsymbol{\beta}''_a=\boldsymbol{\theta}^{n+1}_a-\boldsymbol{\theta}^n_a+\boldsymbol{\beta}^{\mathrm{r\text{-}op}}_a \tag{3-32}$$

$$\boldsymbol{\beta}''_b=\boldsymbol{\theta}^{n+1}_b-\boldsymbol{\theta}^n_b+\boldsymbol{\beta}^{\mathrm{r\text{-}op}}_b \tag{3-33}$$

$$\boldsymbol{\beta}''_c=\boldsymbol{\theta}^{n+1}_c-\boldsymbol{\theta}^n_c+\boldsymbol{\beta}^{\mathrm{r\text{-}op}}_c \tag{3-34}$$

标记经过逆向平面内转动的单元位置为 $a'''b'''c'''$，其中边 $a'''b'''$ 与边 a^nb^n 共边。如图 3-5（b）所示，平面内逆向刚体转动角度

$$\gamma_{\mathrm{ip}}=\sin\left[\left(\boldsymbol{d}''_{ab}\times\boldsymbol{d}'''_{ab}\right)\boldsymbol{n}^n\right]\left|\cos^{-1}\left(\frac{\boldsymbol{d}''_{ab}\cdot\boldsymbol{d}'''_{ab}}{\left|\boldsymbol{d}''_{ab}\right|\left|\boldsymbol{d}'''_{ab}\right|}\right)\right| \quad \left(\gamma_{\mathrm{ip}}\in\left[-\pi,\pi\right]\right) \tag{3-35}$$

式中：$\boldsymbol{d}'''_{ab}=\boldsymbol{u}'''_a-\boldsymbol{u}'''_b$。

平面内转动方向向量为单元在时刻 t_n 时的法向量，即

$$\boldsymbol{n}_{\mathrm{ip}}=\boldsymbol{n}^n=\left(l_{\mathrm{ip}}\quad m_{\mathrm{ip}}\quad n_{\mathrm{ip}}\right)^{\mathrm{T}} \tag{3-36}$$

至此，得到平面内逆向刚体转动向量

$$\boldsymbol{\gamma}_{\mathrm{ip}}=\gamma_{\mathrm{ip}}\boldsymbol{n}_{\mathrm{ip}} \tag{3-37}$$

平面内逆向转动引起的结点刚体位移和刚体转角可由下列式子确定：

$$\boldsymbol{\eta}^{\mathrm{r\text{-}ip}}_a=0 \tag{3-38}$$

$$\boldsymbol{\eta}^{\mathrm{r\text{-}ip}}_b=\left[\boldsymbol{R}^{\mathrm{T}}_{\mathrm{ip}}\left(-\gamma_{\mathrm{ip}}\right)-\boldsymbol{I}\right]\boldsymbol{d}'''_{ab}=\boldsymbol{R}^*_{\mathrm{ip}}\left(-\gamma_{\mathrm{ip}}\right)\boldsymbol{d}'''_{ab} \tag{3-39}$$

$$\boldsymbol{\eta}^{\mathrm{r\text{-}ip}}_c=\left[\boldsymbol{R}^{\mathrm{T}}_{\mathrm{ip}}\left(-\gamma_{\mathrm{ip}}\right)-\boldsymbol{I}\right]\boldsymbol{d}'''_{ac}=\boldsymbol{R}^*_{\mathrm{ip}}\left(-\gamma_{\mathrm{ip}}\right)\boldsymbol{d}'''_{ac} \tag{3-40}$$

$$\boldsymbol{\beta}^{\mathrm{r\text{-}ip}}_a=-\boldsymbol{\gamma}_{\mathrm{ip}} \tag{3-41}$$

$$\boldsymbol{\beta}^{\mathrm{r\text{-}ip}}_b=-\boldsymbol{\gamma}_{\mathrm{ip}} \tag{3-42}$$

$$\boldsymbol{\beta}^{\mathrm{r\text{-}ip}}_c=-\boldsymbol{\gamma}_{\mathrm{ip}} \tag{3-43}$$

式中：

$$\boldsymbol{R}^*_{\mathrm{ip}}\left(-\gamma_{\mathrm{ip}}\right)=\left[1-\cos\left(-\gamma_{\mathrm{ip}}\right)\right]\boldsymbol{A}^2_{\mathrm{ip}}+\sin\left(-\gamma_{\mathrm{ip}}\right)\boldsymbol{A}_{\mathrm{ip}} \tag{3-44}$$

$$\boldsymbol{A}_{\mathrm{ip}}=\begin{pmatrix}0 & -n_{\mathrm{ip}} & m_{\mathrm{ip}}\\ n_{\mathrm{ip}} & 0 & l_{\mathrm{ip}}\\ -m_{\mathrm{ip}} & l_{\mathrm{ip}} & 0\end{pmatrix} \tag{3-45}$$

$$\boldsymbol{d}_{ab}^{m} = \boldsymbol{u}_{a}^{m} - \boldsymbol{u}_{b}^{m} \tag{3-46}$$

$$\boldsymbol{d}_{ac}^{m} = \boldsymbol{u}_{a}^{m} - \boldsymbol{u}_{c}^{m} \tag{3-47}$$

通过上述三个步骤的单元逆向运动，已经消去了单元的刚体位移、平面外刚体转动以及平面内刚体转动，得到单元各个质点的纯变形量如下：

$$\Delta\boldsymbol{\eta}_a = 0 \tag{3-48}$$

$$\Delta\boldsymbol{\eta}_b = \boldsymbol{d}_b^n + \left(-\boldsymbol{d}_a^n\right) + \boldsymbol{\eta}_b^{\text{r-op}} + \boldsymbol{\eta}_b^{\text{r-ip}} \tag{3-49}$$

$$\Delta\boldsymbol{\eta}_c = \boldsymbol{d}_c^n + \left(-\boldsymbol{d}_c^n\right) + \boldsymbol{\eta}_c^{\text{r-op}} + \boldsymbol{\eta}_c^{\text{r-ip}} \tag{3-50}$$

$$\Delta\boldsymbol{\beta}_a = \boldsymbol{\theta}_a^{n+1} - \boldsymbol{\theta}_a^n + \boldsymbol{\beta}_a^{\text{r-op}} + \boldsymbol{\beta}_a^{\text{r-ip}} \tag{3-51}$$

$$\Delta\boldsymbol{\beta}_b = \boldsymbol{\theta}_b^{n+1} - \boldsymbol{\theta}_b^n + \boldsymbol{\beta}_b^{\text{r-op}} + \boldsymbol{\beta}_b^{\text{r-ip}} \tag{3-52}$$

$$\Delta\boldsymbol{\beta}_c = \boldsymbol{\theta}_c^{n+1} - \boldsymbol{\theta}_c^n + \boldsymbol{\beta}_c^{\text{r-op}} + \boldsymbol{\beta}_c^{\text{r-ip}} \tag{3-53}$$

3.3 单元内力求解

经过 3.2 节所述的逆向运动，得到了在时间步 $t_n \leqslant t \leqslant t_{n+1}$ 内单元的纯变形量如式（3-48）至式（3-53）所示。根据式（2-9）关于 $\boldsymbol{A}_j$ 的定义，有主轴坐标与整体坐标间的转换关系如下：

$$\left(\hat{x}^n \quad \hat{y}^n \quad \hat{z}^n\right)^{\mathrm{T}} = \boldsymbol{A}_j^n \left(x^n \quad y^n \quad z^n\right)^{\mathrm{T}} \tag{3-54}$$

式中：$\boldsymbol{A}_j^n = \left(\boldsymbol{a}_1 \quad \boldsymbol{a}_2 \quad \boldsymbol{a}_3\right)^{\mathrm{T}}$，$\boldsymbol{a}_1 = \Delta\boldsymbol{\eta}_b / \left|\Delta\boldsymbol{\eta}_b\right|$，$\boldsymbol{a}_2 = \boldsymbol{n}^n$，$\boldsymbol{a}_3 = \boldsymbol{a}_1 \times \boldsymbol{a}_2$。

将纯变形量分别变换到单元随体参考系中，得到

$$\hat{\boldsymbol{\eta}}_a^n = \boldsymbol{A}_j^n \Delta\boldsymbol{\eta}_a \tag{3-55a}$$

$$\hat{\boldsymbol{\eta}}_b^n = \boldsymbol{A}_j^n \Delta\boldsymbol{\eta}_b \tag{3-55b}$$

$$\hat{\boldsymbol{\eta}}_c^n = \boldsymbol{A}_j^n \Delta\boldsymbol{\eta}_c \tag{3-55c}$$

$$\hat{\boldsymbol{\beta}}_a^n = \boldsymbol{A}_j^n \Delta\boldsymbol{\beta}_a \tag{3-56a}$$

$$\hat{\boldsymbol{\beta}}_b^n = \boldsymbol{A}_j^n \Delta\boldsymbol{\beta}_b \tag{3-56b}$$

$$\hat{\boldsymbol{\beta}}_c^n = \boldsymbol{A}_j^n \Delta\boldsymbol{\beta}_c \tag{3-56c}$$

式中：$\hat{\boldsymbol{\eta}}_i^n = \left(\hat{u}_i^n \quad \hat{v}_i^n \quad \hat{w}_i^n\right)^{\mathrm{T}}$，$\hat{\boldsymbol{\beta}}_i^n = \left(\hat{\theta}_{xi}^n \quad \hat{\theta}_{yi}^n \quad \hat{\theta}_{zi}^n\right)^{\mathrm{T}}$，其中 $i = a,b,c$。

根据 3.1 节的假设，三角形 DKT 薄板单元结点的线位移自由度和角位移自由度只需计入 $\hat{w}_i^n$、$\hat{\theta}_{xi}^n$、$\hat{\theta}_{yi}^n$（$i = a,b,c$）。由于结点所在平面在扣除刚体位移和刚体转动之后是处于同一位置的，即必有 $\hat{w}_i^n = 0 (i = a,b,c)$，因此求解 DKT 薄板单元内力时实际只剩下六个独立旋转角自由度 $\hat{\theta}_{xi}^n$ 和 $\hat{\theta}_{yi}^n (i = a,b,c)$。去除零值分量之后，薄板单元三个结点位移的组合向量记为

$$\hat{\boldsymbol{u}}_*^n = \left(\hat{\theta}_{xa}^n \quad \hat{\theta}_{ya}^n \quad \hat{\theta}_{xb}^n \quad \hat{\theta}_{yb}^n \quad \hat{\theta}_{xc}^n \quad \hat{\theta}_{yc}^n\right)^{\mathrm{T}} \tag{3-57}$$

引入经典有限元中三角形 DKT 薄板单元的形函数，得到单元上任意点的弯曲曲率

$$\hat{\boldsymbol{\kappa}}=\boldsymbol{B}^{\mathrm{b}}\hat{\boldsymbol{u}}^{n}=\frac{1}{2\hat{A}}\begin{pmatrix}\hat{y}_c\hat{\boldsymbol{H}}_{x,\xi}^{\mathrm{T}}\\-\hat{x}_c\hat{\boldsymbol{H}}_{y,\xi}^{\mathrm{T}}+\hat{x}_b\hat{\boldsymbol{H}}_{y,\eta}^{\mathrm{T}}\\-\hat{x}_c\hat{\boldsymbol{H}}_{x,\xi}^{\mathrm{T}}+\hat{x}_b\hat{\boldsymbol{H}}_{x,\eta}^{\mathrm{T}}+\hat{y}_c\hat{\boldsymbol{H}}_{y,\xi}^{\mathrm{T}}\end{pmatrix}\hat{\boldsymbol{u}}^{n} \tag{3-58}$$

式中：$\boldsymbol{B}^{\mathrm{b}}$ 为三角形 DKT 薄板单元的位移 - 应变关系矩阵；上标 b 表示薄板单元；$\hat{A}=\dfrac{\hat{x}_b\hat{y}_c}{2}$，为单元的面积；$\hat{\boldsymbol{H}}_x^{\mathrm{T}}(\xi,\eta)$、$\hat{\boldsymbol{H}}_y^{\mathrm{T}}(\xi,\eta)$ 为对应于单元结点位移的 DKT 薄板单元的形状函数，其表达式详见巴特兹（Batoz）发表的论文。

形状函数 $\hat{\boldsymbol{H}}_x^{\mathrm{T}}(\xi,\eta)$ 和 $\hat{\boldsymbol{H}}_y^{\mathrm{T}}(\xi,\eta)$ 描述的是整个薄板单元的弯曲曲率变化 $\hat{\boldsymbol{\kappa}}$，可以得到单元弯曲应变向量

$$\Delta\hat{\boldsymbol{\varepsilon}}=\hat{z}\hat{\boldsymbol{\kappa}}=\hat{z}\boldsymbol{B}^{\mathrm{b}}\hat{\boldsymbol{u}}^{n}=\hat{z}\boldsymbol{B}_*^{\mathrm{b}}\hat{\boldsymbol{u}}_*^{n} \tag{3-59}$$

式中：$\Delta\hat{\boldsymbol{\varepsilon}}=\begin{pmatrix}\Delta\hat{\varepsilon}_x & \Delta\hat{\varepsilon}_y & \Delta\hat{\varepsilon}_z\end{pmatrix}^{\mathrm{T}}$；$\hat{z}\in[-h/2,h/2]$；$h$ 为薄板单元厚度；$\boldsymbol{B}_*^{\mathrm{b}}$ 为由 $\boldsymbol{B}^{\mathrm{b}}$ 去除对应于位移列阵 $\hat{\boldsymbol{u}}^{n}$ 中分量 $\hat{w}_j$ 的行和列后（即由 $\hat{\boldsymbol{u}}^{n}$ 到 $\hat{\boldsymbol{u}}_*^{n}$）得到的。

假设应力增量 $\Delta\hat{\boldsymbol{\sigma}}$ 和应变增量 $\Delta\hat{\boldsymbol{\varepsilon}}$ 满足线性关系：

$$\Delta\hat{\boldsymbol{\sigma}}=\boldsymbol{D}\Delta\hat{\boldsymbol{\varepsilon}}=\hat{z}\boldsymbol{D}\boldsymbol{B}_*^{\mathrm{b}}\hat{\boldsymbol{u}}_*^{n} \tag{3-60}$$

式中：$\Delta\hat{\boldsymbol{\sigma}}=\begin{pmatrix}\Delta\hat{\sigma}_x & \Delta\hat{\sigma}_y & \Delta\hat{\sigma}_z\end{pmatrix}^{\mathrm{T}}$；$\boldsymbol{D}$ 为材料在轴应力为 $\hat{\boldsymbol{\sigma}}^{n}$ 时的切线模量矩阵。

三角形 DKT 薄板单元的变形应满足虚功方程：

$$\sum_i\delta\left(\hat{\boldsymbol{\beta}}_i^{n}\right)^{\mathrm{T}}\hat{\boldsymbol{f}}_{\theta i}^{n}=\int_V\delta(\Delta\hat{\boldsymbol{\varepsilon}})^{\mathrm{T}}\hat{\boldsymbol{\sigma}}^{n}\mathrm{d}V \tag{3-61}$$

式中：$\hat{\boldsymbol{\beta}}_i^{n}=\begin{pmatrix}\hat{\theta}_{xi}^{n} & \hat{\theta}_{yi}^{n}\end{pmatrix}^{\mathrm{T}}$，可由式（3-56）得到；$\hat{\boldsymbol{f}}_{\theta i}^{n}=\begin{pmatrix}\hat{f}_{\theta_x i}^{n} & \hat{f}_{\theta_y i}^{n}\end{pmatrix}^{\mathrm{T}}(i=a,b,c)$；上标 n 为途径单元的标记；$\Delta\hat{\boldsymbol{\varepsilon}}$ 为该途径单元内应变增量；$\hat{\boldsymbol{\sigma}}^{n}$ 为途径单元 Δt_n 开始时刻的应力。

薄板单元中横向剪应力 $\hat{\tau}_{xz}$ 和 $\hat{\tau}_{yz}$ 所做的虚功可以忽略，因而计算薄板单元变形虚功时仅需考虑 $\Delta\hat{\boldsymbol{\sigma}}$ 所做虚功即可。

$$\begin{aligned}\delta U&=\int_V\delta(\Delta\hat{\boldsymbol{\varepsilon}})\left(\hat{\boldsymbol{\sigma}}^{n}+\Delta\hat{\boldsymbol{\sigma}}\right)\mathrm{d}V\\&=\left(\delta\boldsymbol{u}_*^{n}\right)^{\mathrm{T}}\left[\int_V\hat{z}\left(\delta\boldsymbol{B}_*^{\mathrm{b}}\right)^{\mathrm{T}}\hat{\boldsymbol{\sigma}}^{n}\mathrm{d}V+\left(\int_{\hat{A}}\hat{z}\boldsymbol{B}_*^{\mathrm{bT}}\boldsymbol{D}_b\boldsymbol{B}_*^{\mathrm{b}}\mathrm{d}A\right)\hat{\boldsymbol{u}}_*^{n}\right]\end{aligned} \tag{3-62}$$

式中：$\boldsymbol{D}_b=\int_{-h/2}^{h/2}\hat{z}^2\boldsymbol{D}\mathrm{d}z=\dfrac{h^3}{12}\boldsymbol{D}$。

代入方程（3-61），可得到结点的内力矩向量

$$\hat{\boldsymbol{f}}_{\theta *}^{n}=\int_V\hat{z}\boldsymbol{B}_*^{\mathrm{bT}}\hat{\boldsymbol{\sigma}}^{n}\mathrm{d}V+\left[\int_{\hat{A}}\boldsymbol{B}_*^{\mathrm{bT}}\boldsymbol{D}_b\boldsymbol{B}_*^{\mathrm{b}}\mathrm{d}A\right]\hat{\boldsymbol{u}}_*^{n} \tag{3-63}$$

式中：$\hat{\boldsymbol{f}}_{\theta *}^{n}=\begin{pmatrix}\hat{f}_{\theta_x a} & \hat{f}_{\theta_y a} & \hat{f}_{\theta_x b} & \hat{f}_{\theta_y b} & \hat{f}_{\theta_x c} & \hat{f}_{\theta_y c}\end{pmatrix}^{\mathrm{T}}$。

记 $\Delta\hat{\boldsymbol{f}}_{\theta *}^{n}=\left(\int_{\hat{A}}\boldsymbol{B}_*^{\mathrm{bT}}\boldsymbol{D}_b\boldsymbol{B}_*^{\mathrm{b}}\mathrm{d}A\right)\hat{\boldsymbol{u}}_*^{n}$ 为内力矩增量。由于薄板单元内部的应力和应变是随位置变化的，求解 $\Delta\hat{\boldsymbol{f}}_{\theta *}^{n}$ 涉及数值积分运算。引入经典有限元中二维三角形单元的哈默（Hammer）积分方案进行求解，不同积分点数的积分点位置、权函数和误差量级分别见表 3-1。这里推荐四个积分点的三次精度积分参数，不仅能够保证较高计算精度，也能节约计

算开销。

表 3-1　三角形单元的积分参数

精度阶次	图形	误差	积分点	面积坐标	权系数
一次	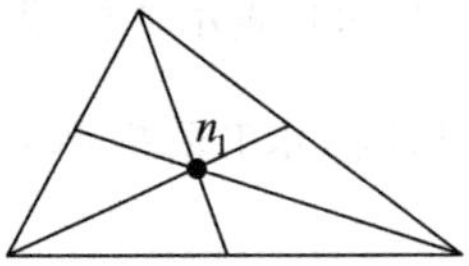	$R=O\left(h^2\right)$	n_1	1/3、1/3、1/3	1
二次	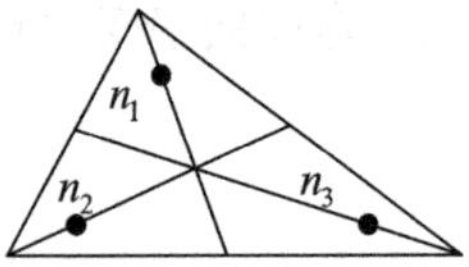	$R=O\left(h^3\right)$	n_1	2/3、1/6、1/6	1/3
			n_2	1/6、2/3、1/6	1/3
			n_3	1/6、1/6、2/3	1/3
三次	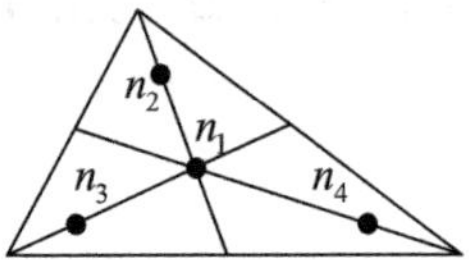	$R=O\left(h^4\right)$	n_1	1/3、1/3、1/3	−27/48
			n_2	0.6、0.2、0.2	25/48
			n_3	0.2、0.6、0.2	
			n_4	0.2、0.2、0.6	
五次	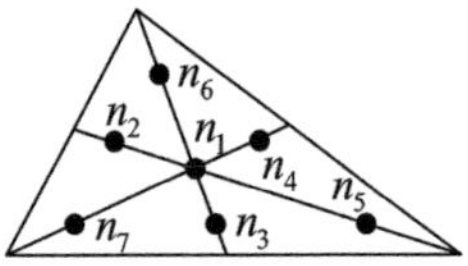	$R=O\left(h^5\right)$	n_1	1/3、1/3、1/3	0.225 000 000 0
			n_2	α_1、β_1、β_1	0.132 394 152 7
			n_3	β_1、α_1、β_1	
			n_4	β_1、β_1、α_1	
			n_5	α_2、β_2、β_2	0.125 939 180 5
			n_6	β_2、α_2、β_2	
			n_7	β_2、β_2、α_2	
其中，$\alpha_1=0.059\ 715\ 871\ 7$、$\beta_1=0.470\ 142\ 064\ 1$、$\alpha_2=0.797\ 426\ 985\ 3$、$\beta_1=0.101\ 286\ 507\ 3$。					

那么，有

$$\begin{aligned}\Delta\hat{\boldsymbol{f}}_{\theta*}^{n}&=\left[\int_{\hat{A}}\boldsymbol{B}_{*}^{\mathrm{bT}}\left(\hat{x},\hat{y}\right)\boldsymbol{D}_{b}\boldsymbol{B}_{*}^{\mathrm{b}}\left(\hat{x},\hat{y}\right)\mathrm{d}A\right]\hat{\boldsymbol{u}}_{*}^{n}\\&=\left[\int_{\hat{A}}\boldsymbol{B}_{*}^{\mathrm{bT}}\left(L_1,L_2,L_3\right)\boldsymbol{D}_{b}\boldsymbol{B}_{*}^{\mathrm{b}}\left(L_1,L_2,L_3\right)\left|\boldsymbol{Y}\left(\xi,\eta\right)\right|\mathrm{d}L_2\mathrm{d}L_3\right]\hat{\boldsymbol{u}}_{*}^{n}\end{aligned}\tag{3-64}$$

式中：L_1、L_2和L_3为面积坐标；$\left|\boldsymbol{Y}\left(\xi,\eta\right)\right|$为雅可比行列式；$L_2=\xi$；$L_3=\eta$；$\boldsymbol{B}_{*}^{\mathrm{b}}\left(L_1,L_2,L_3\right)=\boldsymbol{B}_{*}^{\mathrm{b}}\left(\xi,\eta\right)$。

令 $F\left(L_2,L_3\right)=\boldsymbol{B}_{*}^{\mathrm{bT}}\left(L_1,L_2,L_3\right)\boldsymbol{D}_{b}\boldsymbol{B}_{*}^{\mathrm{b}}\left(L_1,L_2,L_3\right)$，则有

$$\begin{aligned}\Delta\hat{\boldsymbol{f}}_{\theta*}^{n}&=\left[\int_{\hat{A}}F\left(L_2,L_3\right)\left|\boldsymbol{Y}\left(\xi,\eta\right)\right|\mathrm{d}L_2\mathrm{d}L_3\right]\hat{\boldsymbol{u}}_{*}^{n}\\&\cong\left(\frac{\left|\boldsymbol{Y}\left(\xi,\eta\right)\right|}{2}\sum_{j=1}^{k}W_jF\left(L_{2j},L_{3j}\right)\right)\hat{\boldsymbol{u}}_{*}^{n}\end{aligned}\tag{3-65}$$

式中：j为积分点标记；k为单元总的积分点数；W_j为权系数。

至此，求得单元三个结点的内力矩增量$\Delta\hat{\boldsymbol{f}}_{\theta*}^{n}=\left(\Delta\hat{f}_{\theta_x a}\quad\Delta\hat{f}_{\theta_y a}\quad\Delta\hat{f}_{\theta_x b}\quad\Delta\hat{f}_{\theta_y b}\quad\Delta\hat{f}_{\theta_x c}\quad\Delta\hat{f}_{\theta_y c}\right)^{\mathrm{T}}$。在三角形 DKT 薄板单元结点内力中，还应包括垂直板元平面的三个结点剪力分量的增量

$\Delta\hat{f}_{za}$、$\Delta\hat{f}_{zb}$ 和 $\Delta\hat{f}_{zc}$，它们可以由薄板单元的静力平衡条件得到

$$\sum\hat{F}_z = 0 \tag{3-66a}$$

$$\Delta\hat{f}_{za} + \Delta\hat{f}_{zb} + \Delta\hat{f}_{zc} = 0 \tag{3-66b}$$

$$\sum\hat{M}_x = 0 \tag{3-67a}$$

$$\Delta\hat{f}_{\theta_x a} + \Delta\hat{f}_{\theta_x b} + \Delta\hat{f}_{\theta_x c} + \Delta\hat{f}_{zc}\hat{y}_c = 0 \tag{3-67b}$$

$$\sum\hat{M}_y = 0 \tag{3-68a}$$

$$\Delta\hat{f}_{\theta_y a} + \Delta\hat{f}_{\theta_y b} + \Delta\hat{f}_{\theta_y c} - \Delta\hat{f}_{zb}\hat{x}_b - \Delta\hat{f}_{zc}\hat{x}_c = 0 \tag{3-68b}$$

那么，有

$$\hat{f}_{za}^{n+1} = \hat{f}_{za}^{n} + \Delta\hat{f}_{za} \tag{3-69}$$

$$\hat{f}_{zb}^{n+1} = \hat{f}_{zb}^{n} + \Delta\hat{f}_{zb} \tag{3-70}$$

$$\hat{f}_{zc}^{n+1} = \hat{f}_{zc}^{n} + \Delta\hat{f}_{zc} \tag{3-71}$$

至此，求得变形坐标系下虚拟状态时单元结点所有内力分量，再将其变换为整体坐标系下的单元结点内力分量。首先，将变形系下的单元结点内力书写为三维向量形式：

$$\hat{\boldsymbol{f}}_{i*}^{n+1} = \left(\hat{f}_{xi}^{n+1} \quad \hat{f}_{yi}^{n+1} \quad \hat{f}_{zi}^{n+1}\right)^{\mathrm{T}} \tag{3-72}$$

$$\hat{\boldsymbol{f}}_{\theta i*}^{n+1} = \left(\hat{f}_{\theta_x i}^{n+1} \quad \hat{f}_{\theta_y i}^{n+1} \quad \hat{f}_{\theta_z i}^{n+1}\right)^{\mathrm{T}} \tag{3-73}$$

式中：$\hat{f}_{xi}^{n+1} = \hat{f}_{yi}^{n+1} = \hat{f}_{\theta_z i}^{n+1} = 0 \quad (i = a,b,c)$。

然后通过转换矩阵得到整体坐标系下的内力向量。经过正向运动转换得到 t_{n+1} 时刻的内力，内力矩如下：

$$\boldsymbol{f}_{i}^{n+1} = \left(\boldsymbol{R}_{\mathrm{ip}}\boldsymbol{R}_{\mathrm{op}}\right)\boldsymbol{A}^{\mathrm{T}}\hat{\boldsymbol{f}}_{i*}^{n+1} \quad (i = a,b,c) \tag{3-74}$$

$$\boldsymbol{f}_{\theta i}^{n+1} = \left(\boldsymbol{R}_{\mathrm{ip}}\boldsymbol{R}_{\mathrm{op}}\right)\boldsymbol{A}^{\mathrm{T}}\hat{\boldsymbol{f}}_{\theta i*}^{n+1} \quad (i = a,b,c) \tag{3-75}$$

以上求得的 $\boldsymbol{f}_{i}^{n+1}$ 和 $\boldsymbol{f}_{\theta i}^{n+1}$ 是三角形 DKT 薄板单元发生纯变形所对应的结点内力向量和内力矩向量，反向作用于对应质点上即得到薄板单元传递给质点的内力向量和内力矩向量。最后，将所有连接单元传递给质点的内力向量和内力矩向量进行集成即可得到质点的合内力向量和合内力矩向量。

3.4　单元外力计算

接下来讨论作用在非质点的外体积力和外面力的等效质点外力计算方法。在时刻 t_{n+1}，一组用整体坐标描述的外力需要首先按照逆向运动转换为主轴坐标分量，然后进行等效结点外力计算，再通过正向运动转换到整体坐标系中，最后将等效结点外力施加到对应质点上。这个变换过程和前文计算纯变形和单元内力中的变换一致，此处不再赘述。

上述过程的重点是等效结点外力的计算，基本可以参考经典有限元的三角形单元计算方法。下面以横向分布载荷为例，介绍单元外力等效质点力的计算方法。

设单元受到横向的分布载荷 $\hat{p}(\hat{x},\hat{y})$ 的作用，其等效结点外力

$$\hat{\boldsymbol{f}}_{pi}^{e}=\begin{pmatrix}\hat{f}_{zi}\\ \hat{f}_{\theta_z i}\\ \hat{f}_{\theta_y i}\end{pmatrix}=\iint_V \hat{p}(\hat{x})\boldsymbol{N}_i^{\mathrm{T}}\mathrm{d}\hat{x}\mathrm{d}\hat{y}\quad (i=a,b,c) \tag{3-76}$$

如果分布载荷在单元内是线性变化的，则有

$$\hat{p}(\hat{x},\hat{y})=L_a\hat{p}_a+L_b\hat{p}_b+L_c\hat{p}_c \tag{3-77}$$

式中：$\hat{p}_i(i=a,b,c)$是结点i上的分布载荷大小。

联立式（3-76）及式（3-77），并用面积坐标积分公式计算得到

$$\begin{pmatrix}\hat{f}_{zi}\\ \hat{f}_{\theta_z i}\\ \hat{f}_{\theta_y i}\end{pmatrix}=\frac{A}{360}\begin{pmatrix}64\hat{p}_i+28(\hat{p}_j+\hat{p}_m)\\ 7(b_j-b_m)\hat{p}_a+(3b_j-5b_m)\hat{p}_b+(5b_j-3b_m)\hat{p}_c\\ 7(c_j-c_m)\hat{p}_a+(3c_j-5c_m)\hat{p}_b+(5c_j-3c_m)\hat{p}_c\end{pmatrix}\quad (i,j,m) \tag{3-78}$$

其中，$i=a,b,c$；当$i=a$时，$j=b,m=c$；当$i=b$时，$j=a,m=c$；当$i=c$时，$j=a,m=b$。

如果分布载荷为常数，即$\hat{p}(\hat{x},\hat{y})=\hat{p}$，则上式简化为

$$\begin{pmatrix}\hat{f}_{zi}\\ \hat{f}_{\theta_z i}\\ \hat{f}_{\theta_y i}\end{pmatrix}=\frac{A\hat{p}}{24}\begin{pmatrix}8\\ b_j-b_m\\ c_j-c_m\end{pmatrix}\quad (i,j,m) \tag{3-79}$$

式中：b_j、b_m、c_j、c_m为形函数$\hat{\boldsymbol{H}}_x^{\mathrm{T}}(\xi,\eta)$和$\hat{\boldsymbol{H}}_y^{\mathrm{T}}(\xi,\eta)$的系数，详见 Batoz 的论文或者徐荣桥的《结构分析的有限元法与 MATLAB 程序设计》。

本章部分图例

说明：为了方便读者直观地查看彩色图例，此处节选了书中的部分内容进行展示。页面左侧的页码，为您标注了对应内容在书中出现的位置。

第 4 章　向量式有限元薄壳单元理论

壳结构在许多工程结构中具有重要的地位，例如各种动力机械、运输机械，飞机、导弹、火箭的机身，船舶、舰艇的船身、甲板、货舱，海洋结构，地下结构与隧道，大跨度结构的屋顶等等。由于它们需要承受各种振动、冲击、风载、波浪、地震、爆炸等载荷作用，因此薄壳结构的设计和研究非常重要。壳体结构按照曲率半径 R 与厚度 t 之比主要划分为薄壳、中厚壳和厚壳三类。实际上这三者没有明确的界限，主要决定于计算上所容许的误差的大小。在工程上遇到的壳体，常常整体尺寸较大但厚度较小，可按薄壳理论计算，这也是我们的研究对象。向量式有限元薄壳单元理论和应用研究的报道主要见于浙江大学王震博士等的工作，所用的三角形薄壳单元为三角形常应变（CST）薄膜单元和第 3 章所述的三角形 DKT 薄板单元的线性叠加。

4.1　基本原理和推导思路

在载荷作用下，薄壳结构同时存在面内拉伸变形和面外弯曲变形，相当于薄膜单元和薄板单元的组合体现。早在 1971 年，钦科维奇（Zienkiewicz）就提出了结合薄膜单元和薄板单元来模拟平面薄壳单元的分析理论。巴斯沃（Batho）和霍（Ho）则提出了基于高阶形状函数及积分模式的高阶等参薄壳单元和由薄膜单元与薄板单元叠加组合而成的薄壳单元，并对这两种薄壳单元的计算精度进行了比较，表明后者除可简化问题外也可获得不错的计算结果。向量式有限元薄壳单元遵循经典有限元方法由薄膜单元与薄板单元叠加组合而成的薄壳单元的基本思路，即通过薄膜单元结点平移模拟薄壳面内拉伸或收缩变形作用，通过薄板单元结点转动模拟薄壳单元面外弯曲变形作用。

向量式有限元薄壳单元的基本原理与薄膜单元和薄板单元一致，质点间的连接则采用无质量的薄壳单元来实现。薄壳单元的离散方式同 3.1 所述的薄板单元一致。在途径单元 Δt_i 内，薄壳单元的变形服从以下两个基本假设。

（1）单元面积变化、转动角度、弯曲角度以及剪切变形均为小量。该时间步内，单元形状不变；在时间步结束时，单元形状及位置信息才进行更新。

（2）单元结点的变形和内力可由 CST 薄膜单元部分和 DKT 薄板单元部分线性叠加得到，分离出来的各部分分别满足 CST 薄膜单元部分和 DKT 薄板单元的假设。

向量式有限元薄壳单元基本公式的推导思路与薄板单元一致，主要有以下两个步骤：

（1）通过单元逆向运动计算质点纯变形；

（2）根据质点纯变形和虚功原理计算质点内力。

上述步骤中，需要注意质点纯变形在计算中应首先分离为 CST 薄膜单元部分和 DKT 薄板单元部分，然后分别计算内力、应变、应力，最后进行叠加。下面将首先介绍薄膜单元，然后阐述线性叠加等关键问题。

4.2 薄壳单元的关键问题处理

4.2.1 薄膜单元

薄膜单元的基本原理同薄板单元类似,不同之处在于质点间采用薄膜单元连接。薄膜单元仅有结点位移,其单元逆向运动求解纯变形的过程与3.2节的薄板单元相同,得到的单元纯变形量如下:

$$\Delta\boldsymbol{\eta}_a^{\mathrm{m}}=0 \tag{4-1}$$

$$\Delta\boldsymbol{\eta}_b^{\mathrm{m}}=\boldsymbol{d}_b^n+\left(-\boldsymbol{d}_a^n\right)+\boldsymbol{\eta}_b^{\mathrm{r\text{-}op}}+\boldsymbol{\eta}_b^{\mathrm{r\text{-}ip}} \tag{4-2}$$

$$\Delta\boldsymbol{\eta}_c^{\mathrm{m}}=\boldsymbol{d}_c^n+\left(-\boldsymbol{d}_c^n\right)+\boldsymbol{\eta}_c^{\mathrm{r\text{-}op}}+\boldsymbol{\eta}_c^{\mathrm{r\text{-}ip}} \tag{4-3}$$

式中:上标m表示薄膜单元。

将单元纯变形量转换到单元变形坐标系上,即有

$$\hat{\boldsymbol{\eta}}_a^{\mathrm{m}\_n}=\boldsymbol{A}_j^n\Delta\boldsymbol{\eta}_a^{\mathrm{m}} \tag{4-4a}$$

$$\hat{\boldsymbol{\eta}}_b^{\mathrm{m}\_n}=\boldsymbol{A}_j^n\Delta\boldsymbol{\eta}_a^{\mathrm{m}} \tag{4-4b}$$

$$\hat{\boldsymbol{\eta}}_c^{\mathrm{m}\_n}=\boldsymbol{A}_j^n\Delta\boldsymbol{\eta}_c^{\mathrm{m}} \tag{4-4c}$$

式中:$\hat{\boldsymbol{\eta}}_i^{\mathrm{m}\_n}=\left(\hat{u}_i^{\mathrm{m}\_n}\quad \hat{v}_i^{\mathrm{m}\_n}\quad \hat{w}_i^{\mathrm{m}\_n}\right)^{\mathrm{T}}(i=a,b,c)$;上标m_$n$表示时刻$t_n$的薄膜单元。

在变形坐标系下,单元面外的结点位移为0,则有$\hat{w}_a^{\mathrm{m}_n}=\hat{w}_b^{\mathrm{m}_n}=\hat{w}_c^{\mathrm{m}_n}=0$。那么,$\hat{\boldsymbol{\eta}}_i^{\mathrm{m}_n}$可以简写得到

$$\hat{\boldsymbol{\eta}}_i^{\mathrm{m}\_n}=\left(\hat{u}_i^{\mathrm{m}\_n}\quad \hat{v}_i^{\mathrm{m}\_n}\right)^{\mathrm{T}}\quad(i=a,b,c) \tag{4-5}$$

薄膜单元三个结点位移的组合向量记为

$$\hat{\boldsymbol{u}}^{\mathrm{m}\_n}=\left(\hat{u}_a^{\mathrm{m}\_n}\quad \hat{v}_a^{\mathrm{m}\_n}\quad \hat{u}_b^{\mathrm{m}\_n}\quad \hat{v}_b^{\mathrm{m}\_n}\quad \hat{u}_c^{\mathrm{m}\_n}\quad \hat{v}_c^{\mathrm{m}\_n}\right)^{\mathrm{T}} \tag{4-6}$$

变形坐标系下又有

$$\hat{u}_a^{\mathrm{m}\_n}=\hat{v}_a^{\mathrm{m}\_n}=\hat{v}_b^{\mathrm{m}\_n}=0$$

式(4-6)可以简写为

$$\hat{\boldsymbol{u}}_*^{\mathrm{m}\_n}=\left(\hat{u}_b^{\mathrm{m}\_n}\quad \hat{u}_c^{\mathrm{m}\_n}\quad \hat{v}_c^{\mathrm{m}\_n}\right)^{\mathrm{T}} \tag{4-7}$$

引入经典有限元方法的三角形常应变薄膜单元的形函数,得到由三个结点的变形位移向量$\hat{\boldsymbol{u}}_i^{\mathrm{m}}(i=a,b,c)$表示的单元上任意点的面内变形位移向量$\hat{\boldsymbol{u}}^{\mathrm{m}}=\left(\hat{u}^{\mathrm{m}}\quad \hat{v}^{\mathrm{m}}\right)^{\mathrm{T}}$,形式如下:

$$\hat{\boldsymbol{u}}^{\mathrm{m}}=L_a^{\mathrm{m}}\hat{\boldsymbol{u}}_a^{\mathrm{m}}+L_b^{\mathrm{m}}\hat{\boldsymbol{u}}_b^{\mathrm{m}}+L_c^{\mathrm{m}}\hat{\boldsymbol{u}}_c^{\mathrm{m}} \tag{4-8}$$

式中:$L_i^{\mathrm{m}}(i=a,b,c)$是单元形函数。

根据经典有限元方法,L_i^{m}单元形函数可表示如下:

$$L_i^{\mathrm{m}}(\hat{x},\hat{y})=\frac{1}{2A_\alpha}\left(\alpha_i+\beta_i+\lambda_i\right)\quad(i=a,b,c) \tag{4-9}$$

$$\alpha_a = \hat{x}_b \hat{y}_c - \hat{x}_c \hat{y}_b \tag{4-10a}$$

$$\beta_a = \hat{y}_b - \hat{y}_c \tag{4-10b}$$

$$\lambda_a = \hat{x}_c - \hat{x}_a \tag{4-10c}$$

$$\alpha_b = \hat{x}_c \hat{y}_a - \hat{x}_a \hat{y}_c \tag{4-11a}$$

$$\beta_b = \hat{y}_c - \hat{y}_a \tag{4-11b}$$

$$\lambda_b = \hat{x}_a - \hat{x}_c \tag{4-11c}$$

$$\alpha_c = \hat{x}_a \hat{y}_b - \hat{x}_b \hat{y}_a \tag{4-12a}$$

$$\beta_c = \hat{y}_a - \hat{y}_b \tag{4-12b}$$

$$\lambda_c = \hat{x}_b - \hat{x}_a \tag{4-12c}$$

$$2A_\alpha = \alpha_a + \alpha_b + \alpha_c \tag{4-13}$$

CST 薄膜单元形函数描述的是整个膜单元变形位移分布向量 $\hat{\boldsymbol{u}}^{\mathrm{m}}$，将式（4-7）代入式（4-8）可简写得到

$$\hat{u}^{\mathrm{m}} = L_b^{\mathrm{m}} \hat{u}_b^{\mathrm{m}} + L_c^{\mathrm{m}} \hat{u}_c^{\mathrm{m}} \tag{4-14}$$

$$\hat{v}^{\mathrm{m}} = L_c^{\mathrm{m}} \hat{v}_c^{\mathrm{m}} \tag{4-15}$$

由变形位移进一步推导出单元的应变分布向量为

$$\Delta\boldsymbol{\varepsilon}^{\mathrm{m}} = \boldsymbol{B}^{\mathrm{m}} \hat{\boldsymbol{u}}^{\mathrm{m}} \tag{4-16}$$

式中：$\boldsymbol{B}^{\mathrm{m}}$ 为 CST 薄膜单元的位移 - 应变关系矩阵，表达式如下

$$\boldsymbol{B}^{\mathrm{m}} = \begin{pmatrix} \dfrac{\partial L_a}{\partial \hat{x}} & 0 & \dfrac{\partial L_b}{\partial \hat{x}} & 0 & \dfrac{\partial L_c}{\partial \hat{x}} & 0 \\ 0 & \dfrac{\partial L_a}{\partial \hat{y}} & 0 & \dfrac{\partial L_b}{\partial \hat{y}} & 0 & \dfrac{\partial L_c}{\partial \hat{y}} \\ \dfrac{\partial L_a}{\partial \hat{y}} & \dfrac{\partial L_a}{\partial \hat{x}} & \dfrac{\partial L_b}{\partial \hat{y}} & \dfrac{\partial L_b}{\partial \hat{x}} & \dfrac{\partial L_c}{\partial \hat{y}} & \dfrac{\partial L_c}{\partial \hat{x}} \end{pmatrix} \tag{4-17}$$

将式（4-7）、式（4-8）、式（4-14）和式（4-15）代入式（4-16）和式（4-17），可以得到

$$\Delta\boldsymbol{\varepsilon}^{\mathrm{m}} = \boldsymbol{B}_*^{\mathrm{m}} \hat{\boldsymbol{u}}_*^{\mathrm{m}} \tag{4-18}$$

式中：$\boldsymbol{B}_*^{\mathrm{m}} = \begin{pmatrix} \dfrac{\partial L_b}{\partial \hat{x}} & \dfrac{\partial L_c}{\partial \hat{x}} & 0 \\ 0 & 0 & \dfrac{\partial L_c}{\partial \hat{y}} \\ \dfrac{\partial L_b}{\partial \hat{y}} & \dfrac{\partial L_c}{\partial \hat{y}} & \dfrac{\partial L_c}{\partial \hat{x}} \end{pmatrix}$，是由 $\boldsymbol{B}^{\mathrm{m}}$ 去掉零值得到的。

考虑当坐标原点位于结点 a 处，有 $\hat{x}_a = \hat{y}_a = 0$。再将形函数式（4-9）至式（4-13）代入，得到

$$\boldsymbol{B}_*^{\mathrm{m}} = \begin{pmatrix} \beta_b & \beta_c & 0 \\ 0 & 0 & \lambda_c \\ \lambda_b & \lambda_c & \beta_c \end{pmatrix} \tag{4-19}$$

若材料的应力 - 应变关系矩阵为 $\boldsymbol{D}$，可计算单元的应力向量

$$\Delta\hat{\boldsymbol{\sigma}}^{\mathrm{m}} = \boldsymbol{D}\Delta\hat{\boldsymbol{\varepsilon}}^{\mathrm{m}} = \boldsymbol{D}\boldsymbol{B}_*^{\mathrm{m}}\hat{\boldsymbol{u}}_*^n \tag{4-20}$$

式中：$\Delta\hat{\sigma}^{\mathrm{m}} = \left(\Delta\hat{\sigma}_x \quad \Delta\hat{\sigma}_y \quad \Delta\hat{\tau}_{xy}\right)^{\mathrm{T}}$。

随后，依据虚功原理可以求解得到内力向量

$$\hat{\boldsymbol{f}}_*^{\mathrm{m}\_n} = \left(\hat{f}_{xb} \quad \hat{f}_{xc} \quad \hat{f}_{yc}\right)^{\mathrm{T}} \tag{4-21}$$

需要说明的是，与薄板单元不同，CST 薄膜单元是常应变单元，即在单元内部的应力、应变是常量分布，无须数值积分即可直接求解。

在 CST 薄膜单元结点内力中，还应包括薄膜单元平面内的三个结点力分量的增量 $\Delta\hat{f}_{xa}$、$\Delta\hat{f}_{ya}$ 和 $\Delta\hat{f}_{yb}$，可由薄膜单元的静力平衡条件得到

$$\sum\hat{M}_z = 0 \tag{4-22a}$$

$$\Delta\hat{f}_{xb}\hat{y}_b + \Delta\hat{f}_{xc}\hat{y}_c - \Delta\hat{f}_{yc}\hat{x}_c - \Delta\hat{f}_{yb}\hat{x}_b = 0 \tag{4-22b}$$

$$\sum\hat{F}_x = 0 \tag{4-23a}$$

$$\Delta\hat{f}_{xa} + \Delta\hat{f}_{xb} + \Delta\hat{f}_{xc} = 0 \tag{4-23b}$$

$$\sum\hat{F}_y = 0 \tag{4-24a}$$

$$\Delta\hat{f}_{ya} + \Delta\hat{f}_{yb} + \Delta\hat{f}_{yc} = 0 \tag{4-24b}$$

那么有

$$\hat{f}_{xa}^{n+1} = \hat{f}_{xa}^n + \Delta\hat{f}_{xa} \tag{4-25}$$

$$\hat{f}_{ya}^{n+1} = \hat{f}_{ya}^n + \Delta\hat{f}_{ya} \tag{4-26}$$

$$\hat{f}_{yb}^{n+1} = \hat{f}_{yb}^n + \Delta\hat{f}_{yb} \tag{4-27}$$

至此，求得单元随体参考系下虚拟状态时单元结点内力分量，应将其变换为整体坐标系下的单元结点内力分量。该变换过程参见 3.3 节，此处不再赘述。

4.2.2 质点位移和内力的合并和分离

通过单元逆向运动，薄壳单元结点去除质点刚体位移和刚体转动得到的单元纯变形量如下：

$$\Delta\boldsymbol{\eta}_a^{\mathrm{s}} = 0 \tag{4-28}$$

$$\Delta\boldsymbol{\eta}_b^{\mathrm{s}} = \boldsymbol{d}_b^n + \left(-\boldsymbol{d}_a^n\right) + \boldsymbol{\eta}_b^{\mathrm{r\text{-}op}} + \boldsymbol{\eta}_b^{\mathrm{r\text{-}ip}} \tag{4-29}$$

$$\Delta\boldsymbol{\eta}_c^{\mathrm{s}} = \boldsymbol{d}_c^n + \left(-\boldsymbol{d}_c^n\right) + \boldsymbol{\eta}_c^{\mathrm{r\text{-}op}} + \boldsymbol{\eta}_c^{\mathrm{r\text{-}ip}} \tag{4-30}$$

$$\Delta\boldsymbol{\beta}_a^{\mathrm{s}} = \boldsymbol{\theta}_a^{n+1} - \boldsymbol{\theta}_a^n + \boldsymbol{\beta}_a^{\mathrm{r\text{-}op}} + \boldsymbol{\beta}_a^{\mathrm{r\text{-}ip}} \tag{4-31}$$

$$\Delta\boldsymbol{\beta}_b^{\mathrm{s}} = \boldsymbol{\theta}_b^{n+1} - \boldsymbol{\theta}_b^n + \boldsymbol{\beta}_b^{\mathrm{r\text{-}op}} + \boldsymbol{\beta}_b^{\mathrm{r\text{-}ip}} \tag{4-32}$$

$$\Delta\boldsymbol{\beta}_c^{\mathrm{s}} = \boldsymbol{\theta}_c^{n+1} - \boldsymbol{\theta}_c^n + \boldsymbol{\beta}_c^{\mathrm{r\text{-}op}} + \boldsymbol{\beta}_c^{\mathrm{r\text{-}ip}} \tag{4-33}$$

式中：上标 s 表示薄壳单元。

同样地，将单元纯变形量转换到单元随体参考系上，即有

$$\hat{\boldsymbol{\eta}}_a^{\mathrm{s}\_n} = \boldsymbol{A}_j^n\Delta\boldsymbol{\eta}_a^{\mathrm{s}}$$

$$\hat{\boldsymbol{\eta}}_b^{\mathrm{s}\_n} = \boldsymbol{A}_j^n\Delta\boldsymbol{\eta}_a^{\mathrm{s}}$$

$$\hat{\boldsymbol{\eta}}_c^{s\_n} = \boldsymbol{A}_j^n \Delta\boldsymbol{\eta}_c^s \tag{4-34}$$

$$\hat{\boldsymbol{\beta}}_a^s = \boldsymbol{A}_j^n \Delta\boldsymbol{\beta}_a^s$$

$$\hat{\boldsymbol{\beta}}_b^s = \boldsymbol{A}_j^n \Delta\boldsymbol{\beta}_b^s$$

$$\hat{\boldsymbol{\beta}}_c^s = \boldsymbol{A}_j^n \Delta\boldsymbol{\beta}_c^s \tag{4-35}$$

式中：$\hat{\boldsymbol{\eta}}_i^{s\_n} = \left(\hat{u}_i^{s\_n} \quad \hat{v}_i^{s\_n} \quad \hat{w}_i^{s\_n}\right)^{\mathrm{T}}$，$\hat{\boldsymbol{\beta}}_i^s = \left(\hat{\theta}_{xi}^{s\_n} \quad \hat{\theta}_{yi}^{s\_n} \quad \hat{\theta}_{zi}^{s\_n}\right)^{\mathrm{T}}$，$(i=a,b,c)$；上标 s_$n$ 表示时刻 t_n 的薄壳单元。

在薄壳单元的变形坐标系下，必有 $\hat{w}_i^{s\_n}=0(i=a,b,c)$，而 $\hat{\theta}_{zi}^{s\_n}(i=a,b,c)$ 可忽略不计，于是结点的纯变形简写为

$$\hat{\boldsymbol{\eta}}_i^{s\_n} = \left(\hat{u}_i^{s\_n} \quad \hat{v}_i^{s\_n}\right)^{\mathrm{T}} \quad (i=a,b,c) \tag{4-36a}$$

$$\hat{\boldsymbol{\beta}}_i^s = \left(\hat{\theta}_{xi}^{s\_n} \quad \hat{\theta}_{yi}^{s\_n}\right)^{\mathrm{T}} \quad (i=a,b,c) \tag{4-36b}$$

在变形坐标系下，将式（4-28）~（4-33）所示的结点纯变形分离为薄膜单元部分和薄板单元部分，然后根据各自单元的理论方法计算结点内力。

1. 结点纯变形的薄板单元部分

依据本书第 3 章内容，此处的薄板单元部分仅有面外转动变形，因而式（4-36b）的结点转动自由度 $\hat{\boldsymbol{\beta}}_i^s = \left(\hat{\theta}_{xi}^{s\_n} \quad \hat{\theta}_{yi}^{s\_n}\right)^{\mathrm{T}}(i=a,b,c)$ 用于 DKT 薄板单元的结点内力（矩）计算，可获得

$$\boldsymbol{f}_i^{b\_n+1} = \left(f_{xi}^{b} \quad f_{yi}^{b} \quad f_{zi}^{b}\right)^{\mathrm{T}} \quad (i=a,b,c) \tag{4-37}$$

$$\boldsymbol{f}_{\theta i}^{b\_n+1} = \left(f_{\theta_x i}^{b} \quad f_{\theta_y i}^{b} \quad f_{\theta_z i}^{b}\right)^{\mathrm{T}} \quad (i=a,b,c) \tag{4-38}$$

式中：上标 b 表示薄板单元部分。

2. 结点纯变形的薄膜单元部分

依据本章 4.2.1 节内容，此处的薄膜单元部分仅有面内拉伸变形，因而式（4-36a）的结点转动自由度 $\hat{\boldsymbol{\eta}}_i^{s\_n} = \left(\hat{u}_i^{s\_n} \quad \hat{v}_i^{s\_n}\right)^{\mathrm{T}}(i=a,b,c)$ 用于 CST 薄膜单元的结点内力（矩）计算，可获得

$$\boldsymbol{f}_i^{m\_n+1} = \left(f_{xi}^{m} \quad f_{yi}^{m} \quad f_{zi}^{m}\right)^{\mathrm{T}} \quad (i=a,b,c) \tag{4-39}$$

式中：上标 m 表示薄板单元部分。

经过上述薄膜单元部分和薄板单元部分的结点内力（矩）向量计算之后，线性叠加可获得薄壳单元的结点内力向量，即

$$\boldsymbol{f}_i^{s\_n+1} = \boldsymbol{f}_i^{b\_n+1} + \boldsymbol{f}_i^{m\_n+1} \quad (i=a,b,c) \tag{4-40}$$

$$\boldsymbol{f}_{\theta i}^{s\_n+1} = \boldsymbol{f}_{\theta i}^{b\_n+1} \quad (i=a,b,c) \tag{4-41}$$

至此，求得薄壳单元对结点的内力（矩）向量，集成即可求得质点的总内力，代入中央差分公式进入下一步的质点运动计算。

获得薄壳单元结点内力 $\boldsymbol{f}_i^{s\_n+1}$ 和 $\boldsymbol{f}_{\theta i}^{s\_n+1}$ 后，在进入下一步时需进行分离求得薄板单元部分和薄膜单元部分下一步初始时刻的单元结点内力，以用于下一步的单元结点内力的计算。首先将 $\boldsymbol{f}_i^{s\_n+1}$ 和 $\boldsymbol{f}_{\theta i}^{s\_n+1}$ 转换到下一步的单元变形坐标系中得到

$$\hat{\boldsymbol{f}}_i^{\mathrm{s}\_n+1} = \left(\hat{f}_{xi}^{\mathrm{s}\_n+1} \quad \hat{f}_{yi}^{\mathrm{s}\_n+1} \quad \hat{f}_{zi}^{\mathrm{s}\_n+1}\right)^{\mathrm{T}} \quad (i = a,b,c) \tag{4-42}$$

$$\hat{\boldsymbol{f}}_{\theta i}^{\mathrm{s}\_n+1} = \left(\hat{f}_{\theta_x i}^{\mathrm{s}\_n+1} \quad \hat{f}_{\theta_y i}^{\mathrm{s}\_n+1} \quad \hat{f}_{\theta_z i}^{\mathrm{s}\_n+1}\right)^{\mathrm{T}} \quad (i = a,b,c) \tag{4-43}$$

根据下一步单元变形坐标系下薄板单元部分和薄膜单元部分的结点力性质对质点总内力进行分离。

3. 下一步单元变形坐标系的薄板单元部分

薄板单元部分仅有面外弯曲内力，因而 DKT 薄板单元的结点内力、内力矩为

$$\hat{\boldsymbol{f}}_i^{\mathrm{b}\_n+1} = \left(\hat{f}_{zi}^{\mathrm{s}\_n+1}\right)^{\mathrm{T}} \quad (i = a,b,c) \tag{4-44}$$

$$\hat{\boldsymbol{f}}_{\theta i}^{\mathrm{b}\_n+1} = \left(\hat{f}_{\theta_x i}^{\mathrm{s}\_n+1} \quad \hat{f}_{\theta_y i}^{\mathrm{s}\_n+1}\right)^{\mathrm{T}} \quad (i = a,b,c) \tag{4-45}$$

4. 下一步单元变形坐标系的薄膜单元部分

薄膜单元部分仅有面内拉伸内力，因而 CST 薄膜单元的结点内力为

$$\hat{\boldsymbol{f}}_i^{\mathrm{m}\_n+1} = \left(\hat{f}_{xi}^{\mathrm{s}\_n+1} \quad \hat{f}_{yi}^{\mathrm{s}\_n+1}\right)^{\mathrm{T}} \quad (i = a,b,c) \tag{4-46}$$

4.2.3 单元应变和应力的合并和分离

途径单元初始时刻的薄壳单元总应力、应变在转换到单元变形坐标系下时为 $\hat{\boldsymbol{\sigma}}^{\mathrm{s}\_n}$ 和 $\hat{\boldsymbol{\varepsilon}}^{\mathrm{s}\_n}$，需先根据薄板单元部分和薄膜单元部分的应力、应变性质进行分离。

1. 应变的分离

如图 4-1 所示，薄壳单元的总应变 $\hat{\boldsymbol{\varepsilon}}^{\mathrm{s}\_n}$ 沿着厚度线性变化，其中如 4.2.1 节所述薄膜单元部分应变沿着厚度应是均布的，而如 3.3 节所述薄板单元部分应变在中轴处应为零，且沿着厚度线性变化。因此，中轴位置的应变即为薄膜单元部分的应变 $\hat{\boldsymbol{\varepsilon}}^{\mathrm{m}\_n} = \hat{\boldsymbol{\varepsilon}}_{中}^{\mathrm{s}\_n}$，则薄板单元部分应变则为 $\hat{\boldsymbol{\varepsilon}}^{\mathrm{b}\_n} = \hat{\boldsymbol{\varepsilon}}^{\mathrm{s}\_n} - \hat{\boldsymbol{\varepsilon}}^{\mathrm{m}\_n} = \hat{\boldsymbol{\varepsilon}}^{\mathrm{s}\_n} - \hat{\boldsymbol{\varepsilon}}_{中}^{\mathrm{s}\_n}$。

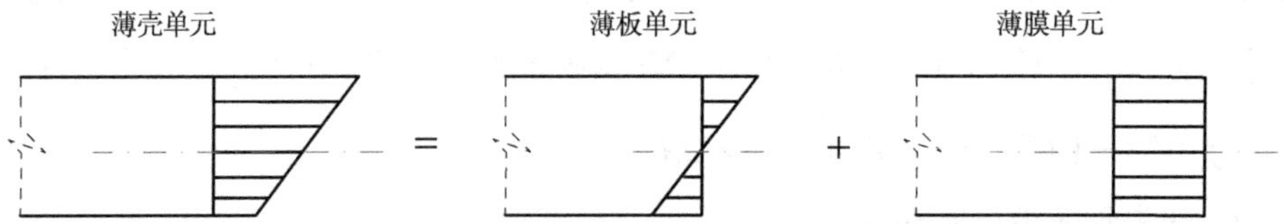

图 4-1 薄壳单元应变的分离

2. 应力的分离

薄壳单元的总应力 $\hat{\boldsymbol{\sigma}}^{\mathrm{s}\_n}$ 沿厚度曲线变化，其中薄膜单元部分和材料性质沿着厚度是均布的，又由上一步的应变分离已知薄膜单元部分应变为中轴位置应变，因此薄膜单元部分的应力应取中轴位置的薄壳应力，即 $\hat{\boldsymbol{\sigma}}^{\mathrm{m}\_n} = \boldsymbol{D}\hat{\boldsymbol{\varepsilon}}_{中}^{\mathrm{s}\_n}$。那么薄板单元部分的应力为 $\hat{\boldsymbol{\sigma}}^{\mathrm{b}\_n} = \hat{\boldsymbol{\sigma}}^{\mathrm{s}\_n} - \hat{\boldsymbol{\sigma}}^{\mathrm{m}\_n} = \hat{\boldsymbol{\sigma}}^{\mathrm{s}\_n} - \boldsymbol{D}\hat{\boldsymbol{\varepsilon}}_{中}^{\mathrm{s}\_n}$。

由上述获得分离后的薄膜单元部分应力、应变 $\hat{\boldsymbol{\sigma}}^{\mathrm{m}\_n}$ 和 $\hat{\boldsymbol{\varepsilon}}^{\mathrm{m}\_n}$、薄板单元部分应力和应变 $\hat{\boldsymbol{\sigma}}^{\mathrm{b}\_n}$ 和 $\hat{\boldsymbol{\varepsilon}}^{\mathrm{b}\_n}$，通过 4.2.2 节获得的结点线位移和角位移，可分别计算得到薄膜单元部分应力和应变增量 $\Delta\hat{\boldsymbol{\sigma}}^{\mathrm{m}}$ 和 $\Delta\hat{\boldsymbol{\varepsilon}}^{\mathrm{m}}$、薄板单元部分应力和应变增量 $\Delta\hat{\boldsymbol{\sigma}}^{\mathrm{b}}$ 和 $\Delta\hat{\boldsymbol{\varepsilon}}^{\mathrm{b}}$，即可求得该途径单元结

束时刻的薄板单元部分和薄膜单元部分的应力和应变如下：

$$\hat{\boldsymbol{\sigma}}^{\mathrm{b}\_n+1} = \hat{\boldsymbol{\sigma}}^{\mathrm{b}\_n} + \Delta\hat{\boldsymbol{\sigma}}^{\mathrm{b}} \tag{4-47a}$$

$$\hat{\boldsymbol{\varepsilon}}^{\mathrm{b}\_n+1} = \hat{\boldsymbol{\varepsilon}}^{\mathrm{b}\_n} + \Delta\hat{\boldsymbol{\varepsilon}}^{\mathrm{b}} \tag{4-47b}$$

$$\hat{\boldsymbol{\sigma}}^{\mathrm{m}\_n+1} = \hat{\boldsymbol{\sigma}}^{\mathrm{m}\_n} + \Delta\hat{\boldsymbol{\sigma}}^{\mathrm{m}} \tag{4-48a}$$

$$\hat{\boldsymbol{\varepsilon}}^{\mathrm{m}\_n+1} = \hat{\boldsymbol{\varepsilon}}^{\mathrm{m}\_n} + \Delta\hat{\boldsymbol{\varepsilon}}^{\mathrm{m}} \tag{4-48b}$$

再将二者进行叠加，获得该途径单元结束时刻薄壳单元的应力和应变如下：

$$\hat{\boldsymbol{\sigma}}^{\mathrm{s}\_n+1} = \hat{\boldsymbol{\sigma}}^{\mathrm{b}\_n+1} + \hat{\boldsymbol{\sigma}}^{\mathrm{m}\_n+1} \tag{4-49a}$$

$$\hat{\boldsymbol{\varepsilon}}^{\mathrm{s}\_n+1} = \hat{\boldsymbol{\varepsilon}}^{\mathrm{b}\_n+1} + \hat{\boldsymbol{\varepsilon}}^{\mathrm{m}\_n+1} \tag{4-49b}$$

最后从单元变形坐标系转换到整体坐标系下并进入下一步计算。

4.3 梁壳耦合算法初探

无论是传统有限元或向量式有限元，其基本流程天然地适用于不同的单元类型。在传统有限元方法中，不同类型单元具有不同的单元分析过程，生成不同特征的单元刚度矩阵，而单元刚度矩阵向总体刚度矩阵的组集算法对不同单元具有通用性，求解大型稀疏矩阵更是不依赖于单元类型的纯数学（数值分析）问题。在向量式有限元方法中，结构被离散为不同的质点，质点间通过单元联系。不论是梁单元还是板壳单元，在求解过程中只是作为单元间的联系而存在。在计算过程中如果结构被划分为若干梁元区域和若干板壳元区域，在相交处梁单元与壳单元通过耦合算法实现力和位移的传递。对于任一相连结点，在每一时间步，耦合梁单元内力需要通过共用结点传递给板壳单元，而板壳单点则需要把结点位移传递给梁单元，经过处理后即可得到相应的板壳单元的位置与转角。下面以长输管道为例阐述梁壳耦合处理思路。

目前对长输管道进行力学分析的软件多采用管单元或梁单元，这种方法可以捕捉到管道的整体力学行为和截面屈曲前的应力 - 应变分布，但是不能考虑截面形状的变化，在管道发生椭圆化和屈曲时不适用。虽然有不少研究采用壳单元对管道进行分析，但是由于计算效率的原因，这种方法一次只能分析一小段管道，并不适用于长输管道的快速力学分析。因此，亟须一种结合管单元与壳单元两者优点的方法对长输管道进行力学分析。本书提出了一种向量式有限元梁壳耦合算法，该算法结合了梁单元与壳单元各自的优点：在发生塑性变形和截面形状改变的区域采用壳单元进行模拟，可以捕捉到截面变形及材料非线性行为；而在弹性区则采用梁单元进行模拟，弹性区域时梁单元可认为具有与壳单元相同的计算精度但计算量却很小。因此本方法既保证了计算精度，也提高了计算效率。

梁壳耦合方法具有广泛的应用背景，在深海管道铺设模拟、穿越断层管道力学分析以及滑坡区管道力学分析中均可极大提高计算精度与效率。图 4-2 所示为奥格雷迪（O' Grady）和哈特（Harte）进行深海管道铺设模拟所用的管壳耦合方法，该方法求解过程分为三步：①采用管单元对管道铺设进行模拟（图 4-2 中①）；②在塑性变形区域提取管单元模拟得到的截面内力和外力（图 4-2 中②）；③将上一步中提取的内力和外力施加于一段两端简支的管道上(图 4-2 中③),管道由壳单元模拟,可捕捉管道截面变形等局部响应。

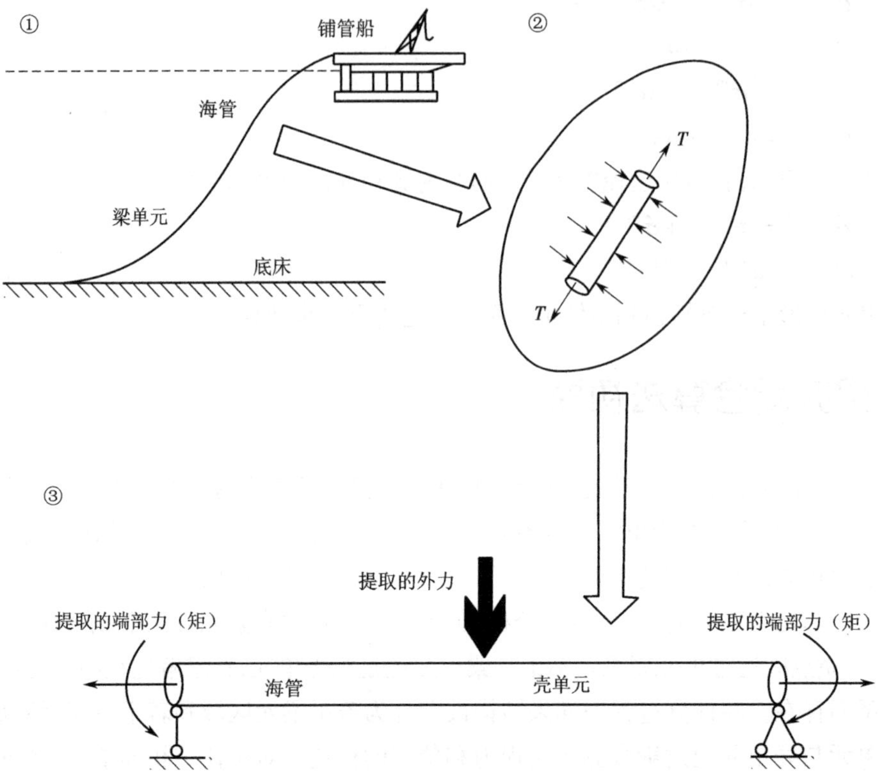

图 4-2 用于海管铺设模拟的管壳耦合方法

该方法中壳元模拟在有限元分析软件 ABAQUS 中进行,由于仅提取了铺设整体分析中的部分管道的内、外力施加于壳元模拟的管道上,而壳元的非线性行为并不反馈给整体分析。因此,虽然该方法能得到一定精度的管道截面变形等局部力学行为变化,但其并非真正的双向耦合过程。

基于商业软件 MSC Nastran,卡拉米宙斯(Karamitros)等采用梁壳混合算法对穿越平移断层管道进行了数值模拟。该方法在断层附近采用壳单元进行模拟,而对远端采用梁单元模拟,在耦合截面上通过刚性杆件将壳元质点与梁元质点进行连接。该方法中壳单元局部响应与结构整体响应实现了动态双向耦合,但其耦合过程依赖于刚性杆元,截面处理比较复杂,对于需要在计算域内进行多次耦合的情况建模烦琐。本书提出的梁壳耦合算法与第二种方法思路相同,但实现方式不同。本书的方法是双向耦合,但不依赖于刚性杆元。算法中用到的一些操作在向量式有限元求解过程中也有用到,不存在太多额外的编程工作。进行分析时可添加任意个耦合截面,计算设置更灵活,建模更简单。

如图 4-3 所示,在计算过程中管道被划分为若干梁单元区域和若干壳单元区域。在相交截面,梁单元与壳单元通过耦合算法实现力和位移的传递。对于任一耦合截面,在每一时间步内,耦合截面壳单元质点内力需要传递给梁单元质点,而梁单元质点则需要把质点位移和转角传递给壳单元截面,经过处理后即可得到相应的壳单元质点的位置与转角。

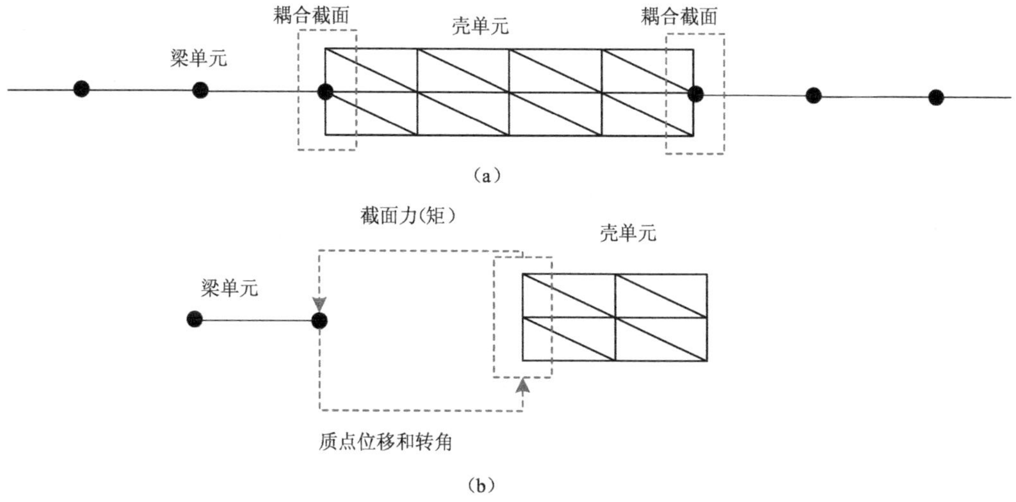

图 4-3　向量式有限元梁壳耦合算法示意

(a)梁单元和壳单元区域划分　(b)梁壳单元质点力和位移传递

在任意时刻,耦合截面中壳单元位移与梁单元位移需满足以下假设:①耦合截面壳单元质点始终位于同一平面上并保持圆形,耦合截面梁单元质点始终位于壳单元截面的圆心处;②梁单元主轴方向始终垂直于壳单元质点所组成的平面,如图 4-4 所示。基于以上假设,通过几何推导,可以得到壳单元质点位置与梁单元质点位置和转角的对应关系。

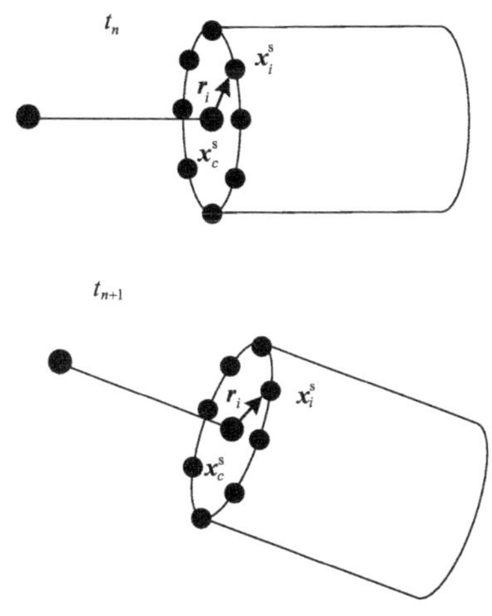

图 4-4　耦合截面上梁单元质点位移与壳单元质点位移间的耦合作用

在时间步 $t_n \leqslant t \leqslant t_{n+1}$ 内,梁单元质点位移和转角向量为

$$\boldsymbol{x}^{\mathrm{b}} = \begin{pmatrix} \boldsymbol{u}^{\mathrm{b}} \\ \boldsymbol{\theta}^{\mathrm{b}} \end{pmatrix} = \begin{pmatrix} x^{\mathrm{b}} & y^{\mathrm{b}} & z^{\mathrm{b}} & \theta_x^{\mathrm{b}} & \theta_y^{\mathrm{b}} & \theta_z^{\mathrm{b}} \end{pmatrix}^{\mathrm{T}} \tag{4-50}$$

通过假设①,可知壳单元截面圆心点坐标为

$$\boldsymbol{x}_c^{\mathrm{s}} = \boldsymbol{x}^{\mathrm{b}} \tag{4-51}$$

通过假设②,可知根据壳截面圆心坐标 $\boldsymbol{x}_c^{\mathrm{s}}$ 经过刚体转动得到第 i 个壳元质点的坐标为

$$\boldsymbol{x}_i^{\mathrm{s}} = \boldsymbol{x}_c^{\mathrm{s}} + \mathrm{d}\boldsymbol{x}_i \quad (i = 1, 2, \cdots, N) \tag{4-52}$$

式中：N 为耦合截面上壳元质点个数；$\mathrm{d}\boldsymbol{x}_i$ 为第 i 个壳元质点由刚体转动引起的位移。

$$\mathrm{d}\boldsymbol{x}_i = -\boldsymbol{R}_c \boldsymbol{r}_i \quad (i = 1, 2, \cdots, N) \tag{4-53}$$

式中

$$\boldsymbol{R}_c = \left(1 - \cos\left|\boldsymbol{\theta}^{\mathrm{b}}\right|\right)\boldsymbol{A}_c^2 + \sin\left|\boldsymbol{\theta}^{\mathrm{b}}\right|\boldsymbol{A}_c \tag{4-54}$$

$$\boldsymbol{A}_c = \frac{1}{\left|\boldsymbol{\theta}^{\mathrm{b}}\right|}\begin{bmatrix} 0 & -\theta_z^{\mathrm{b}} & \theta_y^{\mathrm{b}} \\ \theta_z^{\mathrm{b}} & 0 & \theta_x^{\mathrm{b}} \\ -\theta_y^{\mathrm{b}} & \theta_x^{\mathrm{b}} & 0 \end{bmatrix} \tag{4-55}$$

壳单元质点的位置坐标是由梁结点坐标通过耦合截面假设计算得到的。为了实现双向耦合，壳单元将力反馈给梁单元质点。通过静力等效，可知壳单元质点作用在其圆心处，也就是作用于梁单元质点的力和力矩分别为

$$\boldsymbol{F}^{\mathrm{s}} = \sum_{i=1}^{N} \boldsymbol{f}_i^{\mathrm{s}} \tag{4-56}$$

$$\boldsymbol{F}_\theta^{\mathrm{s}} = \sum_{i=1}^{N} \boldsymbol{f}_i^{\mathrm{s}} \boldsymbol{r}_i \tag{4-57}$$

同样地，可以得到壳单元质点质量和壳单元质点惯性矩对梁单元质点的贡献。在每时间步内，需将壳单元质点不平衡力的等效力和力矩施加给梁单元质点。相应地，需根据梁单元质点更新后的位置计算耦合截面上各壳单元质点的位置和转角。

第 2 篇　非线性力学问题求解策略和计算机实现

第 5 章　非线性力学问题求解策略

5.1　几何非线性问题求解策略

当物体承受一些外载时，将产生运动和变形。实际工程中，结构的运动和变形可能是大的位移和转动、大的变形。例如，板壳结构的大挠度、屈曲和后屈曲。因此，在结构力学分析时，我们不可避免地遇见几何非线性问题。经典有限元方法所讨论的问题（见本书 1.2.2 节）都是基于小变形的假设，即假定物体发生的位移远小于物体自身的几何尺度，同时材料的应变远小于 1。在此前提下，建立物体的平衡条件时可以不考虑物体的位置和形状的变化。因此分析中不必区分变形前和变形后的位置和形状，而且加载和变形过程中的应变可以用位移一次项的线性应变进行度量。对于几何非线性问题，经典有限元方法的平衡方程（式（1-1）和式（1-6））必须建立在变形后的状态上，以便考虑变形对平衡的影响。同时由于实际发生的大位移、大转动，使几何方程（式（1-2）和式（1-7））再也不能简化为线性形式，即应变表达式中必须包含位移的二次项。为解决上述问题，经典有限元方法通常采用增量分析方法，根据参考位形在分析过程中是否发生改变分为完全拉格朗日格式和更新拉格朗日格式。

在结构模拟和行为预测上，向量式的理论架构提供了更多的弹性和选择。如 1.3 节所述，向量式有限元通过质点组的运动来描述结构的行为，质点控制方程为牛顿第二定律（式（1-23）和式（1-24）），并不分解结构的几何及位置变化，两种行为和其间的互制都包含在质点的位移内。可见，向量式有限元自带几何非线性问题分析能力。结构如果有大变位或大变形，将自然显示在质点运动的计算结果中，不需要做特殊的修正处理。通过向量式有限元，我们可以跟踪完整的非线性响应，直到临界点，甚至超过临界点。应该注意的是，对于几何非线性较强（变形较大）的问题，向量式有限元应以较小的时间步长进行计算，使得每个途径单元内单元变形符合小变形假设（见前文各类单元的基本假设）。当然，这会增加一定的计算量，但计算更准确，能够避免计算不收敛问题。

5.2　材料非线性问题求解策略

材料非线性问题是指材料物理方程或者本构关系的应力和应变的关系是非线性的，根据其时间相关性可以分为两类。一类是不依赖于时间的弹（塑）性问题，其特点是载荷以后，材料变形立即发生并且不再随时间而变化。例如，结构形状的不连续变化（如裂纹、缺口等）的部位存在应力集中，当外载荷达到一定数值时，该部位首先进入塑性，这时虽然结构的其他大部分区域仍然保持弹性，但在该部位线弹性的应力 - 应变关系已不再适用。另一类是依赖于时间的黏弹(塑)性问题,其特点是承受载荷以后,材料不仅立即发生相应的弹(塑)性变形,而且变形随时间而继续变化。例如长期处于高温条件下的结构将会发生蠕变变形,即在载荷或应力保持不变的情况下,变形或应变仍随着时间的推移而继续增长。

若单独考虑材料弹(塑)性行为,在分析过程中的处理方法主要是将式(2-61)、式(3-61)或式(4-20)中涉及的应力 - 应变矩阵线性化(较小的一个应力 - 应变变化范围内)。一般来说,可通过试探和迭代过程求解一系列线性问题,在最后阶段,将材料的状态参数调整到满足材料的非线性本构关系即可。下面从材料弹(塑)性行为的描述、塑性力学的基本法则、梁单元和板壳单元的弹(塑)性处理方法等方面进行讨论。

5.2.1 材料弹(塑)性行为的描述

弹(塑)性材料进入塑性的特征是:当卸掉载荷后存在不可恢复的永久变形,因而在涉及卸载的情况下,应力 - 应变之间不存在唯一的对应关系。对于大多数材料来说,存在一个比较明显的屈服应力 σ_0。应力低于 σ_0 时,材料保持为弹性。而当应力达到 σ_0 以后,则材料开始进入弹(塑)性状态。如果继续加载,而后再卸载,材料中将保留永久的塑性变形。这一情况中,应力 - 应变之间不存在唯一的对应关系,是弹(塑)性材料的基本特征,也是弹(塑)性材料区别于非线性弹性材料的基本属性。如图 5-1(a)所示,在应力达到 σ_0 之后,应力不再增加,而材料的变形可以继续增加,即变形处于不定的流动状态,则材料称为理想弹(塑)性材料。如图 5-1(b)所示,在应力达到 σ_0 之后,再增加变形,应力也必须增加,则材料发生了应变硬化效应。这时,应力 σ_s(下标"s"表示应力进入弹(塑)性状态)是塑性应变 ε_p 的函数,可以表示为

$$\sigma_s = \sigma_s\left(\varepsilon_p\right) \tag{5-1}$$

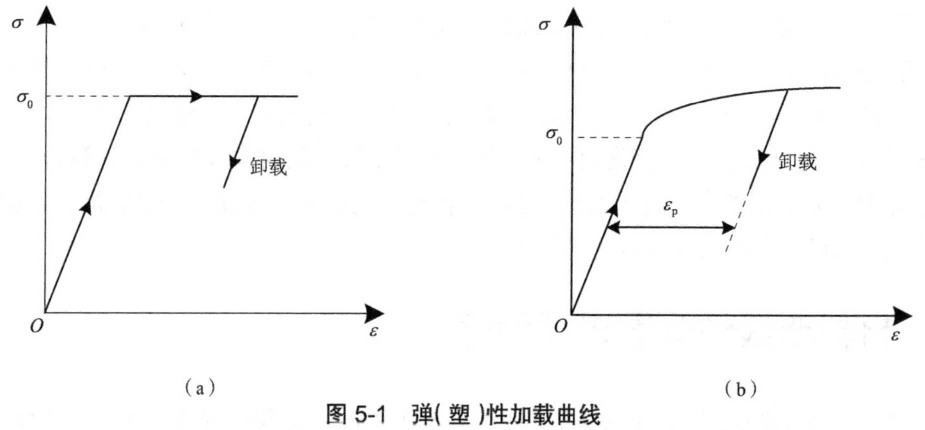

图 5-1 弹(塑)性加载曲线

(a)理想弹(塑)性 (b)硬化塑性

曲线 σ - ε 或者 σ_s - ε_p 称为弹(塑)性加载曲线。材料硬化性质还表现为,若在加载过程中材料已发生应变硬化,则卸载后再次加载,材料重新进入塑性的应力值将不是原来的初始屈服应力 σ_0,一般情况下,将等于卸载时的应力。此时 σ_s 表示材料经过一定弹(塑)性加载

后，又经过弹性卸载再加载重新进入塑性的应力值，称为后继屈服应力。本书第 9.3.3.3 节涉及的管道局部压溃之后卸载，然后再加载模拟屈曲传播的行为即属于上述情况。

通常，弹（塑）性加载曲线由本构模型描述，是材料力学性能的重要标值。本构模型将某一材料的全部试验数据归纳为一个简单的数学表达式，可通过该模型的外推或内插预测试验未能覆盖的各种情况。例如，图 5-1（a）所示的理想弹（塑）性模型就是一种简单的弹（塑）性本构模型，其数学表达式可以写为

$$\sigma=\begin{cases}E\varepsilon & \sigma<\sigma_0\\ \sigma_0 & \sigma\geqslant\sigma_0\end{cases}\tag{5-2}$$

式中：E 为弹性模量，用于描述弹性阶段材料应力和应变的线性关系。

对于图 5-1（b）所示的硬化塑性，根据具体问题的特征可提出多种不同的数学描述方式。

（1）三折线本构模型为

$$\sigma=\begin{cases}E_1 & \sigma<\sigma_1\\ \sigma_1+E_2\left(\epsilon-\sigma_1/E_1\right) & \sigma_1\leqslant\sigma\leqslant\sigma_2\\ \sigma_2 & \sigma>\sigma_2\end{cases}\tag{5-3}$$

式中：E_1 为弹性模量；E_2 为塑性模量；σ_1 为屈服应力；σ_2 为极限应力；ε_1 为屈服应变；ε_2 为极限应变。

（2）兰贝尔 - 奥斯古德（Ramberg-Osgood）模型为

$$\varepsilon=\varepsilon^{\mathrm{e}}+\varepsilon^{\mathrm{p}}=\frac{\sigma}{E}+\frac{\sigma}{E}\frac{3}{7}\left(\frac{\sigma}{\sigma_{\mathrm{y}}}\right)^{n-1}\tag{5-4}$$

式中：ε^{e} 为弹性应变；ε^{p} 为塑性应变；σ_{y} 为名义屈服应力；n 为硬化参数；σ_{y}、n 均为曲线拟合参数。

（3）广义的考珀 - 西蒙兹（Cowper-Symonds）本构模型为

$$\sigma_{\mathrm{f}}=\left(A_{\mathrm{C\text{-}S}}+B_{\mathrm{C\text{-}S}}\varepsilon_{\mathrm{p}}^{n_{\mathrm{C\text{-}S}}}\right)\left[1+\left(\frac{\dot{\varepsilon}}{D}\right)^{1/P}\right]\tag{5-5}$$

式中：ε_{p} 为等效塑性应变；σ_{f} 为流动应力；$\dot{\varepsilon}$ 为实际应变率；$A_{\mathrm{C\text{-}S}}$ 为准静态屈服应力；$B_{\mathrm{C\text{-}S}}$、$n_{\mathrm{C\text{-}S}}$ 为准静态下的应变硬化参数；D、P 为与应变率效应有关的材料参数。

（4）约翰逊 - 库克（Johnson-Cook）本构模型为

$$\sigma_{\mathrm{f}}=\left(A_{\mathrm{J\text{-}C}}+B_{\mathrm{J\text{-}C}}\varepsilon_{\mathrm{p}}^{n_{\mathrm{J\text{-}C}}}\right)\left[1+C\ln\left(\frac{\dot{\varepsilon}}{\dot{\varepsilon}_0}\right)\right]\left[1-\left(\frac{T-T_{\mathrm{r}}}{T_{\mathrm{m}}-T_{\mathrm{r}}}\right)^{m_{\mathrm{J\text{-}C}}}\right]\tag{5-6}$$

式中：σ_{f} 为流动应力；$\dot{\varepsilon}$ 为实际应变率；$\dot{\varepsilon}_0$ 为参考应变率，理想的参考应变率为应变率效应不明显时的最高应变率；$A_{\mathrm{J\text{-}C}}$ 为参考应变率下的屈服强度；$B_{\mathrm{J\text{-}C}}$、$n_{\mathrm{J\text{-}C}}$ 为参考应变率下的应变硬化参数；C 为应变率敏感参数；$m_{\mathrm{J\text{-}C}}$ 为温度效应软化指数；T 为试样温度；T_{m} 为材料的熔点；T_{r} 为室内温度。

上述的材料本构模型都是采用宏观唯象手段构建的，即从材料的宏观动态力学性能出

发,对材料进行宏观力学性能描述的经验公式。这些模型均是对于某一种材料,通过试验获取其相同加载条件下的宏观力学性能,并从应变、应变率、温度等方面分析载荷对力学性能的影响。此种本构模型参数数量少,表达形式简单,模型参数获取方便,不涉及材料的微观结构,模型的通用性较好。上述方法中约翰逊 - 库克本构模型最为复杂,可以同时描述材料的应变硬化效应、应变率效应和温度效应。广义的考珀 - 西蒙兹模型则仅用于描述材料的应变硬化效应和应变率效应。实际上,约翰逊 - 库克本构模型和广义的考珀 - 西蒙兹模型可以根据实际问题关心的因素进行简化,具有较好的应用效果。此处重点介绍一下考虑简化的各向同性双线性塑性硬化形式的考珀 - 西蒙兹黏塑性本构模型,它能够准确描述钢材的动态力学性能。

参照式(5-5),考虑简化的各向同性双线性塑性硬化形式的考珀 - 西蒙兹黏塑性本构模型表达式为

$$\sigma_{\mathrm{f}}=\left(A_{\mathrm{C\text{-}S}}+B_{\mathrm{C\text{-}S}}\bar{\varepsilon}_{\mathrm{p}}\right)\left[1+\left(\frac{\dot{\bar{\varepsilon}}}{D}\right)^{1/P}\right] \tag{5-7}$$

式中:$B_{\mathrm{C\text{-}S}}=\dfrac{E_{\mathrm{t}}E}{E-E_{\mathrm{t}}}$;$\bar{\varepsilon}_{\mathrm{p}}=\sqrt{\dfrac{2}{3}\varepsilon_{ij}^{\mathrm{p}}\varepsilon_{ij}^{\mathrm{p}}}$ 为等效塑性应变;$\dot{\bar{\varepsilon}}=\sqrt{\dot{\varepsilon}_{ij}\dot{\varepsilon}_{ij}}$ 为等效应变率;$\dot{\varepsilon}$ 为应变率。

以上模型中的弹性模量 E 和切线模量 E_{t} 可以通过材料试样件单轴拉伸时的应力 - 应变关系获得,如图 5-2 所示。

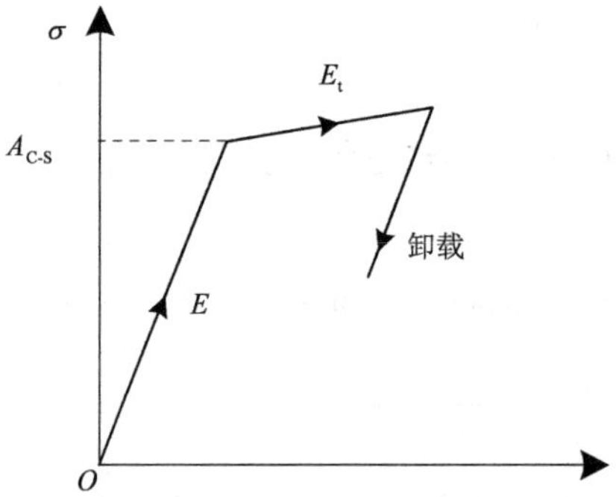

图 5-2　双线性考珀 - 西蒙兹黏塑性本构模型

式(5-7)所述的率相关考珀 - 西蒙兹材料本构模型可作为通用材料用于描述下述四种情况。

(1)线弹性模型:设置应变率 $\dot{\bar{\varepsilon}}=0$ 和较大的静屈服应力 $A_{\mathrm{C\text{-}S}}\gg\sigma$。

(2)理想弹(塑)性模型:设置应变率 $\dot{\bar{\varepsilon}}=0$ 和切线模量 $E_{\mathrm{t}}=0$。

(3)双线性弹(塑)性模型:仅设置应变率 $\dot{\bar{\varepsilon}}=0$。

(4)率相关 C-S 材料模型:无须其他设置。

5.2.2 塑性力学的基本法则

1. 初始屈服条件

此条件规定材料开始塑性变形时的应力状态。对于初始各向同性材料，在一般应力状态下开始进入塑性变形的条件为

$$F^0\left(\sigma_{ij},k_0\right)=0 \tag{5-8}$$

式中：σ_{ij} 为应力张量分量；k_0 为给定的材料参数；$F^0\left(\sigma_{ij},k_0\right)$ 的几何意义可以理解为 9 维应力空间的一个超曲面，称为初始屈服面。对于金属材料，通常采用冯·米塞斯（Von Mises）屈服条件，具体表达为

$$F^0\left(\sigma_{ij},k_0\right)=f\left(\sigma_{ij}\right)-k_0=0 \tag{5-9}$$

其中，

$$f\left(\sigma_{ij}\right)=\frac{1}{2}s_{ij}s_{ij} \tag{5-10}$$

$$k_0=\frac{1}{3}\sigma_0^2 \tag{5-11}$$

$$s_{ij}=\sigma_{ij}-\sigma_{\mathrm{m}}\delta_{ij} \tag{5-12}$$

$$\sigma_{\mathrm{m}}=\frac{1}{3}\left(\sigma_{11}+\sigma_{22}+\sigma_{33}\right) \tag{5-13}$$

式中：σ_0 为材料的初始屈服应力；s_{ij} 为偏斜应力张量分量；σ_{m} 为平均正应力；δ_{ij} 为克罗内克函数（Kronecker delta）。

s_{ij} 和等效应力 $\bar{\sigma}$ 有以下关系：

$$\frac{1}{2}s_{ij}s_{ij}=\frac{1}{3}\bar{\sigma}^2=J_2 \tag{5-14}$$

式中：J_2 为第 2 应力不变量。

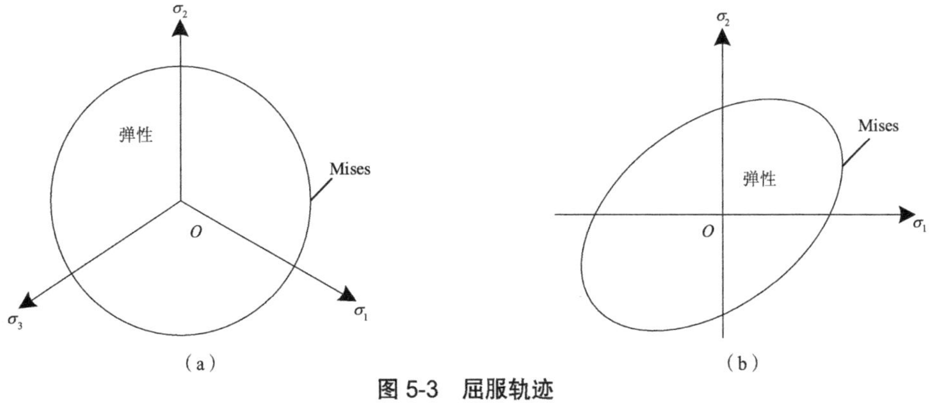

图 5-3　屈服轨迹

（a）π 平面上的屈服轨迹　（b）$\sigma_3=0$ 平面上的屈服轨迹

将式（5-14）代入式（5-9），得到 $\bar{\sigma}=\sigma_0$。所以式（5-9）的力学意义为：当等效应力 $\bar{\sigma}$ 等

于材料的初始屈服应力 σ_0 时，材料开始进入塑性变形。

在三维主应力空间，冯·米塞斯屈服条件可以表示为

$$F^0\left(\sigma_{ij},k_0\right)=\frac{1}{6}\left[\left(\sigma_1-\sigma_2\right)^2+\left(\sigma_2-\sigma_3\right)^2+\left(\sigma_3-\sigma_1\right)^2\right]-\frac{1}{3}\sigma_0^2=0 \tag{5-15}$$

式中：σ_1、σ_2、σ_3 为三个主应力。

式(5-15)的几何意义为：在三维主应力空间内，初始屈服面是以 $\sigma_1=\sigma_2=\sigma_3=0$ 为轴线的圆柱面。此面和过原点并垂直于直线 $\sigma_1=\sigma_2=\sigma_3$ 的 π 平面的交线，即屈服函数 F^0 在 π 平面上的轨迹是以 $\sqrt{3}\sigma_0/3$ 为半径的圆周，如图 5-3(a)所示。而 $\sigma_3=0$ 的平面上屈服函数的轨迹是一个椭圆，该椭圆的长半轴长度为 $\sqrt{2}\sigma_0$、短半轴长度为 $\sqrt{2/3}\sigma_0$，如图 5-3(b)所示。

2. 流动法则

流动法则用来规定材料进入塑性应变后的塑性应变增量在各个方向上的分量和应力分量以及应力增量之间的关系。冯·米塞斯流动法则假设塑性应变增量可从塑性势导出，即

$$\mathrm{d}\varepsilon_{ij}^{\mathrm{p}}=\mathrm{d}\lambda\frac{\partial Q}{\partial\sigma_{ij}} \tag{5-16}$$

式中：$\mathrm{d}\varepsilon_{ij}^{\mathrm{p}}$ 为塑性应变增量的分量；$\mathrm{d}\lambda$ 为正的待定有限量，它的具体数值与材料硬化法则有关；Q 为塑性势函数，一般来说它是应力状态和塑性应变的函数。

对于稳定的应变硬化材料（随着载荷增大，如果材料的应力增量 $\mathrm{d}\sigma$ 和应变增量 $\mathrm{d}\varepsilon$ 所做的功为正功，即 $\mathrm{d}\sigma\mathrm{d}\varepsilon>0$），$Q$ 通常取与后继屈服函数 F 相同的形式，称为和屈服函数相关联的塑性势。对于关联塑性情况，流动法则表示为

$$\mathrm{d}\varepsilon_{ij}^{\mathrm{p}}=\mathrm{d}\lambda\frac{\partial F}{\partial\sigma_{ij}}=\mathrm{d}\lambda\frac{\partial f}{\partial\sigma_{ij}} \tag{5-17}$$

3. 硬化法则

硬化法则是用来规定材料进入塑性变形后的后继屈服函数在应力空间中变化的规则。一般来说，后继屈服函数可以采用以下形式表示

$$F\left(\sigma_{ij},k\right)=0 \tag{5-18}$$

式中：k 为硬化参数，依赖于变形的历史，通常是等效塑性应变 $\bar{\varepsilon}_{\mathrm{p}}$ 的函数。

对于理想塑性材料，因无硬化效应，后继屈服函数和初始屈服函数相同，即

$$F\left(\sigma_{ij},k\right)=F^0\left(\sigma_{ij},k_0\right)=0 \tag{5-19}$$

对于硬化材料，这里讨论常用的各向同性硬化法则。该法则规定，当材料进入塑性变形以后，加载曲面在各个方向均匀地向外扩张，但其形状、中心及其在应力空间中的方位均保持不变。例如对于 $\sigma_3=0$ 的情形，初始屈服轨迹和后继屈服轨迹如图 5-4 所示。当采用冯·米塞斯屈服条件，各向同性硬化的后继屈服函数表示为

$$F\left(\sigma_{ij},k\right)=f-k=0 \tag{5-20}$$

其中，$f=\frac{1}{2}s_{ij}s_{ij}$，$k=\frac{1}{3}\sigma_{\mathrm{s}}^2\left(\bar{\varepsilon}_{\mathrm{p}}\right)$。

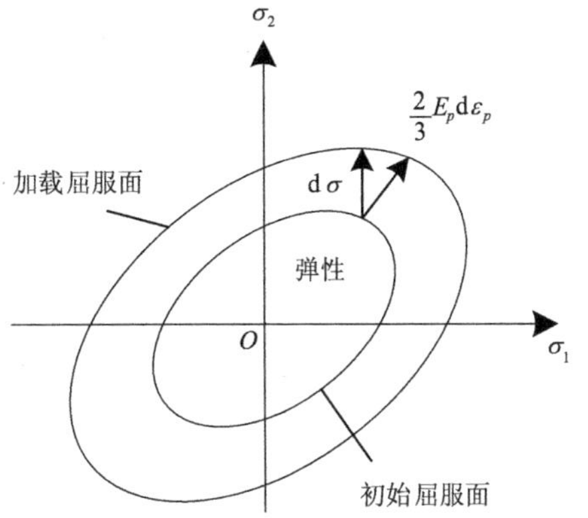

图 5-4　各向同性硬化

σ_s 为当前状态的弹(塑)性应力,它是等效塑性应变 $\bar{\varepsilon}^p$ 的函数。$\bar{\varepsilon}^p$ 的表达式为

$$\bar{\varepsilon}^p = \int d\bar{\varepsilon}^p = \int\left(\frac{2}{3}d\varepsilon_{ij}^p d\varepsilon_{ij}^p\right)^{1/2} \tag{5-21}$$

而 $\sigma_s(\bar{\varepsilon}_p)$ 可从材料的单轴拉伸试验的曲线 σ-ε 或者 σ_s-ε_p 得到(图 5-1)。定义材料的塑性模量(硬化系数)为

$$E_p = \frac{d\sigma_s}{d\bar{\varepsilon}^p} \tag{5-22}$$

即考珀-西蒙兹材料本构模型(式(5-7))定义的 $B_{C\text{-}S} = \dfrac{E_t E}{E - E_t}$。

需要注意的是,各向同性硬化法则主要适用单调加载情形。如果用于卸载情形,它只适合于反向屈服应力数值等于应力反转点的材料。这是循环加载工况中常要考虑的问题,而通常材料是不具有这种性质的。这一问题的讨论可参见运动硬化法则、混合硬化法则等。

4. *加载和卸载法则*

这一法则用以判断从塑性状态出发是继续塑性加载还是弹性卸载,是计算过程中判定是否继续塑性变形以及决定是采用弹(塑)性本构关系还是弹性本构关系所必需的。

对于理想弹(塑)性材料,加载面和初始屈服面相同,且屈服面不能扩大,塑性加载只能是应力点沿着屈服面移动。应力增量保持在屈服面上,称为加载;应力增量返回到屈服面以内,称为卸载。加载、卸载的数学表述如下:

(1)若 $F=0$,且 $\dfrac{\partial f}{\partial \sigma_{ij}}d\sigma_{ij}=0$,则继续塑性加载;

(2)若 $F=0$,且 $\dfrac{\partial f}{\partial \sigma_{ij}}d\sigma_{ij}<0$,则由塑性按弹性卸载;

(3)若 $F<0$,则为弹性状态。

而对于硬化材料,加载面允许向外扩张。当加载面扩大时,出现新的塑性应变,称为加载;未出现新的塑性应变,但应力状态仍处于屈服面上,即应力点沿加载面切向变化,称为中性变载;未出现新的塑性应变,而且应力状态重新回到了屈服面内,称为弹性卸载。加载、卸载准则的数学表述如下：

（1）若 $F=0$，且 $\frac{\partial f}{\partial \sigma_{ij}}\mathrm{d}\sigma_{ij}=0$，则为中性变载，即仍保持在塑性状态，但不发生新的塑性流动（$\mathrm{d}\bar{\varepsilon}^{\mathrm{p}}=0$）；

（2）若 $F=0$，且 $\frac{\partial f}{\partial \sigma_{ij}}\mathrm{d}\sigma_{ij}<0$，则由塑性按弹性卸载；

（3）若 $F=0$，且 $\frac{\partial f}{\partial \sigma_{ij}}\mathrm{d}\sigma_{ij}>0$，则继续塑性加载；

（4）若 $F<0$，则为弹性状态。

上面的数学表述中，$\frac{\partial f}{\partial \sigma_{ij}}$ 根据不同材料特性而采用的屈服函数形式而定。对于理想弹（塑）性材料以及采用各向同性硬化法则的材料，有

$$\frac{\partial f}{\partial \sigma_{ij}}=s_{ij} \tag{5-23}$$

5.2.3 弹（塑）性纤维梁单元

首先介绍梁单元中通过引入纤维梁单元考虑材料非线性的方法。纤维梁单元是工程领域常用的非线性单元，经过国内外学者的研究与完善，证明其可以有效地模拟钢结构及钢筋混凝土梁，并应用于弹（塑）性动力及静力分析中。纤维梁柱单元满足几何线性小变形假定和平断面假定，而向量式有限元在内力计算的过程中也满足平断面假定，同时对于每一个途径单元，单元都是小变形，材料的性质保持不变。纤维梁柱单元模型的基本思路是将杆件单元沿轴向离散成若干个积分点，然后再将每个积分点对应的横截面进一步离散成许多小面积，这些小面积的中心点称为“纤维”，用纤维来表征每个小面积的应力 - 应变状态。如图 5-5 所示，纤维梁柱单元只需要知道材料本身的弹（塑）性特征，沿截面和轴向进行数值积分，就可以根据每一根纤维的应力 - 应变关系建立单元上力与变形的关系。

传统的纤维梁柱单元往往只能考虑构件受拉弯的力学行为。若要考虑构件在拉 - 弯 - 扭复杂受力下的状况，需要在截面扭转变形与每根纤维的剪应变之间建立形函数，因此对弹（塑）性纤维梁柱单元做出如下基本假定：①满足几何小变形假定；②满足平截面假定；③满足截面扭率和各纤维剪应变间的线性应变分布假设；④忽略弯曲和翘曲产生的横向剪切变形。

向量式有限元方法利用一个向量方程组计算结构响应，因而在处理结构的弹（塑）性行为时，只需更改单元的内力求解方式，并不会影响质点控制方程的建立和求解。因此，向量式有限元在处理弹（塑）性问题时，除了改变内力增量求解方程式外，其余计算流程都不需要改变。

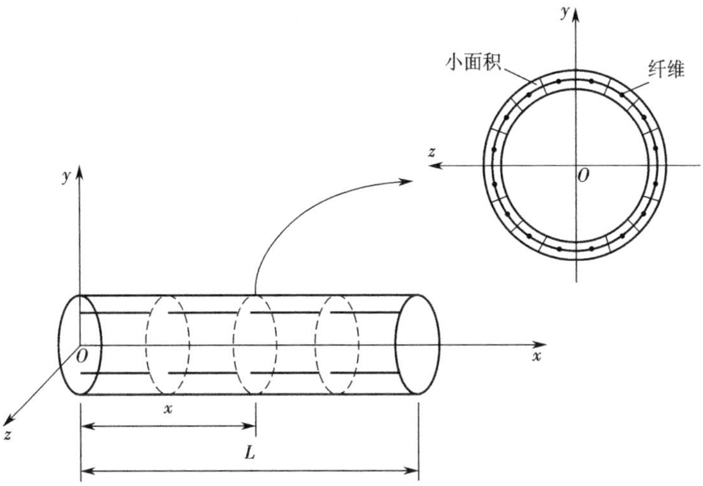

图 5-5　纤维梁柱单元示意

在通常的空间梁理论中，可认为圆截面一点的应力状态与应变状态为

$$\sigma = (\sigma \quad \tau)^{\mathrm{T}} \tag{5-24}$$

$$\varepsilon = (\varepsilon \quad \gamma)^{\mathrm{T}} \tag{5-25}$$

式中：σ为轴力与弯矩所引起的正应力；τ为扭矩所产生的剪应力；ε为正应变；γ为工程剪应变。沿用第 2 章式（2-60），空间梁单元的应变增量与单元纯变形的关系可以写作

$$\hat{\varepsilon} = \boldsymbol{B}\hat{\boldsymbol{u}}^{*} \tag{5-26}$$

$$\Delta\hat{\varepsilon} = (\Delta\hat{\varepsilon} \quad \Delta\hat{\gamma})^{\mathrm{T}} \tag{5-27}$$

这里给出梁单元的位移 - 应变关系矩阵如下

$$\boldsymbol{B} = \begin{pmatrix} 1 & 0 & (4-6\hat{s})\hat{z} & (2-6\hat{s})\hat{z} & (4-6\hat{s})\hat{y} & (4-6\hat{s})\hat{y} \\ 0 & \hat{r} & 0 & 0 & 0 & 0 \end{pmatrix} \tag{5-28}$$

其中，$\hat{s} = \hat{x}/l$，$\hat{r} = \sqrt{\hat{y}^2 + \hat{z}^2}$，$l$为梁单元长度。

根据式（2-61），应力与应变增量关系可以表示为

$$\Delta\hat{\boldsymbol{\sigma}} = \boldsymbol{D}\Delta\hat{\boldsymbol{\varepsilon}} \tag{5-29}$$

式中：$\boldsymbol{D}$为应力增量 - 应变增量关系矩阵。

根据变形虚功原理，内力增量可以写作

$$\Delta\hat{\boldsymbol{f}}_{\cdot} = \int_{V^n} \boldsymbol{B}^{\mathrm{T}} (\Delta\hat{\boldsymbol{\sigma}}) \mathrm{d}V \tag{5-30}$$

在弹（塑）性分析中，由于应力 - 应变关系矩阵$\boldsymbol{D}$的改变，式（5-30）无法直接积分，需要借助其他手段。换言之，将纤维单元模型引入向量式有限元方法的关键点在于如何根据纯变形增量求得式（5-30）的结点内力增量。

首先将式（5-30）展开，结点内力增量计算公式写成如下向量形式：

$$\Delta\hat{\boldsymbol{f}}_{\cdot}=\frac{1}{l}\int_{V^n}\begin{pmatrix}\Delta\sigma\\ \Delta\tau\cdot r\\ (4-6\hat{s})\Delta\sigma\hat{z}\\ (2-6\hat{s})\Delta\sigma\hat{z}\\ (4-6\hat{s})\Delta\sigma\hat{y}\\ (2-6\hat{s})\Delta\sigma\hat{y}\end{pmatrix}\mathrm{d}V \tag{5-31}$$

可见，结点内力增量的积分可以分成两部分，一部分仅与梁轴向坐标 $\hat{x}$ 有关，另一部分仅与截面坐标 $\hat{y}$、$\hat{z}$ 有关。因此式(5-31)改写为

$$\Delta\hat{\boldsymbol{f}}_{\cdot}=\int_0^1\begin{pmatrix}\int_A\Delta\sigma\mathrm{d}A\\ \int_A\Delta\tau\hat{r}\mathrm{d}A\\ (4-6\hat{s})\int_A\Delta\sigma\hat{z}\mathrm{d}A\\ (2-6\hat{s})\int_A\Delta\sigma\hat{z}\mathrm{d}A\\ (4-6\hat{s})\int_A\Delta\sigma\hat{y}\mathrm{d}A\\ (2-6\hat{s})\int_A\Delta\sigma\hat{y}\mathrm{d}A\end{pmatrix}\mathrm{d}s \tag{5-32}$$

采用高斯 - 洛巴托(Gauss-Lobatto)积分求解结点的内力增量，上式可写为

$$\Delta\hat{f}=\int_0^1\boldsymbol{\Phi}(s)\mathrm{d}s=\sum_{i=1}^{N}\boldsymbol{\Phi}(s_i)W(s_i) \tag{5-33}$$

式中：$s_i=\dfrac{1}{2}\xi_i+\dfrac{1}{2}$，$W(s_i)=\dfrac{1}{2}W(\xi_i)$；$N$ 为高斯 - 洛巴托积分点数，也代表梁单元沿轴向划分的截面数量；ξ_i 为积分点值；$W(\xi_i)$ 为积分点的权重系数；$\boldsymbol{\Phi}(s_i)$ 为梁单元任意截面 i 上的应力函数，需要通过数值积分得到。

以小面积中心点的应力状态代表小面积的应力状态，可得

$$\boldsymbol{\Phi}(s_i)=\begin{pmatrix}\int_A\Delta\sigma(\hat{s}_i)\mathrm{d}A\\ \int_A\Delta\tau(\hat{s}_i)r\mathrm{d}A\\ (4-6\hat{s}_i)\int_A\Delta\sigma(\hat{s}_i)z\mathrm{d}A\\ (2-6\hat{s}_i)\int_A\Delta\sigma(\hat{s}_i)z\mathrm{d}A\\ (4-6\hat{s}_i)\int_A\Delta\sigma(\hat{s}_i)y\mathrm{d}A\\ (2-6\hat{s}_i)\int_A\Delta\sigma(\hat{s}_i)y\mathrm{d}A\end{pmatrix}=\begin{pmatrix}\sum_{j=1}^{m}\Delta\sigma(\hat{s}_i,\hat{y}_j,\hat{z}_j)\Delta A\\ \sum_{j=1}^{m}\Delta\tau(\hat{s}_i,r_j)r_j\Delta A\\ (4-6\hat{s}_i)\sum_{j=1}^{m}\Delta\sigma(\hat{s}_i,\hat{y}_j,\hat{z}_j)\hat{z}_j\Delta A\\ (2-6\hat{s}_i)\sum_{j=1}^{m}\Delta\sigma(\hat{s}_i,\hat{y}_j,\hat{z}_j)\hat{z}_j\Delta A\\ (4-6\hat{s}_i)\sum_{j=1}^{m}\Delta\sigma(\hat{s}_i,\hat{y}_j,\hat{z}_j)\hat{y}_j\Delta A\\ (2-6\hat{s}_i)\sum_{j=1}^{m}\Delta\sigma(\hat{s}_i,\hat{y}_j,\hat{z}_j)\hat{y}_j\Delta A\end{pmatrix} \tag{5-34}$$

至此，通过将纤维梁柱单元模型引入向量式有限元方法中，单元结点的内力增量可以以数值积分的形式进行计算，解决了向量式有限元梁单元的材料非线性问题。

5.2.4　弹(塑)性板壳单元的增量法

5.2.4.1　增量法的一般过程

在进行结构的弹(塑)性分析时通常将载荷分成若干个增量,然后对于每一个载荷增量,根据材料的应力 - 应变初始状态确定其增量。在这个过程中,通常会把材料的弹(塑)性本构关系线性化。从向量式有限元的角度看,上述的增量分析可看成为一个途径单元内的弹(塑)性问题,弹(塑)性本构的引入和弹(塑)性修正发生在单元结点纯变形位移之后,求解单元内力之前。总过程是:基于途径单元初始时刻 t_n 已知的应力 - 应变状态变量 $\hat{\boldsymbol{\sigma}}^n$ 和 $\hat{\boldsymbol{\varepsilon}}_p^n$,计算途径单元内的纯变形决定 $\Delta\boldsymbol{\sigma}$ 和 $\Delta\boldsymbol{\varepsilon}_{\mathrm{p}}^n$(满足材料本构和屈服准则的条件),从而求解获得途径单元结束时刻的弹(塑)性状态,即新的应力 - 应变状态变量 $\hat{\boldsymbol{\sigma}}^{n+1}$ 和 $\hat{\boldsymbol{\varepsilon}}_{\mathrm{p}}^{n+1}$。

基于 5.2.2 节所讨论的塑性力学基本法则,弹(塑)性板壳单元的增量法如图 5-6 所示。根据式(3-60)求解得到的纯变形计算得到应变增量 $\Delta\hat{\boldsymbol{\varepsilon}}$。首先进行弹性预测:假设 $\Delta\hat{\boldsymbol{\varepsilon}}$ 为弹性应变增量,那么可得到下一时刻的应力增量 $\Delta\bar{\boldsymbol{\sigma}} = \boldsymbol{D}^{\mathrm{e}}\Delta\hat{\boldsymbol{\varepsilon}}$ 和下一时刻的应力 $\bar{\boldsymbol{\sigma}}^{n+1} = \hat{\boldsymbol{\sigma}}^n + \Delta\bar{\boldsymbol{\sigma}}$。然后进行弹(塑)性判断,依据冯·米塞斯屈服准则,计算屈服函数 $F(\bar{\boldsymbol{\sigma}}^{n+1}, \hat{\boldsymbol{\varepsilon}}_{\mathrm{p}}^n)$ 和 $F(\hat{\boldsymbol{\sigma}}^n, \hat{\boldsymbol{\varepsilon}}_{\mathrm{p}}^n)$,依据加载和卸载准则区分以下情况。

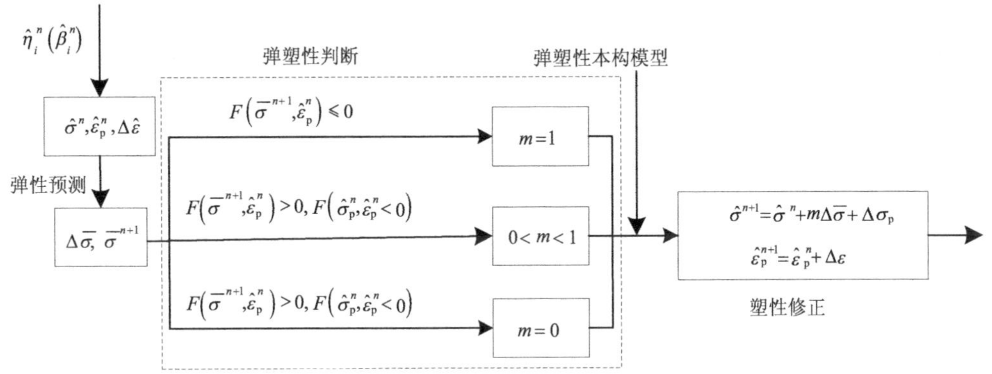

图 5-6　基于增量法的弹(塑)性材料处理方法

(1)如果 $F(\bar{\boldsymbol{\sigma}}^{n+1}, \hat{\boldsymbol{\varepsilon}}_{\mathrm{p}}^n) \leqslant 0$,则当前时间步为弹性加载或者由塑性按弹性卸载,此次应变增量 $\Delta\hat{\boldsymbol{\varepsilon}}$ 为弹性应变增量,计比例为 $m=1$。按弹性关系计算应力值为

$$\hat{\boldsymbol{\sigma}}^{n+1} = \bar{\boldsymbol{\sigma}}^{n+1} \tag{5-35}$$

$$\Delta\boldsymbol{\varepsilon}_{\mathrm{p}} = 0 \tag{5-36}$$

(2)如果 $F(\hat{\boldsymbol{\sigma}}^{n+1}, \hat{\boldsymbol{\varepsilon}}_{\mathrm{p}}^n) > 0$,且 $F(\hat{\boldsymbol{\sigma}}^n, \hat{\boldsymbol{\varepsilon}}_{\mathrm{p}}^n) < 0$,则当前时间步为弹性向塑性过渡,应由

$$F(\hat{\boldsymbol{\sigma}}^{n+1} + m\Delta\bar{\boldsymbol{\sigma}}, \bar{\boldsymbol{\varepsilon}}_{\mathrm{p}}^n) = 0 \tag{5-37}$$

下面来计算弹性因子 m。式(5-37)隐含着假设在增量过程中应变成比例变化。计算 m 是为了确定应力达到屈服面的时刻。采用冯·米塞斯屈服准则(式(5-20))时,m 是以下二次方程的解:

$$a_2 m^2 + a_1 m + a_0 = 0 \tag{5-38}$$

其中，$a_0 = F(\hat{\boldsymbol{\sigma}}^n, \hat{\varepsilon}_{\mathrm{p}}^n)$，$a_1 = \left(\boldsymbol{S}^n - \boldsymbol{\alpha}\right)\Delta\bar{\boldsymbol{S}}^n$ $\boldsymbol{\alpha}$ 为加载曲面中心在应力空间的移动张量，$a_2 = 0.5\Delta\bar{\boldsymbol{S}}^{\mathrm{T}}\bar{\boldsymbol{S}}$，$\bar{\boldsymbol{S}}$ 为偏应力。

对于各向同性硬化情况，$\boldsymbol{\alpha} = \boldsymbol{0}$。此时，弹性因子按下式计算：

$$m = \left(-a_1 + \sqrt{a_1^2 - 4a_0a_2}\right)\Big/2a_2 \tag{5-39}$$

（3）如果 $F(\bar{\boldsymbol{\sigma}}^{n+1}, \hat{\varepsilon}_{\mathrm{p}}^n) > 0$，且 $F(\hat{\boldsymbol{\sigma}}^n, \hat{\varepsilon}_{\mathrm{p}}^n) = 0$，则当前时间步为塑性继续加载，此时 $m = 0$。

最后，依据弹（塑）性判断结果，结合弹（塑）性本构模型对下一时刻的应力和塑性应变进行修正。弹（塑）性部分的应变增量按如下式计算：

$$\Delta\boldsymbol{\varepsilon}_{\mathrm{p}} = (1-m)\Delta\boldsymbol{\varepsilon} \tag{5-40}$$

计算弹（塑）性部分应力增量为

$$\Delta\boldsymbol{\sigma}_{\mathrm{p}} = \int_0^{\Delta\varepsilon_{\mathrm{p}}} \boldsymbol{D}^{\mathrm{ep}}\mathrm{d}\boldsymbol{\varepsilon} \tag{5-41}$$

由此得到途径单元结束时刻的应力应变为

$$\hat{\boldsymbol{\sigma}}^{n+1} = \hat{\boldsymbol{\sigma}}^n + m\Delta\bar{\boldsymbol{\sigma}} + \Delta\boldsymbol{\sigma}_{\mathrm{p}} \tag{5-42}$$

$$\hat{\boldsymbol{\varepsilon}}_{\mathrm{p}}^{n+1} = \hat{\boldsymbol{\varepsilon}}_{\mathrm{p}}^n + \Delta\boldsymbol{\varepsilon}_{\mathrm{p}} \tag{5-43}$$

5.2.4.2 材料的应力 - 应变关系

在小应变情况下，应变增量可以分为弹性和塑性两部分，即

$$\mathrm{d}\varepsilon_{ij} = \mathrm{d}\varepsilon_{ij}^{\mathrm{e}} + \mathrm{d}\varepsilon_{ij}^{\mathrm{p}} \tag{5-44}$$

利用弹性应力 - 应变关系，可将 $\mathrm{d}\sigma_{ij}$ 表示为

$$\mathrm{d}\sigma_{ij} = D_{ijkl}^{\mathrm{e}}\mathrm{d}\varepsilon_{ij}^{\mathrm{e}} = D_{ijkl}^{\mathrm{e}}\left(\mathrm{d}\varepsilon_{kl} - \mathrm{d}\varepsilon_{kl}^{\mathrm{p}}\right) \tag{5-45}$$

将式（5-17）代入式（5-45），得到

$$\mathrm{d}\sigma_{ij} = D_{ijkl}^{\mathrm{e}}\mathrm{d}\varepsilon_{kl} - D_{ijkl}^{\mathrm{e}}\mathrm{d}\lambda\frac{\partial f}{\partial\sigma_{kl}} \tag{5-46}$$

其中，

$$D_{ijkl}^{\mathrm{e}} = 2G\left(\delta_{ik}\delta_{jl} + \frac{\nu}{1-2\nu}\delta_{ij}\delta_{kl}\right) = 2G\delta_{ik}\delta_{jl} + \lambda\delta_{ij}\delta_{kl} \tag{5-47}$$

$$\lambda = \frac{2G\nu}{1-2\nu} = \frac{E\nu}{(1+\nu)(1-2\nu)} \tag{5-48}$$

结合 5.2.2 节所述的塑性力学的基本法则，进一步推导可以得到

$$\mathrm{d}\lambda = \frac{\left(\dfrac{\partial f}{\partial\sigma_{ij}}\right)D_{ijkl}^{\mathrm{e}}\mathrm{d}\varepsilon_{kl}}{\left(\dfrac{\partial f}{\partial\sigma_{ij}}\right)D_{ijkl}^{\mathrm{e}}\left(\dfrac{\partial f}{\partial\sigma_{kl}}\right) + \dfrac{4}{9}\sigma_{\mathrm{s}}^2E_{\mathrm{p}}} \tag{5-49}$$

将式（5-49）代入式（5-46），得到应力 - 应变的增量关系式为

$$\mathrm{d}\sigma_{ij} = D_{ijkl}^{\mathrm{ep}}\mathrm{d}\varepsilon_{kl} \tag{5-50}$$

其中，$D_{ijkl}^{\mathrm{ep}} = D_{ijkl}^{\mathrm{e}} - D_{ijkl}^{\mathrm{p}}$。

那么，D_{ijkl}^{ep} 的表达式为

$$D_{ijkl}^{\mathrm{p}} = \frac{D_{ijmn}^{\mathrm{e}}\left(\dfrac{\partial f}{\partial \sigma_{mn}}\right)D_{rskl}^{\mathrm{e}}\left(\dfrac{\partial f}{\partial \sigma_{rs}}\right)}{\left(\dfrac{\partial f}{\partial \sigma_{ij}}\right)D_{ijkl}^{\mathrm{e}}\left(\dfrac{\partial f}{\partial \sigma_{kl}}\right)+\dfrac{4}{9}\sigma_{\mathrm{s}}^{2}E_{\mathrm{p}}} \tag{5-51}$$

在弹性加载或者弹性卸载过程，材料的应力 - 应变关系为线性关系。对于三维空间问题，弹性应力 - 应变关系矩阵 $\boldsymbol{D}^{\mathrm{e}}$ 如下

$$\boldsymbol{D}^{\mathrm{e}} = \frac{E}{1+\nu}\begin{pmatrix} \dfrac{1-\nu}{1-2\nu} & \dfrac{\nu}{1-2\nu} & \dfrac{\nu}{1-2\nu} & 0 & 0 & 0 \\ & \dfrac{1-\nu}{1-2\nu} & \dfrac{\nu}{1-2\nu} & 0 & 0 & 0 \\ & & \dfrac{1-\nu}{1-2\nu} & 0 & 0 & 0 \\ & \text{对} & & \dfrac{1}{2} & 0 & 0 \\ & & \text{称} & & \dfrac{1}{2} & 0 \\ & & & & & \dfrac{1}{2} \end{pmatrix} \tag{5-52}$$

对于各向同性硬化材料，由式(5-10)得到

$$\frac{\partial f}{\partial \sigma} = \left(s_{11} \quad s_{22} \quad s_{33} \quad 2s_{12} \quad 2s_{23} \quad 2s_{31}\right)^{\mathrm{T}} \tag{5-53}$$

将式(5-52)和式(5-53)代入式(5-49)和式(5-51)，得到显示表达式如下：

$$\mathrm{d}\lambda = \frac{9G\boldsymbol{S}^{\mathrm{T}}\mathrm{d}\boldsymbol{\varepsilon}}{2\sigma_{\mathrm{s}}^{2}\left(3G+E_{\mathrm{p}}\right)} \tag{5-54}$$

$$\boldsymbol{D}^{\mathrm{p}} = \frac{9G^{2}\boldsymbol{S}\boldsymbol{S}^{\mathrm{T}}}{\sigma_{\mathrm{s}}^{2}\left(3G+E_{\mathrm{p}}\right)} \tag{5-55}$$

其中，

$$\boldsymbol{S} = \left(s_{11} \quad s_{22} \quad s_{33} \quad s_{23} \quad s_{31}\right)^{\mathrm{T}}$$

$$\boldsymbol{S}\boldsymbol{S}^{\mathrm{T}} = \begin{bmatrix} s_{11}^{2} & s_{11}s_{22} & s_{11}s_{33} & s_{11}s_{12} & s_{11}s_{23} & s_{11}s_{31} \\ & s_{22}^{2} & s_{22}s_{33} & s_{22}s_{12} & s_{22}s_{23} & s_{22}s_{31} \\ & & s_{33}^{2} & s_{33}s_{12} & s_{33}s_{23} & s_{33}s_{31} \\ & \text{对} & & s_{12}^{2} & s_{12}s_{23} & s_{12}s_{31} \\ & & \text{称} & & s_{23}^{2} & s_{23}s_{31} \\ & & & & & s_{31}^{2} \end{bmatrix}$$

需要说明的是，本小节所涉及的各个物理量均是在单元变形坐标系下的，推导过程中省略了相关标记。

利用式(5-54)还可计算塑性应变增量，该方法与式(5-37)和式(5-38)有所差异，称为

全隐的向后欧拉积分法，如下

$$\Delta\boldsymbol{\varepsilon}_{\mathrm{p}}=\mathrm{d}\lambda\frac{3\boldsymbol{S}}{2\bar{\sigma}^{n+1}} \tag{5-56}$$

5.2.4.3 本构关系积分方法

如第 4 章所述，向量式薄壳单元通过薄膜单元和薄板单元线性叠加得到。在弹(塑)性情形下，其应力在厚度方向(ξ方向)不再是直线分布，依赖于弹(塑)性状态而变化。而且，式(3-62)被积函数中的应力 - 应变矩阵 $\boldsymbol{D}$ 应该表示为 $\boldsymbol{D}^{\mathrm{ep}}$，不再是常数阵。因此在形成弹(塑)性应力 - 应变矩阵 $\boldsymbol{D}^{\mathrm{ep}}$ 时，需要采用较多的积分点，特别是 ξ 方向应布置较多的积分点才能达到必要的精度。本书 3.3 节介绍了虚功方程在 ξ 和 η 方向的积分方法。现在讨论如何利用 5.2.4.2 节的弹(塑)性关系(平面应力型)并在厚度方向积分，从而建立相应定义于中面的弹(塑)性应力 - 应变关系。

对于薄壳，壳体内的局部坐标系 $\hat{x}\hat{y}\hat{z}$ 中任一点的应变($\varepsilon_{\hat{x}}$、$\varepsilon_{\hat{y}}$、$\varepsilon_{\hat{z}}$)可以用中面上的对应点 $(\hat{x},\hat{y},0)$ 的广义应变表示，即

$$\varepsilon_{\hat{x}}^{(\hat{z})}=\varepsilon_{\hat{x}}+\hat{z}k_{\hat{x}} \tag{5-57a}$$

$$\varepsilon_{\hat{y}}^{(\hat{z})}=\varepsilon_{\hat{y}}+\hat{z}k_{\hat{y}} \tag{5-57b}$$

$$\gamma_{\hat{x}\hat{y}}^{(\hat{z})}=\varepsilon_{\hat{x}\hat{y}}+\hat{z}k_{\hat{x}\hat{y}} \tag{5-57c}$$

将式(5-57)表示为增量形式，有

$$\mathrm{d}\boldsymbol{\varepsilon}^{(\hat{z})}=\mathrm{d}\boldsymbol{\varepsilon}^{\mathrm{m}}+\hat{z}\mathrm{d}\boldsymbol{\varepsilon}^{\mathrm{b}}=\begin{pmatrix}1 & \hat{z}\end{pmatrix}\mathrm{d}\boldsymbol{\varepsilon} \tag{5-58}$$

式中：$\mathrm{d}\boldsymbol{\varepsilon}^{(\hat{z})}=\begin{pmatrix}\mathrm{d}\varepsilon_{\hat{x}}^{(\hat{z})} & \mathrm{d}\varepsilon_{\hat{y}}^{(\hat{z})} & \mathrm{d}\gamma_{\hat{x}\hat{y}}^{(\hat{z})}\end{pmatrix}^{\mathrm{T}}$；上标 m、b 分别表示薄膜部分和薄板部分。

因为板壳问题中平行于中面的每一薄层处于平面应力状态，所以壳体内任一点的应力增量可以表示为

$$\mathrm{d}\boldsymbol{\sigma}^{(\hat{z})}=\boldsymbol{D}_{\mathrm{ep}}^{(\hat{z})}\mathrm{d}\boldsymbol{\varepsilon}^{(\hat{z})}=\boldsymbol{D}_{\mathrm{ep}}^{(\hat{z})}\begin{pmatrix}1 & \hat{z}\end{pmatrix}\mathrm{d}\boldsymbol{\varepsilon} \tag{5-59}$$

其中，$\boldsymbol{D}_{\mathrm{ep}}^{(\hat{z})}$ 可利用式(5-55)得到。

进一步通过沿壳体厚度方向的积分，可以得到壳体广义应力增量和广义应变增量的关系为

$$\mathrm{d}\boldsymbol{\sigma}^{\mathrm{m}}=\int_{-\frac{h}{2}}^{\frac{h}{2}}\mathrm{d}\boldsymbol{\sigma}^{(\hat{z})}\mathrm{d}\hat{z}=\int_{-\frac{h}{2}}^{\frac{h}{2}}\boldsymbol{D}_{\mathrm{ep}}^{(\hat{z})}\mathrm{d}\boldsymbol{\varepsilon}^{(\hat{z})}\mathrm{d}\hat{z}=\int_{-\frac{h}{2}}^{\frac{h}{2}}\boldsymbol{D}_{\mathrm{ep}}^{(\hat{z})}\begin{pmatrix}1 & \hat{z}\end{pmatrix}\mathrm{d}\hat{z}\mathrm{d}\boldsymbol{\varepsilon} \tag{5-60}$$

$$\mathrm{d}\boldsymbol{\sigma}^{\mathrm{b}}=\int_{-\frac{h}{2}}^{\frac{h}{2}}\mathrm{d}\boldsymbol{\sigma}^{(\hat{z})}\hat{z}\mathrm{d}\hat{z}=\int_{-\frac{h}{2}}^{\frac{h}{2}}\boldsymbol{D}_{\mathrm{ep}}^{(\hat{z})}\hat{z}\mathrm{d}\boldsymbol{\varepsilon}^{(\hat{z})}\mathrm{d}\hat{z}=\int_{-\frac{h}{2}}^{\frac{h}{2}}\boldsymbol{D}_{\mathrm{ep}}^{(\hat{z})}\begin{pmatrix}\hat{z} & \hat{z}^2\end{pmatrix}\mathrm{d}\hat{z}\mathrm{d}\boldsymbol{\varepsilon} \tag{5-61}$$

由此得到壳体的弹(塑)性应力 - 应变矩阵为

$$\boldsymbol{D}_{\mathrm{ep}}^{\mathrm{s}}=\int_{-\frac{h}{2}}^{\frac{h}{2}}\boldsymbol{D}_{\mathrm{ep}}^{(\hat{z})}\begin{pmatrix}1 & \hat{z}\\ \hat{z} & \hat{z}^2\end{pmatrix}\mathrm{d}\hat{z} \tag{5-62}$$

对于厚度积分，引入经典有限元中一维等间距的牛顿 - 柯特斯(Newton-Cotes)积分方案进行求解，常用的三个和五个积分点的积分常数见表 5-1。对于弹(塑)性情况，通常采用

五个积分点就可获得较好的计算结果。

表 5-1　牛顿 - 柯特斯积分常数及误差估计

积分点数	C_1	C_2	C_3	C_4	C_5	误差上限
3	1/6	4/6	1/6	—	—	$10^{-3}h^5F^{IV}(\zeta)$
5	7/90	32/90	12/90	32/90	7/90	$10^{-6}h^7F^{VI}(\zeta)$

5.3　边界非线性问题求解策略

边界非线性问题主要分为两类：一类是力边界条件的非线性，即力边界上的外力的大小和方向非线性地依赖于变形的情况，例如海底管道表面所承受的高水压力，当结构发生变形时，它作用的面积和方向都将发生变化，因而在解决几何非线性问题的同时需要关注此类载荷的变化；另一类问题是物体的接触和碰撞问题。它们相互接触边界的位置和范围以及接触面上的力的分布和大小事先是不能给定的，需要依赖于整个问题的求解才能确定。这里我们主要针对深水管道问题进行讨论，所研究的现象是深水管道局部压溃之后和在后续的屈曲传播过程中发生的内壁面相互接触。

5.3.1　力边界条件非线性

在 3.4 节对表面压力载荷已经有一般性的讨论，是在单元变形坐标系下表述的。这里主要做一些补充性的说明，在整体坐标系下对这个问题进行更直接的描述。在整体坐标系 xyz 下，对于任意一个三角形板单元，其三个结点的坐标为 $\boldsymbol{u}_i=(x_i,y_i,z_i)(i=1,2,3)$，设定现时的压力载荷为 p。表面压力载荷会随着单元旋转，并总是垂直于变形单元的表面，需要在每个途径单元内更新压力表面以计算大应变效应。因此，即使对于施加的常压力，总压力载荷也将随表面积的改变而改变。具体计算步骤如下。

1. 求解现时三角形板单元面积

首先，计算空间直角坐标系下三角形任意两条边所对应的向量，例如

$$\boldsymbol{d}_{12}=\boldsymbol{u}_2-\boldsymbol{u}_1=(x_{12},y_{12},z_{12}) \tag{5-63}$$

$$\boldsymbol{d}_{13}=\boldsymbol{u}_3-\boldsymbol{u}_1=(x_{13},y_{13},z_{13}) \tag{5-64}$$

然后，根据空间几何知识，向量邻边构成的三角形的面积等于向量邻边构成的平行四边形的面积的一半，即

$$S_{\Delta}=\frac{1}{2}\begin{vmatrix} \boldsymbol{i} & \boldsymbol{j} & \boldsymbol{k} \\ x_{12} & y_{12} & z_{12} \\ x_{13} & y_{13} & z_{13} \end{vmatrix} \tag{5-65}$$

式中：$\boldsymbol{i}$、$\boldsymbol{j}$、$\boldsymbol{k}$ 为直角坐标系 xyz 各轴对应单位方向向量。

2. 求解现时三角形单元单位法向向量

根据《向量代数与空间解析几何》，可以利用 $\boldsymbol{d}_{12}$ 和 $\boldsymbol{d}_{13}$ 的叉积来构造平面法向向量。与式(3-4)类似，单位法向向量可以表示为

$$\boldsymbol{n}=\frac{\boldsymbol{d}_{12}\times\boldsymbol{d}_{13}}{\left|\boldsymbol{d}_{12}\times\boldsymbol{d}_{13}\right|} \tag{5-66}$$

3. 求解单元等效结点载荷及分解

当三角形单元受到均布法向载荷时，结点力表达式为

$$\boldsymbol{F}^{\mathrm{e}}=\boldsymbol{n}\iint_{S}\boldsymbol{N}^{\mathrm{T}}p\mathrm{d}x\mathrm{d}y \tag{5-67}$$

由于与结点有关的各三角形移置到结点上的力矩合成后为 0 或很小，作为简化处理可以不考虑力矩的移置，仅移置结点的法向力。式(5-67)积分得到

$$\boldsymbol{F}^{\mathrm{e}}=\boldsymbol{n}pS_{\vartriangle}\begin{pmatrix}\frac{1}{3} & -\frac{1}{8}\Delta y_1 & \frac{1}{8}\Delta x_1 & \frac{1}{3} & -\frac{1}{8}\Delta y_2 & \frac{1}{8}\Delta x_3 & \frac{1}{3} & -\frac{1}{8}\Delta y_3 & \frac{1}{8}\Delta x_3\end{pmatrix}^{\mathrm{T}} \tag{5-68}$$

式中：Δx_i、Δy_i $(i=1,2,3)$ 为结点与三角形形心的相对坐标。

上式计算的各结点力和式(3-79)表达一致。

4. 结点载荷组装

根据结点连接单元的情况进行组装。此部分原理明确，前文已有论述，此处不再赘述。

5.3.2 碰撞与接触非线性

管道在局部压溃和屈曲传播中的内壁面接触属于同一结构不同区域之间的碰撞接触行为。该行为的分析具有较大难度，因为：①接触过程在力学上常常同时涉及三种非线性，即除大变形引起的材料非线性和几何非线性外，还有接触界面的非线性；②接触界面的区域大小和相互位置以及接触状态不仅是事先未知的，而且是随时间变化的，需要在求解过程中确定；③接触条件的非线性，包括接触物体不可相互侵入、接触力的法向分量只能是压力、切向接触的摩擦条件；④接触前结构存在较大位移和较大变形，增加了接触问题的处理难度。

接触算法主要包括接触搜索和接触力计算两部分，其中接触搜索包括全局搜索和局部搜索，全局搜索的目的是找出潜在接触测试对，局部搜索的目的是在全局搜索的基础上进一步精确地判断出接触测试对的真实接触状态。如果在局部搜索过程中发现存在接触的接触测试对，则需要对该接触测试对进行接触力计算。这里针对向量式有限元介绍一种“点 - 三角形”检测方法，即质点与结构三角形网格面之间的单向碰撞检测。在碰撞接触过程中，结构的质点和三角形网格面均会发生变形，即结构的单元结点和法向向量均会发生改变。算法中所运用的变量仅为各三角形单元的结点坐标和法线向量。

如图 5-7 所示，向量式有限元处理接触碰撞问题有两个主要步骤：碰撞检测和位移修正。碰撞检测和位移修正发生在计算质点位移之后，计算单元结点纯变形之前。碰撞检测是指根据质点位置矢量和邻近单元集的几何关系，判断质点是否和单元发生接触碰撞。

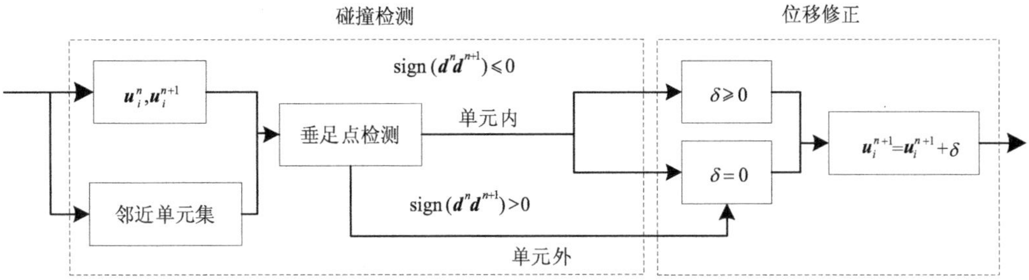

图 5-7　碰撞检测和位移修正流程

如图 5-8 所示,在第 n 时间步的运动过程中,结构第 j 个三单元结点坐标位置从 $\left(\boldsymbol{u}_{j1}^n, \boldsymbol{u}_{j2}^n, \boldsymbol{u}_{j3}^n\right)$ 运动到 $\left(\boldsymbol{u}_{j1}^{n+1}, \boldsymbol{u}_{j2}^{n+1}, \boldsymbol{u}_{j3}^{n+1}\right)$。由于时间步长较短,质点的位移变化量相对于单元尺寸为小量值,可以以单元的坐标位置 $\left(\boldsymbol{u}_{j1}^n, \boldsymbol{u}_{j2}^n, \boldsymbol{u}_{j3}^n\right)$ 作为计算参考位置。

单元的单位法向向量为

$$\boldsymbol{n}^n = \frac{\left(\boldsymbol{u}_{j2}^n - \boldsymbol{u}_{j1}^n\right) \times \left(\boldsymbol{u}_{j3}^n - \boldsymbol{u}_{j1}^n\right)}{\left|\left(\boldsymbol{u}_{j2}^n - \boldsymbol{u}_{j1}^n\right) \times \left(\boldsymbol{u}_{j3}^n - \boldsymbol{u}_{j1}^n\right)\right|} \tag{5-69}$$

n 和 $n+1$ 时刻质点 i 到单元 j 的距离向量为

$$\boldsymbol{d}_i^n = \left(\boldsymbol{u}_i^n - \boldsymbol{u}_{j1}^n\right) \boldsymbol{n}_j^n \tag{5-70}$$

$$\boldsymbol{d}_i^{n+1} = \left(\boldsymbol{u}_i^{n+1} - \boldsymbol{u}_{j1}^{n+1}\right) \boldsymbol{n}_j^{n+1} \tag{5-71}$$

如果 $\operatorname{sign}\left(\boldsymbol{d}^n \boldsymbol{d}^{n+1}\right) \leqslant 0$,则质点 i 与第 j 单元所在的平面发生碰撞并穿透。进一步需要判断该碰撞点是否位于第 j 单元内部,才能说明质点 j 与第 i 单元是否实际发生了碰撞。

由于时间步比较短,质点的位移变化量和单元位移均为小量值,可以用 n 时刻质点 i 在第 j 单元上的垂足点来代替实际碰撞点,有

$$\boldsymbol{p}_i^{n+1} = \boldsymbol{u}_i^{n+1} - \left|\boldsymbol{d}_i^{n+1}\right| \boldsymbol{n}_j^n \tag{5-72}$$

此时垂足点和单元共平面,可以用重心法判断垂直点是否在单元内(包括单元结点、单元边界和单元内部)。

如图 5-8 所示,质点 $\boldsymbol{u}_{j1}^n$ 到 $\boldsymbol{p}_j^{n+1}$ 的矢量可以用质点 $\boldsymbol{u}_{j1}^n$ 到质点 $\boldsymbol{u}_{j3}^n$ 的矢量与质点 $\boldsymbol{u}_{j1}^n$ 到质点 $\boldsymbol{u}_{j2}^n$ 的矢量的和表示为

$$\boldsymbol{p}_i^{n+1} - \boldsymbol{u}_{j1}^n = v_{12}\left(\boldsymbol{u}_{j2}^n - \boldsymbol{u}_{j1}^n\right) + v_{13}\left(\boldsymbol{u}_{j3}^n - \boldsymbol{u}_{j1}^n\right) \tag{5-73}$$

式中:v_{12}、v_{13} 为对应矢量的系数。

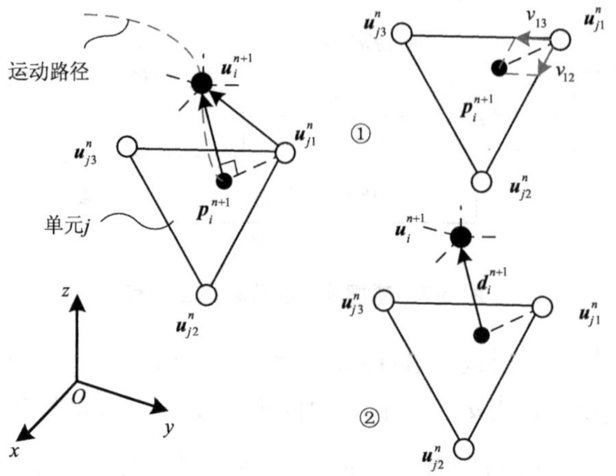

图 5-8 质点 i 与单元 j 之间的碰撞检测

①—垂足点检测;②—距离检测

经过数学推导,可得到

$$v_{12}=\frac{(\boldsymbol{v}_{31}\cdot\boldsymbol{v}_{31})\cdot(\boldsymbol{v}_{p1}\cdot\boldsymbol{v}_{21})-(\boldsymbol{v}_{31}\cdot\boldsymbol{v}_{21})\cdot(\boldsymbol{v}_{p1}\cdot\boldsymbol{v}_{31})}{(\boldsymbol{v}_{31}\cdot\boldsymbol{v}_{31})\cdot(\boldsymbol{v}_{21}\cdot\boldsymbol{v}_{21})-(\boldsymbol{v}_{31}\cdot\boldsymbol{v}_{21})\cdot(\boldsymbol{v}_{21}\cdot\boldsymbol{v}_{31})} \tag{5-74}$$

$$v_{13}=\frac{(\boldsymbol{v}_{21}\cdot\boldsymbol{v}_{21})\cdot(\boldsymbol{v}_{p1}\cdot\boldsymbol{v}_{31})-(\boldsymbol{v}_{21}\cdot\boldsymbol{v}_{31})\cdot(\boldsymbol{v}_{p1}\cdot\boldsymbol{v}_{21})}{(\boldsymbol{v}_{31}\cdot\boldsymbol{v}_{31})\cdot(\boldsymbol{v}_{21}\cdot\boldsymbol{v}_{21})-(\boldsymbol{v}_{31}\cdot\boldsymbol{v}_{21})\cdot(\boldsymbol{v}_{21}\cdot\boldsymbol{v}_{31})} \tag{5-75}$$

其中,$\boldsymbol{v}_{21}=\boldsymbol{u}_{j2}^n-\boldsymbol{u}_{j1}^n$,$\boldsymbol{v}_{31}=\boldsymbol{u}_{j3}^n-\boldsymbol{u}_{j1}^n$,$\boldsymbol{v}_{p1}=\boldsymbol{p}_i^{n+1}-\boldsymbol{u}_{j1}^n$。

依据式(5-74)和式(5-75),垂足点$\boldsymbol{p}_j^{n+1}$落在单元j内时下列式子成立:

$$v_{12}\geqslant 0 \tag{5-76a}$$

$$v_{13}\geqslant 0 \tag{5-76b}$$

$$v_{12}+v_{13}\leqslant 1 \tag{5-76c}$$

如果式(5-76)满足,则判断上一时刻和当前时刻质点 i 到单元 j 的距离矢量 $\boldsymbol{d}_i^{n+1}$ 和 $\boldsymbol{d}_i^n$ 符号是否一致:如果符号相反,则质点与单元发生了接触碰撞。否则,接触碰撞未发生。对于发生接触碰撞的情况,则按罚函数法对质点位置矢量进行修正。

第 6 章　向量式有限元的编程实现与数值验证

前文介绍了向量式有限元方法的原理及其处理非线性问题的策略,下面介绍计算机向量式有限元编程方面的内容。本章的目的是介绍向量式有限元分析从原理到具体编程的实现过程,以解决特定的工程和科学问题。向量式有限元计算分析所选用的编程语言是 Fortran 语言,利用 OpenMP 和 MPI 技术实现高性能并行计算,由此形成整体计算程序的核心求解模块。此外,还利用具有较强的图形显示和用户交互能力的计算机语言编写前处理模块和后处理模块。本章基于编写的计算机程序还分析了一些经典算例以验证程序的准确性。

6.1　计算机策略

6.1.1　计算机硬件

如图 6-1 所示,计算机硬件系统可以分成下面几个部分。

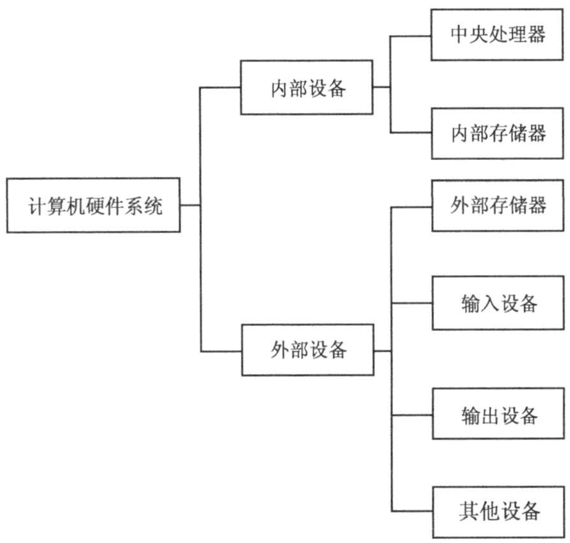

图 6-1　计算机硬件系统

1. 内部设备

内部设备主要包括中央处理器(Central Processing Unit,CPU)和内部存储器。

1)中央处理器

中央处理器是一块超大规模的集成电路,是一台计算机的运算核心和控制核心,主要用于解释计算机指令(例如,事先写好的程序)以及处理计算机的数据。目前, CPU 最主要的制造商是美国英特尔公司(Intel)、美国超威半导体公司(Advanced Micro Devices, AMD)和国际商业机器公司(International Business Machines Corporation, IBM)。这些企业在半导体行业和计算创新领域全球领先,极具影响力。

CPU 的最重要指标是运算速度,决定了一台计算机的计算速度。技术上,定义 CPU 运算时工作的频率(1 s 内发生的同步脉冲数)为 CPU 的时钟频率(CPU clock speed),简称为主频。主频和实际的运算速度存在一定的关系,但还没有一个确定的公式能够定量两者的数值关系,因为 CPU 的运算速度还要看 CPU 的流水线等各方面的性能指标(缓存、指令集、CPU 的位数等)。CPU 的主频不代表 CPU 的速度,但提高主频对于提高 CPU 的运算速度却是至关重要的。CPU 的工作主频主要受生产工艺的限制。由于 CPU 是在半导体硅片上制造的,在硅片上的元件之间需要导线进行连接,由于在高频状态下导线越细越短越好,这样才能减小导线分布电容等杂散干扰,保证 CPU 运算正确。在 1995 年以后,芯片制造工艺从 0.5 μm、0.35 μm、0.25 μm、0.18 μm、0.15 μm、0.13 μm、90 nm、65 nm、45 nm、32 nm、22 nm、20 nm,一直发展到最新的 7 nm(商用)。

与主频密切相关的两个概念:一个是外频,指的是 CPU 与外部(主板芯片组)交换数据、指令的工作时钟频率;另一个是倍频,即主频与外频之比的倍数。早期的 CPU 并没有"倍频"这个概念,那时主频和系统总线的速度是一样的。随着技术的发展, CPU 速度越来越快,内存、硬盘等配件逐渐跟不上 CPU 的速度了,而倍频的出现解决了这个问题,它可以使内存等部件仍然工作在相对较低的系统总线频率下,而 CPU 的主频可以通过倍频来无限提升(理论上)。我们可以把外频看作是机器内的一条生产线,而倍频则是生产线的条数,一台机器生产速度的快慢(主频)自然就是生产线的速度(外频)乘以生产线的条数(倍频)了。

2)内部存储器

内存储器是计算机中重要的部件之一,也称为内存,其作用是用于暂时存放 CPU 中的运算数据,以及与硬盘等外部存储器交换的数据。计算机中所有程序的运行都是在内存储器中进行的,当运算完成后, CPU 才将结果传送出来。可见,内存的性能也决定计算机整体运行的快慢。

按工作原理分类,内存储器有只读存储器(Read Only Memory, ROM)、随机存储器(Random Access Memory,RAM)和高速缓冲存储器(Cache)等类型。在 ROM 制造的时候,信息(数据或程序)就被存入并永久保存,这些信息只能读出,一般不能写入或者修改,即使机器停电,这些数据也不会丢失。RAM 既可以读取数据,也可以写入数据。当机器电源关闭时,存于其中的数据就会丢失。我们通常购买或升级的内存条就是用作电脑的内存,内存条(Single In-Line Memory Module, SIMM)就是将 RAM 集成块集中在一起的一小块电路板,它插在计算机中的内存插槽上,以减少 RAM 集成块占用的空间。Cache 是平常看到的一级缓存(L1 Cache)、二级缓存(L2 Cache)、三级缓存(L3 Cache),它们位于 CPU 与内存之间,是一个读写速度比内存更快的存储器。当 CPU 从内存中写入或读出数据时,这个数据也被存储进 Cache 中。当 CPU 再次需要这些数据时, CPU 就从 Cache 中读取数据,而不是访问较慢的 RAM。

内存的主要参数有容量和内存带宽。容量即该内存的存储容量，常用单位为 KB、MB 和 GB 等。内存带宽是指内存与北桥芯片（Northbridge，是基于 Intel 处理器的个人计算机主板芯片组两枚芯片中的一枚，常用来处理高速信号，通常处理中央处理器、存储器、显卡等与南桥芯片之间的通信）之间的数据传输率。单通道内存节制器一般都是 64 bit 的（双通道内存带宽为 128 bit），8 个二进制位为 1 个字节，换算成字节是 64/8 = 8，再乘以内存的运行频率，如果是双倍数据速率（Double Data Rate，DDR）内存就要再乘 2。以 DDR266 内存为例，它的运行频率为 133 MHz，数据总线位数为 64 bit，由于上升沿和下降沿都传输数据，因此倍增系数为 2，此时带宽为 133 × 64 × 2/8 = 2.1 GB/s（如果是两条内存组成的双通道，那么带宽为 4.2 GB/s）。

3）外部存储器

外储存储器是指除计算机内存及 CPU 缓存以外的储存器，此类储存器一般断电后仍然能保存数据（与内存断电数据就丢失不同）。常见的外存储器有硬盘、软盘、光盘、U 盘等。我们最常用的外部存储器是硬盘，其基本参数有容量、转速、传输速率和硬盘缓存等。常见的硬盘接口有 IDE（Integrated Drive Electronics）、SCSI（Small Computer System Interface）、SATA（Serial Advanced Technology Attachment）和 SAS（Serial Attached SCSI），其中 SATA 和 SAS 接口是目前的主流。目前流行的硬盘为固态硬盘，与传统的机械式硬盘相比，具有读写快速、质量轻、能耗低以及体积小等特点，但其价格仍较为昂贵，一旦硬件损坏，数据较难恢复等。

4）输入设备

顾名思义，输入设备是向计算机输入数据和信息的设备。说得通俗一些，就是人类向计算机发送命令传输信息的设备，是人类控制计算机的工具。常见的输入设备有字符输入设备（键盘）、光学阅读设备（光学标记阅读机、光学字符阅读机）、图形输入设备（鼠标、操纵杆、光笔）、图像输入设备（摄像机、扫描仪、传真机）和模拟输入设备（语言模数转换识别系统）等。

5）输出设备

输出设备是计算机硬件系统的终端设备，用于接收计算机数据的输出显示、打印、声音、控制外围设备操作等，也是把各种计算结果数据或信息以数字、字符、图像、声音等形式表现出来的设备。常见的输出设备有显示器、打印机、绘图仪、影像输出系统、语音输出系统、磁记录设备等。

6）其他设备

其他设备是除了上述几类相关设备外的其他相关设备，用于计算机的功能扩展等。

6.1.2　应用软件

本书选用的编程语言是 Fortran 语言，是为科学、工程问题或企事业管理中的那些能够用数学公式表达的问题而设计的，其数值计算功能较强。Fortran 语言是世界上第一个被正式推广使用的高级语言,至今已有六十多年的历史,但仍历久不衰,仍然是大型工程和科学计算中最常用的语言。Fortran 语言最新版本是 2008 年(ISO/IEC1 539-1: 2010)。Fortran 程序通过被称为“编译器”的程序转换为计算机指令。本书使用的是 Intel 公司出品的一款 Fortran 编译器,即 Intel Fortran 编译器。该编译器兼容 Fortran 77、Fortran 90、Fortran 95、Fortran 2003 全部语法,并支持一部分 Fortran 2008 语法。该编译器提供免费的学生版本,是高校学生编程开发的一个非常不错的选择。另外,也推荐一个适合学生用的免费编译器 GNU Fortran(GFortran)。

Intel Visual Fortran 由 Microsoft PowerStation、Compaq Visual Fortran 等早期编译器发展而来,完全兼容早期编译器的扩展语法及特有使用习惯。Intel 公司借由其独有的 CPU 研发经验,为 Intel Fortran 提供了最优秀的指令级优化,赋予了 Intel Fortran 卓越的计算性能。同时,提供了众多的图形显示、可视化界面、计算函数库、最新的语法支持。图 6-2 展示了基于 Visual Studio 的 Intel Visual Fortran 的编程环境。在这个直观的图形用户界面支持下,可以简单而又高效地编写、编译并执行 Fortran 程序。

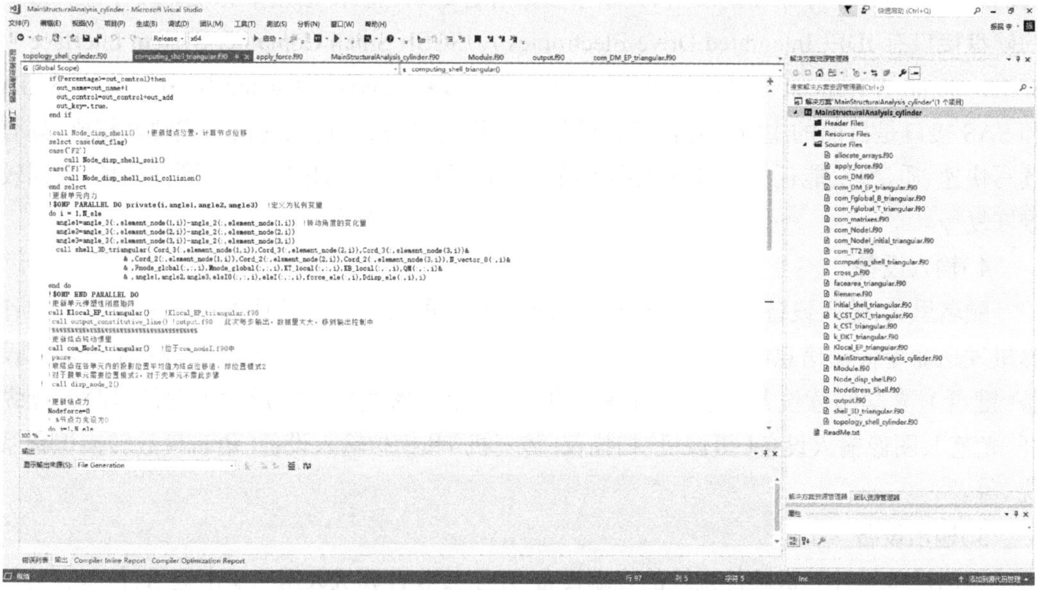

图 6-2 Visual Studio 界面

Visual Studio 是微软公司开发的一款开发平台,内含多种微软出品的编译器产品,比如 VC++、VB.NET 等。除此之外,它还具有一个开放的集成开发环境(Integrated Development Environment, IDE),而我们在使用时,基本只是借用它的 IDE 进行工程管理和环境操作。在 Intel Visula Fortran 和 Visual Studio 的组合使用中,Intel Visula Fortran 提供了 Fortran 编译器、调试器、函数库,而 Visual Studio 提供了链接器、编辑器、IDE VC++ 运行库和开发库。两者的功能关系见表 6-1。

表 6-1　Intel Visual Fortran 和 Visual Studio 的功能组合

软件	组成部分	描述
Intel Visual Fortran	编译器	核心模块，具有 32 bit、64 bit 的差异
	调试器	重要组成部分，具有 32 bit、64 bit 的差异
	函数库	函数库以 Math Kernel Library 为主，具有 32 bit、64 bit 的差异
Visual Studio	链接器	免费产品，也被包含在 Intel Visual Fortran 中
	编辑器	书写代码的部分。高版本的 Visual Studio 提供了 Fortran 的折叠和自动完成功能
	集成开发环境	主要借助的部分，实际上是 nmake 工程管理的可视化版本
	VC++ 运行库和开发库	Intel Visual Fortran 虽然是 Fortran 的编译器，但实现过程使用了不少 VC++ 提供的运行时库

Intel Visual Fortran 和 Visual Studio 的安装方法不做详细介绍，这里仅提出几点注意事项。

（1）Intel Visual Fortran 版本应当小于 Visual Studio 版本。近些年 Intel 公司发布的 Intel Visual Fortran 版本与 Visual Studio 版本的兼容关系见表 6-2。

表 6-2　Visual Studio 和 Intel Visual Fortran 的兼容关系

Intel Visual Fortran		Visual Studio								Windows	
		2003	2005	2008	2010	2012	2013	2015	2017	XP	7/8/10
9.1		√	√	×	×	×	×	×	×	√	×
10.0		√	√	×	×	×	×	×	×	√	×
10.1		√	√	√	×	×	×	×	×	√	×
11.0		√	√	√	×	×	×	×	×	√	×
11.1.048		×	√	√	×	×	×	×	×	√	√
XE2011		×	√	√	√	×	×	×	×	√	√
XE2013		×	×	√	√	√	×	×	×	√	√
	SP1 update1	×	×	√	√	√	√	×	×	√	√
XE2015		×	×	×	√	√	√	×	×	√	√
	update4	×	×	×	√	√	√	√	×	√	√
XE2016		×	×	×	√	√	√	√	×	×	√
XE2017		×	×	×	×	√	√	√	×	×	√
	update4	×	×	×	×	√	√	√	√	×	√
XE2018		×	×	×	×	√	√	√	√	×	√

（2）安装要按照顺序进行，即先安装 Visual Studio 再安装 Intel Visual Fortran。

（3）如果 Visual Studio 没有安装为 Fortran 预备环境的库，则需要安装 C++ 库。因为

Fortran 需要使用 C++ 库，如果 Visual Studio 中没有事先安装这个库，则后续在进行 Visual Studio 的安装时，不能将二者集成在一起。

当两个软件完成配置后，即可在 Visual Studio 里面编写和管理代码，并进行编译。一次简单的使用过程如下。

（1）新建一个工程。运行 Visual Studio，依次点击菜单栏中的“文件（File）”→“新建（New）”→“项目（Project）”，选择希望创建的 Intel Visual Fortran 的工程类型（一般是 Console）。Visual Studio 默认会创建三个文件夹，分别用于存放头文件（header files）、资源文件（resource files）和源代码文件（source files）。一般来说，头文件夹用来存放一些函数库的信息部分（较少使用）。如果不是做 Windows 界面开发的话，资源文件夹也不需要使用。源代码文件存放在源代码中既可。工程创建之后，Visual Studio 会生成 *.vfproj 文件。

（2）生成一个新的程序文件或者导入已有的程序文件。新的程序文件或者导入的程序文件都应放在文件夹中，文件类型为 *.f90。

（3）生成解决方案。实际上，创建工程后，会自动创建一个同名的解决方案，文件类型为 *.sln。编写完程序后，点击“生成（Build）”按钮，选择生成解决方案或者重新生成解决方案。

（4）开始调试和运行程序。可以选择开始调试，查找程序可能存在的错误。对于经过检查的程序，可以选择开始执行（不调试）直接运行程序。其中涉及程序的编译，既可以选择 Debug 格式或者 Release 格式配置解决方案，也可以选择解决方案平台（X64 或者 Win32）。

6.1.3 Fortran 95 程序设计

6.1.3.1 重要语句

1. 流程控制与逻辑运算

Fortran 有两种基本形式的条件语句，分别是 IF 语句和 SELECT CASE 语句。

1）IF 语句

IF 语句由一个程序模块构成。当 IF 中所赋值的逻辑判断式成立时，这个程序块中的程序代码才会执行。IF 语句的形式如下：

```
IF（逻辑判断）THEN
……                    ！逻辑成立时，执行这一段程序代码
ELSE
……                    ！逻辑不成立时，则执行这一段程序代码
END IF
```

IF 语句还有多重判断和多层判断两种形式。多重判断 IF 语句通过 IF 和 ELSE IF 配合，可以一次列出多个条件及多个程序模块，当其中一个条件成立时，对应的程序模块才会被执行。多重判断 IF 语句的形式如下：

```
IF（逻辑判断 1）THEN
```

```
……                    ! 逻辑 1 成立时,执行这一段程序代码
ELSE IF(逻辑判断 2)THEN
……                    ! 逻辑 2 成立时,执行这一段程序代码
ELSE IF(逻辑判断 3)THEN
……                    ! 逻辑 3 成立时,执行这一段程序代码
ELSE
……                    ! 前面所有逻辑都不成立时,则执行这一段程序代码
END IF
```

多层判断 IF 语句也称多层 IF 语句,是 IF 语句的嵌套使用。只有当第一层的逻辑判断成立时,才能执行第 2 层的 IF 语句的程序代码。多层判断 IF 语句的形式如下:

```
IF(逻辑判断 1)THEN            ! 第 1 层 IF 语句开始
  IF(逻辑判断 2)THEN          ! 第 2 层 IF 语句开始
    IF(逻辑判断 3)THEN        ! 第 3 层 IF 语句开始
    ELSE IF(逻辑判断 4)THEN   ! 第 3 层 ELSE IF 语句开始
    ……
    ELSE          ! 第 3 层 ELSE 语句开始
    ……
    END IF        ! 第 3 层 IF 语句结束
  ELSE IF(逻辑判断 5)THEN     ! 第 2 层 ELSE IF 语句开始
  ……
  END IF          ! 第 2 层 IF 语句结束
ELSE IF(逻辑判断 5)THEN       ! 第 1 层 ELSE IF 语句开始
……
END IF          ! 第 1 层 IF 语句结束
```

2)SELECT CASE 语句

SELECT CASE 语句是更简洁的多重判断语句。当满足 CASE 中的变量时,就会执行其中程序代码。SELECT CASE 语句的形式如下:

```
SELECT CASE(变量或者表达式)      ! 变量或者表达式用于判断
CASE(取值选项 1)
……                  ! 变量或者表达式为取值选项 1 时,执行此程序段
CASE(取值选项 2)
……                  ! 变量或者表达式为取值选项 2 时,执行此程序段
CASE DEFAULT
……                  ! 变量或者表达式不满足任何取值选项时,执行此程序段
END SELECT
```

2. 循环

循环用于自动重复执行某一段代码,存在两种执行格式。一种是固定重复程序代码 *n* 次,称为 DO 语句;另一种是不固定重复几次,一直执行到出现跳出循环的命令为止,称为 DO WHILE 语句。

1)DO 语句

DO 语句的形式如下:

```
DO i=1,n,1   ! i 为计数器,最后一个数字是计数器的增值,默认为 1
    ……       ! 被重复执行的程序语句
END DO       ! 循环结束语句
```

2)DO WHILE 语句

DO WHILE 语句通过一个逻辑运算来决定循环是否终止。DO WHILE 语句的形式如下:

```
DO WHILE(逻辑运算)   ! 逻辑运算成立时,会一直重复执行循环
    ……       ! 被重复执行的程序语句
END DO       ! 循环结束语句
```

与上述循环相关的命令有两个:CYCLE 和 EXIT。CYCLE 命令可以略过循环的程序模块,及 CYCLE 命令后面的所有程序代码,跳回循环的开头,进行下一次循环。EXIT 的功能是可以直接"跳出"一个正在运行的循环。这两个命令在 DO 循环和 DO WHILE 循环中都可以使用。在 DO 循环中使用的形式如下:

```
DO i=1,n,1   ! i 为计数器,最后一个数字是计数器的增值,默认为 1
    ……       ! 被重复执行的程序语句
IF(逻辑运算)EXIT   ! 逻辑运算成立时,会跳出循环
    ……       ! 被重复执行的程序语句
END DO       ! 循环结束语句
```

和

```
DO i=1,n,1 ! i 为计数器,最后一个数字是计数器的增值,默认为 1
    ……       ! 被重复执行的程序语句
IF(逻辑运算)CYCLE   ! 逻辑运算成立时,会回到循环的开头
    ……       ! 被重复执行的程序语句
END DO       ! 循环结束语句
```

6.1.3.2 数据及数组

Fortran 提供五种数据类型,分别为整数(INTEGER)、浮点数(REAL)、复数(COMPLEX)、字符(CHARACTER)和逻辑判断(LOGICAL)。所谓数据类型是指使用 Fortran 在计算机内存中记录文本、数值等数据的最小单位和方法。我们应该关注数据类型,特别是浮点数的精度,它常常关系到整个计算的精度。

1. 数据类型

1）整数（INTEGER）

整数分为长整型和短整型。长整型可以保存的数值范围为 $-2^{31}+1\sim2^{31}$，而短整型保存的数值范围为 $-2^{15}+1\sim2^{15}$。

2）浮点数（REAL）

浮点数分为单精度和双精度。单精度最大有效位数为 7 位，可记录的最大数值为 $\pm3.4\times10^{38}$，最小数值为 $\pm1.18\times10^{38}$。双精度最大有效位数为 16 位，可记录的最大数值为 $\pm1.79\times10^{308}$，最小数值为 $\pm2.23\times10^{-308}$。

3）复数（COMPLEX）

点数是以 $a+bi$ 的形式表示的数值。复数中的实部 a 和虚部 b 其实是用两个浮点数记录的，因此也有单精度和双精度两种类型。

4）字符（CHARACTER）

字符即文本。字符类型可以记录从键盘输入的任何信息，不论是数字、文本，还是特殊符号。记录一个字符需要一个字节的存储空间，记录 n 个字符长度的字符串则需要 n 个字节的存储空间。

5）逻辑判断（LOGICAL）

逻辑判断只能存储“是”（TRUE）和“否”（FALSE）两种逻辑结果。在二进制中，通常以 1 表示“是”，以 0 表示“否”。

2. 数组

数组是一种使用内存的方法，可以用来配置一大块内存空间。根据程序运行过程中，数组配置的内存空间大小是否变化分为动态数组和静态数组。数组也是一种使用数据方法，可保存多个数值。在处理大量数据时，数组是不可缺少的工具。数组在定义时可以不指定大小，但必须定义类型。

1）静态数组

静态数组的大小需要在程序编译时指定，并且在程序运行过程中不再改变。Fortran 允许声明高达七维的数组，但是使用多维数组（三维及以上）时，很容易把坐标位置搞混，应该充分注意或者避免多维数组的使用。以整数型数组定义为例，程序语句如下：

```
INTEGER a(D1,D2,…,Dn)    ! n 维数组
a(I1,I2,…,In)    ! 使用 n 维数组时，要给 n 个坐标值
```

2）动态数组

动态数组的大小不必在程序编译时指定，而可以在某些数据已录入程序或已求出中间结果后再进行内存大小的“分配”。

使用可变大小数组要经过以下两个步骤。第一步是声明数据类型和维度，声明时要加上 ALLOCATABLE，数组的大小不用赋值，使用一个冒号“:”即可代表它是一维数组。程序语句举例如下：

```
INTEGER, ALLOCATABLE : : a( : )    ! 定义一维可变大小的数组
```

第二步是声明完成后,在程序中通过 ALLOCATE 命令到内存中为可变大小数组配置足够的空间,之后即可开始使用,程序语句如下:

```
ALLOCATE a(9)   ! 定义为 1*9 数组
```

3. 数组的操作

1)对整个数组的操作

Fortran 允许使用一个简单的命令来操作整个数组。下面直接举几个实例来说明(同时操作不同数组时应注意其相容性)。

```
a = 5
```

其中,a 是任意维数和大小的数组。上述命令把数组 a 的每个元素的值都设置为 5。

```
a = b
```

其中, a 跟 b 是同样维数及大小的数组。上述命令会把数组 a 同样位置元素的内容设置成和 b 一样。

```
a = b + c
```

其中,a、b、c 是同样维数及大小的数组。上述命令会把数组 b 及 c 中同样位置的数值相加,得到的数值再放回数组 a 的同样位置中。

```
a = b*c
```

其中,a、b、c 是同样维数及大小的数组。上述命令会把数组 b 及 c 中同样位置的数值相乘,得到的数值再放回数组 a 的同样位置中。这里应该与矩阵相乘区分。

```
a=sin(b)
```

其中, a 跟 b 是同样维数及大小的数组。上述命令会使数组 a 的每个元素为数组 b 元素的正弦值。

2)对部分数组的操作

Fortran 也提供数组部分元素的操作功能,此时主要注意操作数组部分元素的数量。同样以几个实例来说明。

```
a(2:7)= 5
```

上述命令把数组 a 的第二到第七个元素内容设置为 5,其他值不变。

```
a(1:5:2)= 5
```

上述命令设置 a(1)、a(3)和 a(5)三个内容为 5。

```
a(:, :)= b(:, :,1)
```

上述命令假设数组 a 声明为 integer a(5, 5)、数组 b 声明为 integer b(5, 5, 3)。等号右边 b(:, :,1)是取出 b(1~5,1~5,1)这 25 个元素,放到数组 a 的对应位置上。

6.1.3.3 函数的使用

函数包括子程序(SUBROUTINE)、自定义函数(FUNCTION)、内部函数和外部函数,常常是独立于主程序的一段具有特定功能的程序代码或者命令。在程序代码中,如果某一个功能或者某一段程序被重复使用或者经常被使用,可以处理为函数,简化代码主体,提高程序编写效率和正确率。

1. 子程序的使用

程序编写过程中,可以把某一段常用的程序代码独立编写,封装为子程序。在主程序中或者其他程序中,只要经过调用的 CALL 命令就可以执行子程序。一个包含子程序的 Fortran 程序形式大致如下:

```
PROGRAM main        ! 主程序
……      ! 主程序代码
END PROGRAM main       ! 主程序结束

SUBROUTINE sub1( )      ! 第 1 个子程序
……      ! 子程序代码
END SUBROUTINE sub1       ! 第 1 个子程序结束

SUBROUTINE sub2( )      ! 第 2 个子程序
……      ! 子程序代码
END SUBROUTINE sub2       ! 第 2 个子程序结束
```

子程序的程序代码以 SUBROUTINE 开头,需要取一个名称以方便调用,以 END 或 END SUBROUTINE 结束。子程序最后一个命令通常是"RETURN",表示返回原来调用它的地方来继续执行程序。RETURN 命令可以省略。

子程序可以在程序的任何地方被别人调用,甚至可以自己调用自己。不同程序之间可以各自独立拥有属于自己的变量声明及自己的行代码定义。在调用子程序时,可以同时传递一些变量数据过去让它处理,这个操作叫作传递参数。Fortran 在传递参数时使用的是传址调用,即调用时所传递出去的参数和子程序中接收的参数会使用相同的内存地址来记录数据。

2. 自定义函数的使用

自定义函数是由程序员自主设计和定义的程序段,其运行和子程序只有以下三点不同。

(1)调用自定义函数前要先声明。举例如下:

```
REAL,EXTERNAL: : fun1 !
```

声明 fun1 是个函数而不是变量。

(2)调用函数时不必使用 CALL 命令。

(3)自定义函数执行后会返回一个数值。

3. 内部函数的使用

为实现整个数组的算术运算, Fortran 提供了一些非常有用的内部函数,也称为库函数。这些内部函数主要分为两类,一类用于数组计算,另一类用于数组检查。

常见的用于数组计算的函数如下:

```
MATMUL( a,b )      ! 返回 a 与 b 的乘积矩阵
DOT_PRODUCT( a,b )      ! 返回 a 与 b 的点积
```

TRANSPOSE(a) ！返回 a 的转置矩阵
PRODUCT(a) ！返回 a 中所有元素的积
SUM(a) ！返回 a 中所有元素的积
ABS(a) ！返回 a 的绝对值

常见的用于数组检查的函数如下：

MAXVAL(a) ！返回 a 中最大值元素
MINVAL(a) ！返回 a 中最小值元素
MAXLOC(a) ！返回 a 中最大值元素的位置
MINLOC(a) ！返回 a 中最小值元素的位置
LBOUND(a,1) ！返回 a 第一个下标的下界
UBOUND(a,1) ！返回 a 第一个下标的上界

更多库函数可查看彭国伦的《Fortran 95 程序设计》附录 A。

4. 外部函数的使用

Fortran 语言还有第三方提供的函数库，可以用来扩展软件的容量或提高处理速度。

(1)IMSL 函数库。IMSL 函数库是一套在数值方法上经常被使用的商业链接库，某些编译器会内附 IMSL 函数库。IMSL 函数库提供的函数较多，包括处理线性系统、非线性系统、微积分、微分方程、插值时会使用到的各种函数。

(2)MKL 函数库。MKL 函数库是英特尔公司提供的一个数学核心函数库，提供经过高度优化和大量线程化处理的数学例程，面向性能要求极高的科学、工程及金融等领域。MKL 提供 Fortran 和 Fortran 95 的使用支持，但仅支持 Intel 自家旗下的 CPU。

6.1.3.4 结构化程序设计

结构化程序设计是目前程序设计常用的一种概念，其定义可查看迪杰斯特拉(Dijkstra)的论述。结构化程序设计的主要特点是通过“层次分明”的嵌套结构来表现的。因此，在检查程序代码时，可以把它们分成不同的程序模块，可以使用结构图而不是流程图来描述程序的结构。以一个矩阵相乘为例，其结构图如图 6-3 所示。

这种结构图的组成部分如下。

(1)模块。同一模块的代码，执行顺序都是由上向下一行一行来执行。

(2)选择。对应于 6.1.3.1 节所介绍的流程控制与逻辑运算语句，包括 IF 语句和 SELCET CASE 语句。遇到流程控制与逻辑运算时，也是以模块为单位来执行程序代码。

(3)循环。对应于 6.1.3.1 节所介绍的循环语句，即 DO 语句和 DO WHILE 语句。遇到循环时，也是以模块为单位来重复执行程序代码。

这里还介绍一个结构化程序设计中常用的 MOULDE 语法。MOULDE 的功能有：①声明变量，经常用来声明程序中所需要的常量或是用来存放的全局变量；②可以定义自定义类型；③可以编写函数。MOULDE 的语句形式如下：

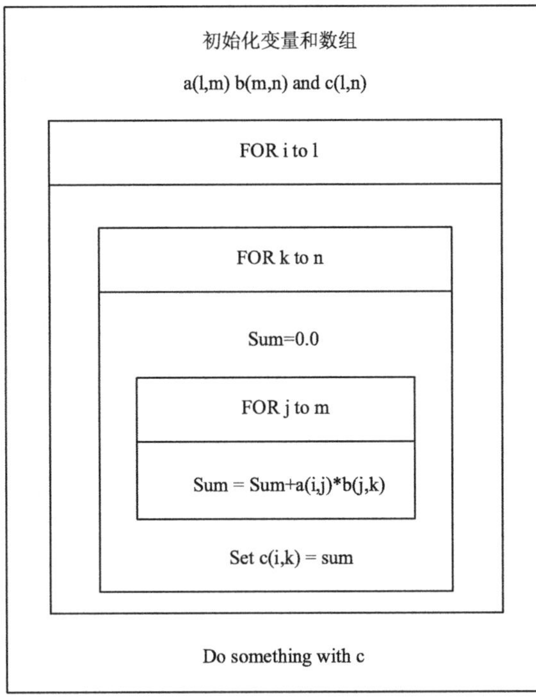

图 6-3　矩阵相乘的结构图

```
MOULDE moulde_name   ！确定 MOULDE 名称
……
END
```

在函数中使用 MOULDE 时，要在开始声明之前就使用 use moulde_name 的描述来使用某一个 MOULDE。更多详细介绍和高级用法请查阅彭国伦的《Fortran 95 程序设计》。

6.2　向量式有限元的计算机实现与程序验证

6.2.1　向量式有限元的计算机实现

6.2.1.1　功能模块设计

以本书第 7 章开发的海上电气平台非线性分析软件为例，介绍向量式有限元的计算机实现方法。软件的核心求解模块基于本书第 1 篇的梁单元理论，考虑第 2 篇第 5 章中的材料非线性问题，运用的计算机语言为第 6 章介绍的 Fortran 语言。

如图 6-4 所示，该软件还包括其他六个功能模块：前处理模块、单元划分模块、载荷等效模块、约束等效模块、核心求解器模块与后处理模块。前处理模块和后处理模块可以用 MATLAB 软件或者 C++ 语言编写，它们能够实现较强的可视化以及交互式程序设计。

前处理模块和后处理模块实现的部分可以称为整个计算机程序的前端程序，而 Fortran 编写的核心求解模块的部分则可称为后端程序。上述六个模块的具体功能如下。

(1)前处理模块用于将海上电气平台结构的模型、载荷参数文件导入前端程序中。

(2)单元划分模块用于对结构模型进行网格划分与面元处理,以满足向量式有限元计算的要求。

(3)载荷等效模块用于将载荷等效为作用于模型各结点的载荷,以满足向量式有限元计算的要求。

(4)约束等效模块用于根据输入的约束设置参数,处理约束结点处的约束形式与计算方法。

(5)核心求解模块用于对等效处理后的结构模型进行向量式有限元方法的计算。

(6)后处理模块用于对核心求解模块输出的结果文件进行处理,如输出文件、图像等。

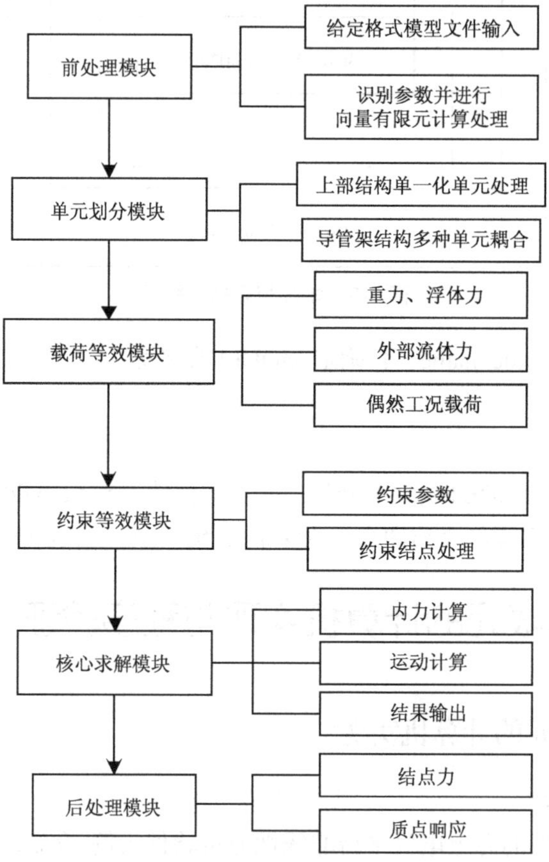

图 6-4 功能模块设计

软件设计的一个简单主界面如图 6-5 所示。用户开展模型计算时只需要应用前端程序的主界面即可。这里涉及两个技术问题:一个是编译器的高级功能——链接器(link),它用来把 6.1.2 节所述的编译器(compiler)所生成的目的文件(*.OBJ)链接成最后的可执行文件(*.exe);另一个是前端程序调用可执行文件并实现参数传递和数值计算。

如图 6-4 所示,前处理模块和后处理模块与核心求解模块属于串联关系,参数传递可以通过以下两种方式进行。

（1）数据保存在前端程序所占用的内存中，然后直接传递给可执行文件。这种数据传递方式速度比较快，但是如果关闭前端程序前没用保存，那么文件会丢失。

（2）将前端程序的数据写入指定文件路径的文件中，然后调用可执行文件，当可执行文件运行时到指定文件路径读入指定的文件。这种方法比较复杂，需要多设置硬盘空间来中转数据，但是这种方法对数据保存有利，特别是可执行文件执行过程中输出的计算结果可以保存到同样的文件路径，然后提供给前端程序用于后处理分析。

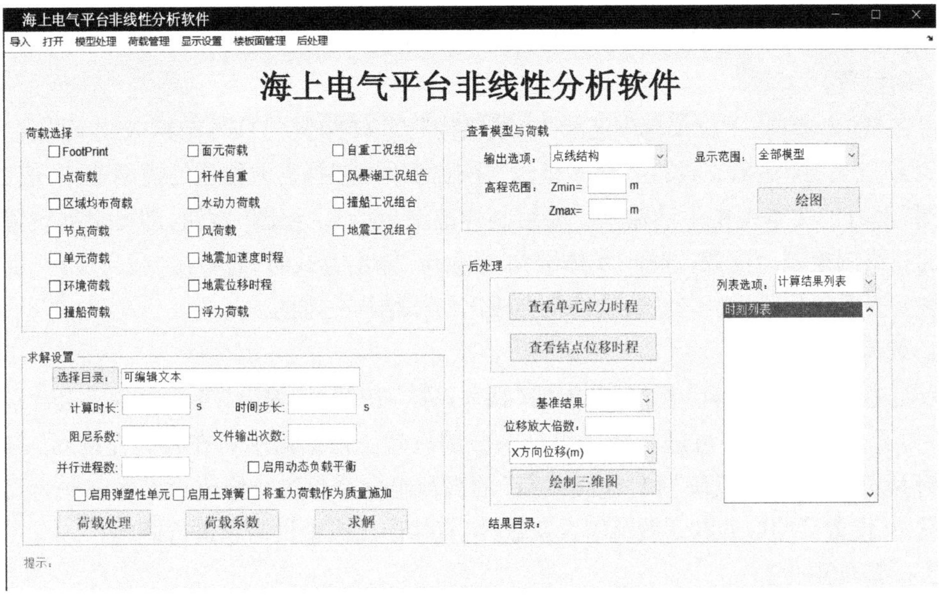

图 6-5　软件设计主界面示例

6.2.1.2　各模块使用方法

下面仍然以图 6-5 所示的海上电气平台非线性分析软件为例，介绍几个模块的使用方法。

1. 模型文件前处理

1）模型文件的导入

进入初始界面之后，点击菜单栏中的“导入”→“模型文件”，选择模型结构 Excel 文件或者 txt 文件（点线模型）进行导入，导入成功时，提示栏会提示“模型读取与处理完毕，请进行下一步操作”。

点击菜单栏中的“模型处理”→“读入壳单元板信息”，选择模型结构 Excel 文件或者 txt 文件（点线模型）进行导入，导入成功时，提示栏会提示“板件结点顺序调整完成，请进行下一步操作”。

点击菜单栏中的“模型处理”→“桩土耦合超单元计算”，计算完成后，提示栏会提示“桩土耦合超单元计算完成，请进行下一步操作”。

点击菜单栏中的“导入”→“楼面板数据 mat 文件”，选择“海上电气平台各层甲板面信息 -3”文件进行导入，导入成功时，提示栏会提示“楼面板数据加载完成，请进行下一步操作”。

点击菜单栏中的“导入”→“载荷文件”，选择模型载荷 Excel 文件（载荷数据）进行导入，导入成功时，提示栏会提示“所有载荷读取完毕，请进行下一步操作”。

2）载荷处理

导入载荷数据后，需要对载荷进行处理。直接点击主界面“求解设置”中的“载荷处理”按钮，程序将自动根据向量式有限元方法计算要求对导入的载荷进行处理。

3）模型与载荷绘图

导入模型与载荷文件后，可在主界面的“查看模型与载荷”部分中进行模型与载荷三维图的绘制设置。

可在“输出选项”下拉菜单中选择“点线结构”“实体结构”“实体结构 & 载荷”或“点线结构 & 结点力”的输出方式；在“显示范围”下拉菜单中选择需要绘制的模型范围，或在“高程范围”部分的文本框中手动输入需要绘制的范围。点击“绘图”按钮，即可根据设置进行模型的三维图绘制。注意：选择“实体结构 & 载荷”输出方式时，需要在“载荷选择”部分中勾选想要查看的载荷，如不勾选，软件只会输出实体结构三维图。

4）载荷系数设置

点击主界面的“求解设置”部分中的“载荷系数”按钮，会弹出“各工况载荷组合系数设置”子界面，在此界面中可进行载荷组合系数的设置。根据需求可在界面左框对“自重载荷”“环境载荷”“撞船载荷”和“地震载荷”的载荷组合系数进行修改。界面右框为几种常见工况，并设置了相应的默认载荷组合系数，可直接使用或根据需求进行调整。

2. 计算参数设置

1）载荷选择

根据求解计算需求，在主界面的“载荷选择”部分中勾选需要计算的载荷，也可以按给定的四种组合工况进行勾选，选中工况组合后，会自动勾选相应载荷。

需要注意的是，需要进行地震载荷的计算时，“地震加速度时程”与“地震位移时程”两种加载方式应仅选择其中一种。

2）求解设置

可根据求解计算需求，在主界面的“求解设置”部分中进行向量式有限元求解相关参数的设置。

（1）选择目录：点击“选择目录”按钮后，可选择求解后结果文件输出的目录位置。需要注意的是，选择的结果目录路径不能包含中文字符。

（2）计算时长：根据需要设定计算的物理时长，单位为 s。

（3）时间步长：根据需要设定计算的时间步长，单位为 s，一般采取 1.0×10^{-5} 的量级以保证计算的收敛与精确。

（4）阻尼系数：用户根据需要设定计算的阻尼系数。在静力计算时一般采用 0.3~0.5 的阻尼系数。如 1.3.3 节所述，在进行动力计算时，需要根据结构具体情况设置相应的阻尼系数。阻尼系数设定较大时，运算快速收敛，相应的计算时长就可以缩短，减小计算量。

(5)文件输出次数:根据需要设定计算的结果文件输出次数。输出次数不应大于计算时长与时间步长之比(一般为 100~300)。

(6)并行进程数:为进行计算时所需要调动的处理器核数,应为大于 0 的整数,可根据自身计算机配置与计算需求进行设置。

(7)启用动态负载平衡:若勾选此项,则在进行并行进程计算时,程序会自动分配多个处理器的负载。若并行进程数设置为 1 时,不需要勾选此项。

(8)启用弹(塑)性单元:若勾选此项,结构单元将视为弹(塑)性单元进行计算;若不勾选,则仅按照弹性单元进行计算。

(9)启用土弹簧:若勾选此项,结构支撑点将根据设置的土弹簧刚度矩阵视为土弹簧约束结点进行计算;若不勾选,则视为固支端进行计算。如更改土壤参数,则可在"模型处理"菜单中点击"桩土耦合超单元"进行桩土刚度矩阵的更新。

(10)将重力载荷作为质量施加:若勾选此项,则将重力载荷转换为质量,同时加载竖向加速度,保留重力载荷导致的结点力矩作用。在进行动力计算时,可根据需求进行勾选。

4. 向量式有限元求解

在进行计算参数设置后,点击"求解"按钮,程序会自动打开由 Fortran 语言编写的核心求解程序"Solver.exe"进行计算。当求解程序界面提示"Fortran Pause"时,按【Enter】键可使其继续。程序每读取部分参数后都会暂停。设置该暂停的目的是为了在求解运行前,可以时刻检查程序读取是否出错,以及相应设置是否正确。

读取全部参数后,程序会提示"开始时间循环"并开始进行迭代计算。同时,在计算过程中,程序会定期显示计算已进行的物理时长、实际计算时间以及完成计算预估时间,方便用户查看,如图 6-6 所示。

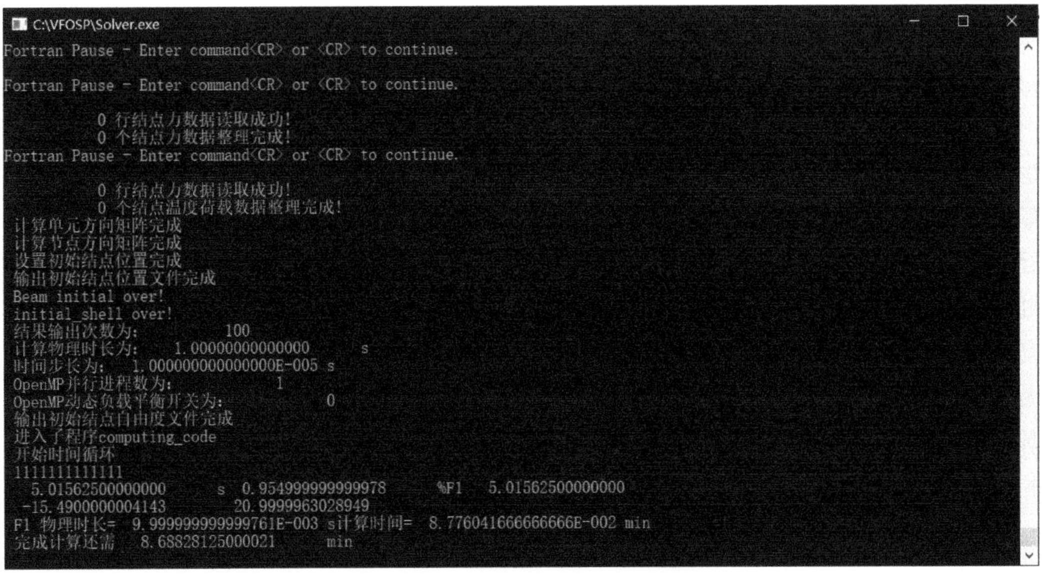

图 6-6　求解程序开始进行计算

在计算结束后，“Solver.exe”程序会自行关闭，计算所输出的文件均已保存在设定的结果目录下，以便于进行后处理。

5. 后处理

1)结果文件导入

计算结束后，点击“后处理”菜单中的“选择结果目录”，选择设定的结果目录路径，程序会自动对计算结果文件进行导入。导入结束后，程序主界面的“后处理”部分中会显示相应的结果文件目录以及计算结果文件的列表。

2)质点位移 - 时间曲线提取

在导入结果文件后，可以在“基准结果”下拉菜单中选择所需的基准结果编号，程序会将该步结果设置为基准结果，全部位移都会输出为相对于基准结果时刻的相对位移。点击“后处理”菜单中的“提取结点位移 - 时间曲线”，程序将根据全部结果文件提取结构各质点的位移 - 时间曲线，所提取的文件将自动保存至结果目录。当需要查看某一结点的位移 - 时间曲线时，在“列表选项”下拉菜单中选择“结点列表”，之后选择相应的结点，点击“查看结点位移时程”按钮，程序会自动绘制该结点的位移 - 时间曲线。

3)单元应力 - 时间曲线提取

点击“后处理”菜单中的“提取单元应力 - 时间曲线”选项，程序将根据全部结果文件提取结构各单元的应力 - 时间曲线，所提取的文件将自动保存至结果目录。当需要查看某一结点的位移 - 时间曲线时，在“列表选项”下拉菜单中选择“单元列表”，之后选择相应的结点，点击“查看单元应力时程”按钮，程序会自动绘制该单元的应力 - 时间曲线。

4)利用其他软件进行后处理

可以根据需求，选择结果目录下对应的结果文件，将其导入 Excel、Origin 等软件对结果进行处理。

6.2.2 向量式有限元梁单元的程序验证

6.2.2.1 星形穹顶结构

图 6-7 所示的星形穹顶由 24 根杆件组成的桁架结构，杆件长度参数如图所示，材料特性为：杆件面积 $A = 0.1\ \text{cm}^2$，弹性模量 $E = 2.034 \times 10^7\ \text{N/cm}^2$，屈服应力 $\sigma_y = 2 \times 10^4\ \text{N/cm}^2$。穹顶顶部 1 号点作用有向下集中载荷，底部 6 个支座均为铰接。清华大学吴可伟对该空间桁架结构进行了弹(塑)性大位移分析，本书采用向量式有限元方法进行计算，二者结果如图 6-8 所示。可以看到程序计算结果与已有文献计算结果误差较小。可以看出，使用位移控制法计算所得结果与文献计算结果存在一定误差，其原因可能是文献中未给出杆截面形状。本书程序中默认使用管型截面进行计算，因此在截面惯性矩等属性上与文献中计算数据存在误差，最终导致计算结果存在误差。但计算结果与文献中的载荷 - 位移曲线形式基本一致，可以认为计算结果准确性较好。

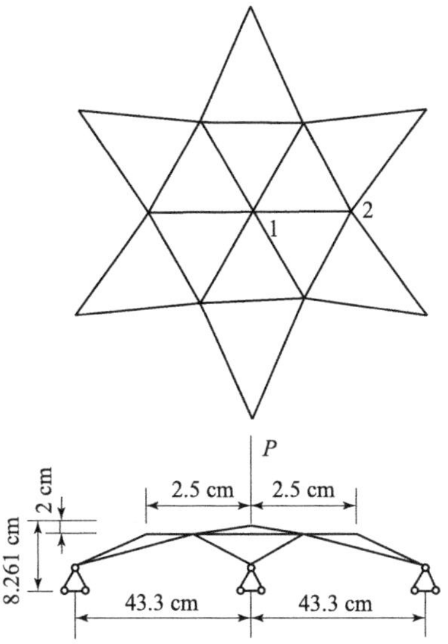

图 6-7　星形穹顶结构示意图

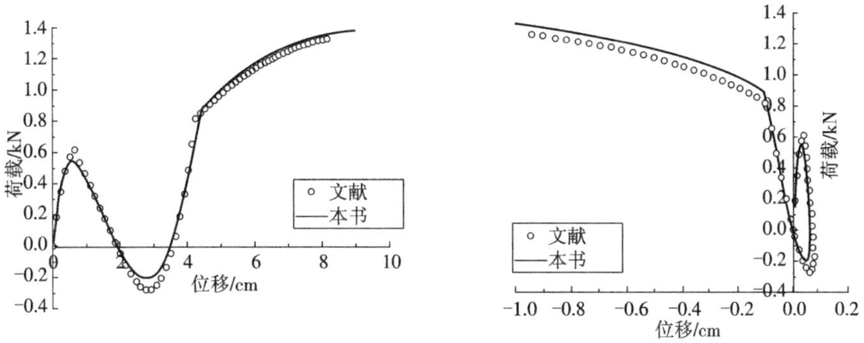

(a)　(b)

图 6-8　星形穹顶结构计算结果对比

(a)结点 1 载荷 - 竖向位移曲线　(b)结点 2 载荷 - 竖向位移曲线

6.2.2.2　六角空间刚架结构

图 6-9 所示的六角空间刚架结构是由 18 根杆件组成的桁架结构,杆件几何参数与材料参数如图所示。结构顶部作用有向下集中载荷,底部 6 个支座均为固支。

清华大学吴可伟采用与纤维梁单元近似的方法,将所有杆件取 4 个单元,每个单元上具有 9 个积分截面,杆端截面划分成 12×12 个纤维单元,以 Fotran 95 为平台编制了空间杆系结构弹(塑)性大位移分析程序,分别对弹性与塑性情况进行计算。本书程序采用向量式有限元纤维梁单元方法进行计算,每根杆件取 4 个单元,每个单元上具有 9 个积分截面,杆端截面划分成 6×6 个纤维单元,计算结果如图 6-10 所示。从图中可以看出,计算结果与文献基本一致。基于以上算例,可以充分证明向量式有限元方法以及弹(塑)性纤维梁单元模型的准确性与可靠性。

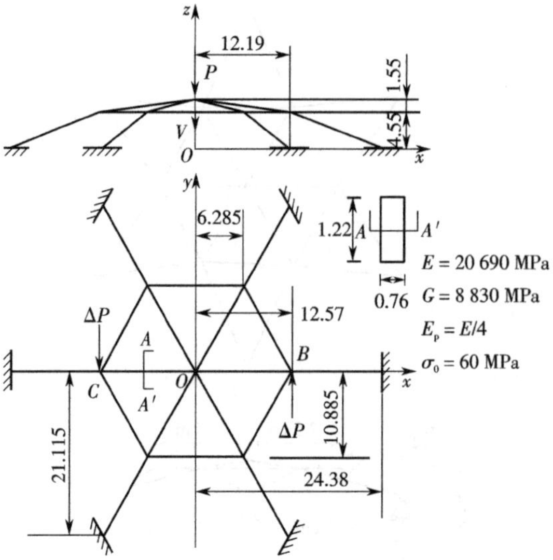

图 6-9　六角空间刚架模型示意

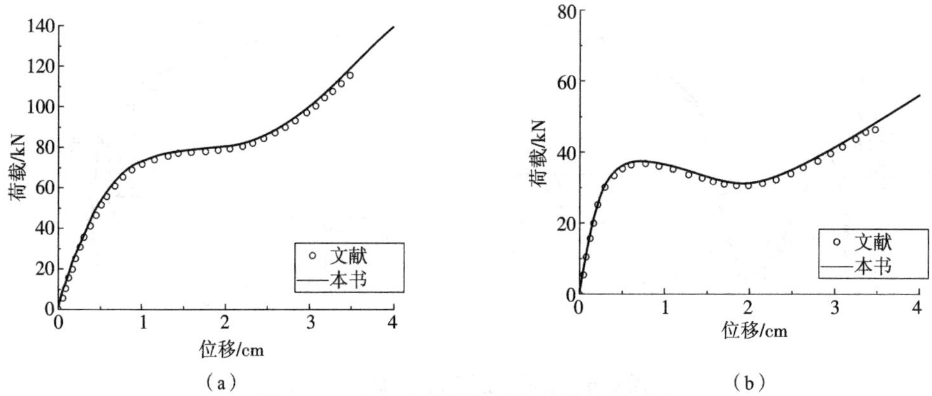

图 6-10　六角空间刚架结构计算结果对比

(a)弹性　(b)塑性(σ_0 = 60 MPa)

6.2.3　向量式有限元壳单元的程序验证

计算的案例是轴向冲击下圆柱壳的动力屈曲和后屈曲。圆柱壳的半径 $R = 0.1$ m、轴向长度 $L = 0.5$ m、厚度 $t_a = 2.0$ mm，初始底端固定，顶端仅有轴向自由度并按强制性位移控制形式进行加载。位移加载深度为 40 m/s，加载方向为轴向向下(压缩)。壳体的弹性模量 $E = 201$ GPa、泊松比为 0.3、密度为 7 850 kg/m^3；采用三角形薄壳单元将圆柱壳分成轴向 32 个单元、周向 40 个单元，共计 2 560 个单元和 1 320 个结点。网格方案和计算结果如图 6-11 所示。本书计算结果同 ABAQUS、王震论文的计算结果吻合较好：在第二次屈曲发生之前，三种方法的计算结果的载荷 - 位移曲线几乎重合；由于第二次屈曲载荷有所差异，导致向量式有限元的计算结果有比较明显的波动，不过其趋势与 ABAQUS 保持一致。

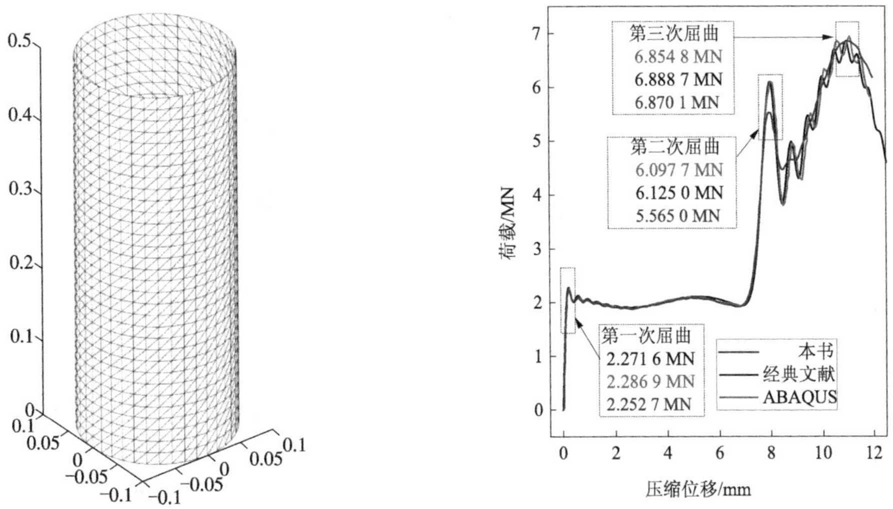

(a)　(b)

图 6-11　轴向受压圆柱壳验证

(a)网格方案　(b)顶端总轴压载荷 - 位移曲线

6.3　高性能计算技术实现

由于向量式有限元方法不生成矩阵，只对各结点、单元分别进行计算，其计算过程能够被分解为并发执行离散片段，比较适合使用并行计算来提高计算速度，扩大问题求解规模，解决大型而复杂的计算问题。简单来讲，并行计算就是同时使用多个计算资源来解决一个计算问题。其基本思路是：①将一个计算问题分解为一系列可以并发执行的离散部分；②每部分进一步分解为一系列离散指令；③每部分指令在不同处理器上同时执行；④通过一个总体的控制 / 协作机制来负责对不同部分的执行情况进行调度。计算所面临的一大挑战是开发一套可用于有效硬件的代码，但由于存在各种不同的硬件构架，并行编程不是一件容易的事情。

目前主要有两个系列的并行结构可以被识别：①内存共享结构（shared-memory architecture），是基于一组可访问共同内存的处理器，这种架构的计算机使用对称多处理（Symmetric Multi Processing，SMP）机器指令，即对称多进程；②分布式内存结构（distributed-memory architecture），指每个处理器拥有私有内存，处理器之间通过消息（messages）进行信息交换。集群（clusters）通常被用于这类计算设备。OpenMP 并行技术和 MPI（Message Passing Interface，信息传递接口）并行技术是目前主流的并行编程技术，它们分别适用于内存共享结构和分布式内存结构。二者还可以混合使用。下面将对两种并行编程技术进行简要概述，介绍它们在向量式有限元计算中的实现过程，并分析并行的效率。

6.3.1　并行技术简介

6.3.1.1　OpenMP 并行技术

从计算机硬件的角度来讲,当前所有的单机(例如常见的个人电脑)都可以认为是并行计算。图 6-12 为 IBM 公司生产的一款 18 核 16 个 L2 缓存单元的计算芯片,包含多功能单元(L1 缓存、L2 缓存、分支、预取、解码、浮点数、图形处理器、整数等)、多执行单元 / 内核和多硬件线程。对于单机而言,其内存设计往往是共享的,允许所有处理器以全局寻址的方式访问所有的内存空间。这意味着, OpenMP 并行技术编写的并行程序应该能够在绝大多数支持多线程的单机上运行。这对于想要充分利用并行计算技术的普通计算机用户来说是十分便捷的。

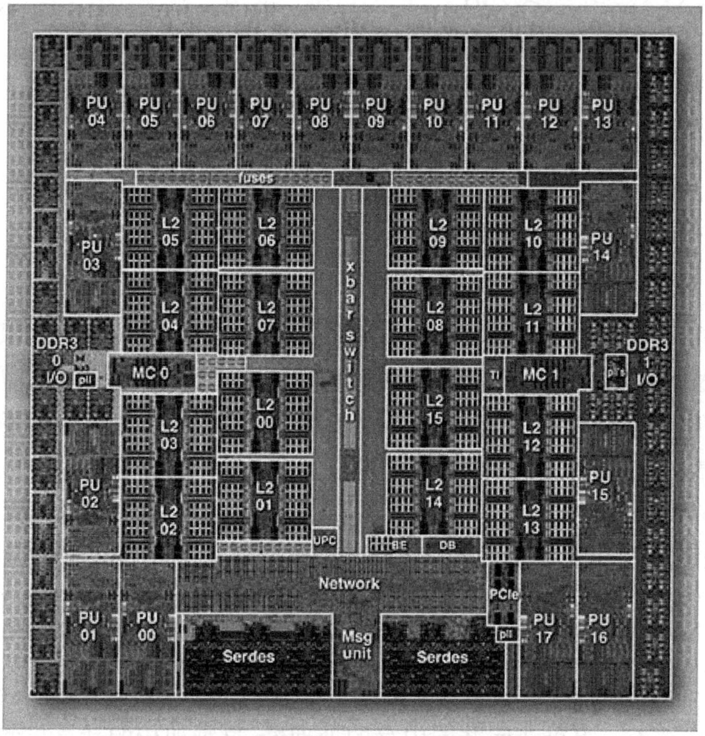

图 6-12　IBM BG/Q 18 核 16 L2 缓存的计算芯片

OpenMP 是由 OpeMP 体系结构评审委员会牵头提出的,并已被广泛接受。OpenMP 支持的编程语言包括 C、C++ 和 Fortran,支持 OpenMP 的编译器包括 GNU Compiler 和 Intel Compiler 等。在 Intel Compiler 中,只需在程序代码的开头调用 OpenMP 库(USE OMP_LIB)即可在程序任意位置使用 OpenMP 的语句。OpenMP 提供了对并行算法的高层抽象描述,只需要在程序代码中加入专用的语句表达自己的意图,编译器就可以自动将程序并行化。这种高层抽象的并行描述降低了并行编程的难度和复杂度,因此也受到程序员的欢迎。值得一提的是,OpenMP 的专用语句可以被选择忽略或者编译器不支持 OpenMp 时,程序又可退化为通常的串行程序,不会影响代码的正常运作。下面将对本书程序代码中常用的

OpenMP 专用语句进行简要说明，并提示 OpenMP 并行技术运用时需要注意的同步互斥及通信问题。

OpenMP 最重要的指令就是定义并行区域。所谓的并行区域，是指程序员期望被多线程并行执行的程序模块。并行区域由两个指令组成的指令对实现，分别为创建和关闭，指令对之间的程序代码即为并行区域，例如：

```
! $OMP PARALLEL          ! 指令对开头，并行区域创建
WRITE( *,* ) "Hello"      ! 并行执行的模块
! $OMP END PARALLEL       ! 指令对结尾，并行区域关闭
```

对于上述例子，指令对之间的代码会被指定的所有线程（由 CALL OMP_set_num_threads(n)指定）分别执行。如果并行区域之外还有代码，它们只会由单一线程执行，称为串行区域。图 6-13 展示了上述例子的运行方式。当正在执行串行区域的线程遇到并行区域时，它将创建一组新线程，自身成为其中的主线程。主线程是线程组中的一员，也参与执行计算。并行区域的每个线程都有唯一的线程编号，编号从 0 到 n。其中 0 为主线程，n 为线程总数。

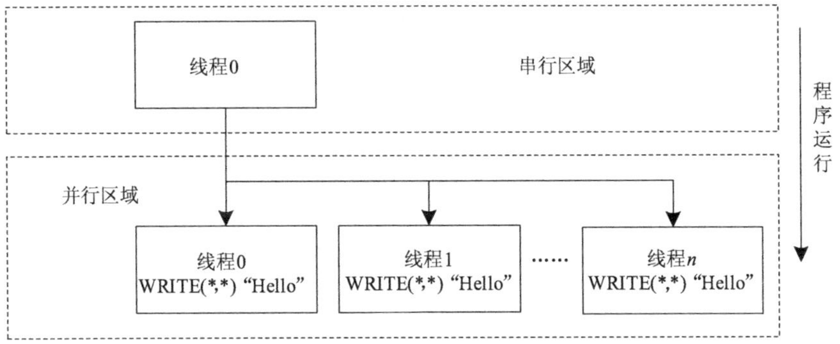

图 6-13　并行运行方式示意

对于 DO 循环，OpenMP 提供了指令对！$OMPDO 和！$OMP END DO 将其分散到不同的线程中，然后由每个线程计算部分迭代，例如：

```
! $OMP DO ! 并行循环创建
DO i=1,1 000
……
END DO
! $OMP END DO ! 并行循环关闭
```

对于这个例子，假设指定用于并行的线程数 $n=10$，那么计算机一般每个线程分配 100 次迭代任务：主线程计算"i = 1, 100"；线程 1 计算"i = 101, 200"；其他线程依此类推。这个分配方法可以参考图 6-14。

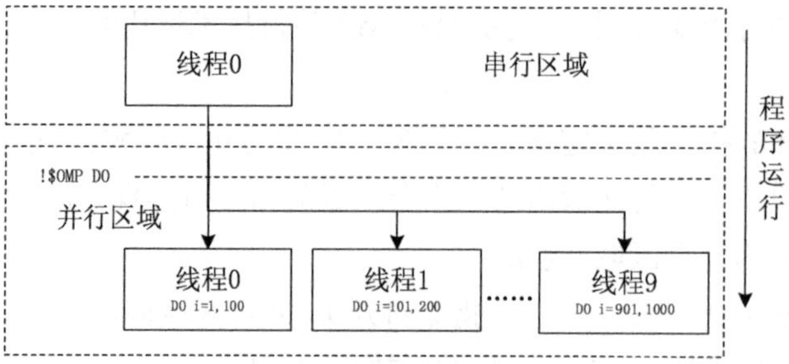

图 6-14 循环部分的并行示意

OpenMP 允许给每个线程分派完全不同的任务,生成多程序多数据流(Multiple Programs Multiple Data, MPMD)执行模块。这个功能用到的指令对是! $OMP SECTIONS 和! $OMPEND SECTIONS。一个简单的实例如下:

```
! $OMP SECTIONS          ! MPMD 创建
! $OMP SECTION           ! 任务 1 创建
WRITE(*,*)"Hello"        ! 线程执行代码
! $OMP SECTION           ! 任务 2 创建
WRITE(*,*)"Hi"           ! 线程执行代码
! $OMP SECTION           ! 任务 3 创建
WRITE(*,*)"Bye"          ! 线程执行代码
! $OMP END SECTIONS      ! MPMD 关闭
```

可以看出,每个任务需要执行的代码以! $OMP SECTION 指令开始,直到下一个! $OMP SECTION 指令;或者以! $OMP END SECTIONS 指令结束。OpenMP 规范并没有指定以何种方式将任务分派给不同的线程,而是将这个工作留给了编译器厂商自己决定。如图 6-15 所示,每个任务将被唯一线程执行,“Hello”“Hi”“Bye”这三个信息只在屏幕上各出现一次。该指令对允许定义任意数量的代码段,但只有已经存在的线程才可以分派代码段。这意味着如果代码段的数量大于可用线程数,部分线程将会串行执行不止一段代码。如果代码段的数量少于线程数,又将导致有效资源的低效率使用。

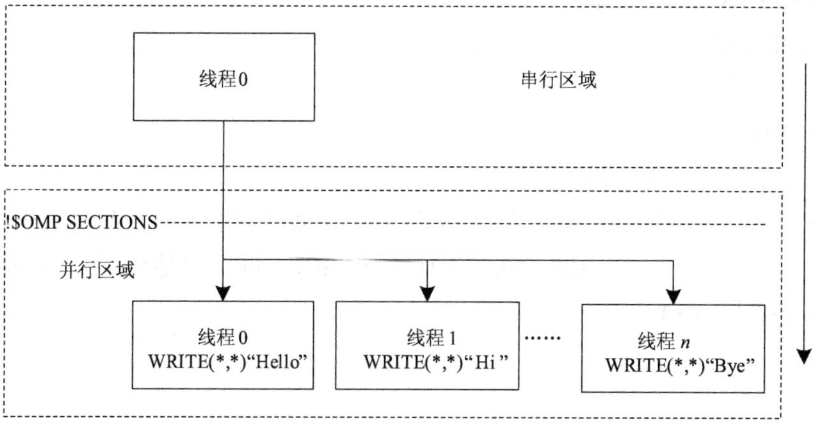

图 6-15 不同进程、不同任务的指派

上述的循环和任务分配在向量式有限元计算中非常有用。此外，OpenMP 还有其他非常有用的指令,如! $OMP SINGLE/! $OMP END SINGLE、! $OMP WORKSHARE/! $OMP END WORKSHARE 等。有兴趣的读者可以详细阅读 OpenMP 技术文档。在 OpenMP 使用过程中,需要注意数据的同步和互斥,特别是循环并行执行时,多线程同时读写访问某个变量,出现数据竞争问题而出现无法预测的错误,例如:

```
REAL(8)::A(1 000),B(1 000)
! $OMP DO
DO i=1,1 000
B(i)=10*i
A(i)=A(i)+B(i)
END DO
! $OMP END DO
```

上述程序中每个线程执行循环的一部分迭代,直到 $OMP END DO 指令结束才能更新修改后的变量。因此,数组 B 的正确值在循环计算之中不是确定的。虽然上述程序可以使用! $OMP DO/! $OMP END DO 指令对进行并行计算,但得不到和串行程序相同的结果。

另外一个例子如下:

```
REAL(8)::A(1 000)
! $OMP DO
DO i=1,999
A(i)=A(i+1)
END DO
! $OMP END DO
```

上述程序运行也会出现错误结果。其原因是:在执行第 i 次迭代时,需要索引 $i+1$ 处的未修改值。串行执行时毫无问题,但在并行计算时,不能获得 $i+1$ 处的未修改值,它的元素会被其他线程修改。对于这个例子,可以修改得到正确代码如下:

```
REAL(8)::A(1 000),temp(2:1 000:2)      ! temp 为辅助数组
! $OMP DO
DO i=2,1 000,2
temp(i)=A(i)               ! 将数组 A 偶数位置的元素传递给 temp
END DO
! $OMP END DO
! $OMP DO
DO i=0,998,2
A(i)=A(i+1)                ! 将数组 A 奇数位置的元素传递给数组 A 的偶数位置
END DO
! $OMP END DO
```

```
! $OMP DO
DO i = 1, 999, 2
A( i )= dummy( i+1 )      ! 将 temp 的元素传递给数组 A 的奇数位置
END DO
! $OMP END DO
```

可见,在使用 OpenMP 的过程中,应该充分注意变量的依赖性,包括进程依赖性和顺序依赖性。如果某个变量被某个进程访问或者修改,那么当被其他进程访问时得到的结果将和初始值不同。如果某个变量可以被不同进程访问和修改,但依赖于访问和修改的顺序,如果没有对进程的顺序进行规定,也会出现不可预测的结果。编写程序时,一般是先按串行的方法撰写源代码并进行准确性测试。然后进一步在源代码中加入并行语句实现不同模块的并行执行。此时建议多次测试并行程序,比较并行与串行程序的结果,以保证增加的并行语句不会造成任何错误。必要时,声明变量的私有性质和共享性质或者对源代码进行较大的修改才能实现正确的并行计算。

6.3.1.2 MPI 并行技术

与 OpenMP 并行程序不同, MPI 是一种基于消息传递的并行编程技术,是大规模并行处理机(Massive Porallel Processor, MPP)和集群(cluster)采用的主要编程方式。图 6-16 显示了著名的劳伦斯利弗莫尔国家实验室(Lawrence Livermore National Laboratory, LLNL)并行计算机集群,它的每个计算结点就是一个多处理器的并行计算机,而不同计算结点用无限宽带网络连接起来。实际上, MPI 标准定义了一组具有可移植性的编程接口(可以理解为一种新的库),而不是一种详细的编程语言。各个厂商或组织遵循这些标准实现自己的 MPI 软件包,典型的实现包含开放源码的 MPICH、LAM MPI、CHIMP 以及不开放源码的 Intel MPI。MPI 支持多种操作系统,包含大多数的 LUNIX 和 Windows 系统。

下面展示一个简单的 Fortran 95+MPI 并行程序。

```
PROGRAM main
USE MPI
CHARACTER*( MPI_MAX_PROCESSOR_NAME ) processor_name
INTEGER myid, numprocs, namelen, rc, ierr

CALL MPI_INIT( ierr )
CALL MPI_COMM_RANK( MPI_COMM_WORD, myid, ierr )
CALL MPI_COMM_SIZE( MPI_COMM_WORD, numprocs, ierr )
CALL MPI_GET_PROCESSOR_NAME( processor_name, namelen, ierr )
WRITE( *, * ) myid, numprocs, processor_name
10  FORMAT( 'Hello!  Process', I2, ' of', I1, ' on', 20 A )
CALL MPI_FINALIZE( rc )
END PROGRAM main
```

该程序包含以下内容。①“USE MPI”语句,即 MPI 被定义为一个 Fortran 95 调用的模块。②定义程序中所需要的与 MPI 有关的变量。MPI_MAX_PROCESSOR_NAME 是 MPI 预定义的宏,即某一 MPI 的具体实现中允许机器名字的最大长度。机器名放在变量 processor_name 中,整型变量 myid 和 numprocs 分别用来记录某一个并行执行的进程的标识和所有参加计算的进程的个数, namelen 是实际得到的机器名字的长度, rc 和 ierr 分别用来得到 MPI 过程调用结束后的返回结果和可能的出错信息。③以 MPI_INIT 和 MPI_FINALIZE 语句实现 MPI 程序的初始化和结束。④ MPI 程序的程序体,包括各种 MPI 过程调用语句和 Fortran 语句。MPI_COMM_RANK 将当前正在运行的进程的标识号放在 myid 中, MPI_COMM_SIZE 将得到所有参加运算的进程的个数放在 numprocs 中, MPI_GET_PROCESSOR_NAME 将得到运行本进程的机器的名称结果放在 processor_name 中,它是一个字符串,而该字符串的长度放在 namelen 中。WRITE 语句是普通的 Fortran 语句,它将本进程的标识号并行执行的进程的个数、运行当前进程的机器的名字打印出来。与一般的 Fortran 程序不同的是,这些程序体中的执行语句是并行执行的,每一个进程都要执行。该程序的执行流程如图 6-17 所示。

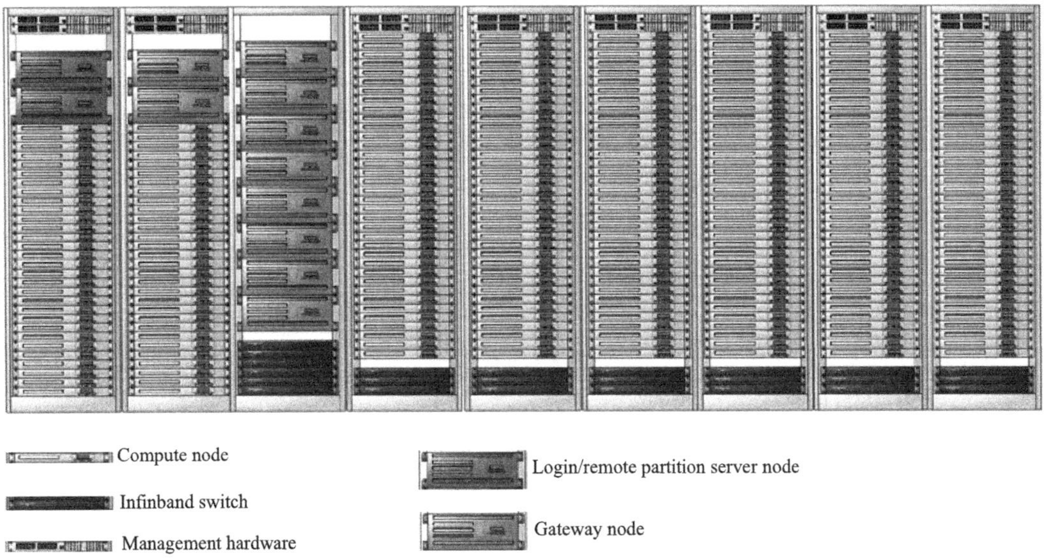

图 6-16　著名的劳伦斯利弗莫尔国家实验室并行计算机集群

通过这个简单的例子可以看出,一个 MPI 程序的框架结构包括头文件、相关变量声明、程序初始化、程序体计算和通信、程序结束等内容。我们使用 MPI 程序的重点是掌握 MPI 提供的各种通信方法与手段。目前, MPI 共有上百个函数调用接口,提供与 C/C++ 和 Fortran 语言的绑定。对于初学者来说,完全掌握这么多的调用是比较困难的,但是从理论上说,MPI 所有的通信功能可以用它的 6 个基本的调用来实现。掌握了这 6 个基本调用,就可以实现所有的消息传递并行程序的功能。

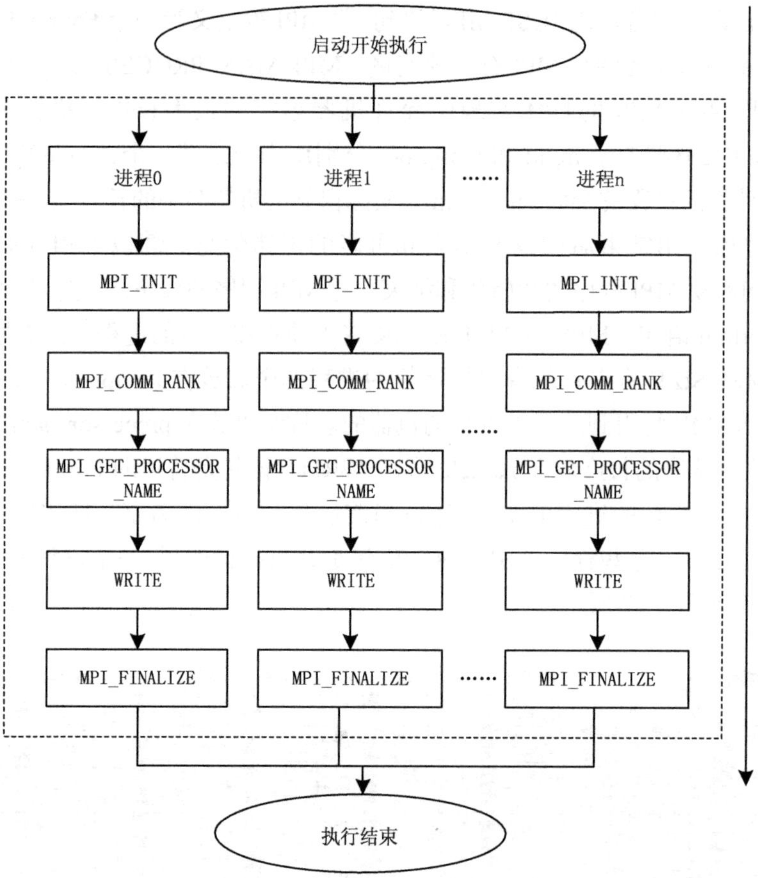

图 6-17　MPI 程序的执行流程

1.MPI 初始化

使用的语句如下：

MPI_INIT(IERROR)

INTEGER ierror

MPI_INIT 是 MPI 程序的第一个调用，它完成 MPI 程序所有的初始化工作，所有的 MPI 程序并行部分的第一条可执行语句都是这条语句，这条语句标志着程序并行部分的开始。该函数的返回值 ierror 为调用成功标志。同一程序中只能调用一次。

2. 通信域包含的进程数

使用的语句如下：

MPI_COMM_SIZE(comm, size, ierror)

INTEGER comm, size, ierror

这一调用返回给定的通信域中所包括的进程的个数，不同的进程通过这一调用得知在给定的通信域中一共有多少个进程在并行执行。comm 为通信域句柄，size 为通信域 comm 内包含的进程总数。

3. 当前进程标识

使用的语句如下：

MPI_COMM_RANK(comm, rank, ierror)

INTEGER comm, rank, ierror

这一调用返回调用进程在给定的通信域中的进程标识号。有了这一标识号，不同的进程就可以将自身和其他的进程区别开来，实现各进程的并行和协作。comm 为该进程所在的通信域句柄，rank 为调用这一函数的进程在通信域中的标识号。

4. 消息发送

使用的语句如下：

MPI_SEND(buf, count, datatype, dest, tag, comm, ierror)

<type> buf

INTEGER count, datatype, dest, tag, comm, ierror

MPI_SEND 将发送缓冲区中 count 个 datatype 数据类型的数据发送到目的进程，起始地址为 buf，目的进程在通信域中的标识号是 dest，本次发送的消息标志是 tag。使用这一标志，就可以把本次发送的消息与本进程向同一目的进程发送的其他消息区别开来。其中 datatype 数据类型既可以是 MPI 的预定义类型，也可以是用户自定义的类型。通过使用不同的数据类型调用 MPI_SEND 可以发送不同类型的数据。

5. 消息接收

使用的语句如下：

MPI_RECV(buf, count, datatype, source, tag, comm, status)

<type> buf

INTEGER count, datatype, source, tag, comm, status

MPI_RECV 从指定的进程 source 接收消息，并且该消息的数据类型和消息标识与本接收进程指定的 datatype 和 tag 相一致，接收到的消息所包含的数据元素的个数最多不能超过 count。其中 datatype 数据类型既可以是 MPI 的预定义类型，也可以是用户自定义的类型。通过指定不同的数据类型调用 MPI_RECV 可以接收不同类型的数据。

6.MPI 结束

使用的语句如下：

MPI_FINALIZE(ierror)

INTEGER ierror

MPI_FINALIZE 是 MPI 程序的最后一个调用。它结束 MPI 程序的运行，是 MPI 程序的最后一条可执行语句。如果不使用该语句程序的运行结果是不可预知的。该语句标志着并行程序的结束，之后的代码仍然可以进行串行程序的运行。

除此之外，MPI 的常用函数还有用于计时的 MPI_WTIME( )，用于对各进程实施同步的 MPI_BARRIER( )，用于数据规约的 MPI_REDUCE( )等。MPI 的最新扩展 MPI-2 还提供了动态进程管理、远程访问和并行 I/O 等功能。更多详细内容可以查阅都志辉编著的《高性能计算并行编程技术:MPI 并行程序设计》。

6.3.2 并行程序实现方法

6.3.2.1 OpenMP 并行程序实现

OpenMP 并行程序实现过程比较简单,只需要在串行程序源代码中加入一些指令就可实现并行。由 1.3.2 节可知,向量式有限元方法计算的主要内容有:①通过质点平动和转动计算;②单元结点内力(矩)计算。这两部分内容是逐个质点或者逐个单元进行的,即存在较大数目的循环计算。因此,我们开展 OpenMP 并行程序设计时,主要针对这两部分内容进行并行执行。图 6-18 给出了这一思路的示意图。实际上对于加载部分,涉及等效质点力(矩)的计算,也存在较多的循环,同样可以进行并行执行。

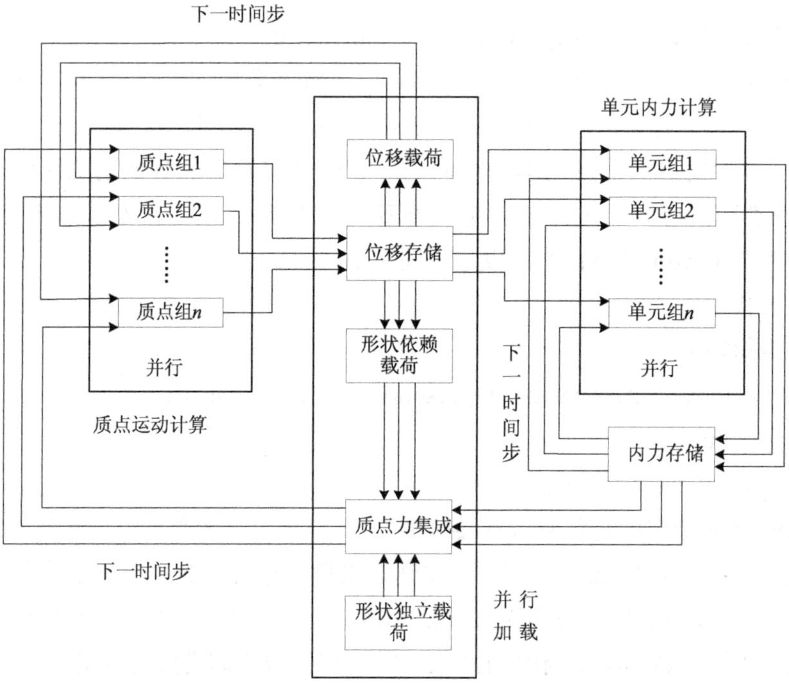

图 6-18 OpenMP 并行执行示意

6.3.2.2 MPI 并行程序实现

与上一节 OpenMP 技术的实现方式相比,MPI 并行程序的实现显得复杂一些。这主要是因为 MPI 并行程序需要程序编写人员自己设计通信方式。本节以长输海底管道分析为例,介绍如何实现基于区域分解的 MPI 并行算法。

计算流程如图 6-19 所示。并行求解时,需先对管道进行区域划分,由不同的进程控制不同的计算域,各进程控制各自区域的计算和变量存储,尽管计算量庞大,但对单个进程的内存要求却不高。图 6-20 所示为本书采用基于区域分解的 MPI 并行方案示意。首先生成向量式有限元计算模型,此过程涉及网格划分等操作与传统有限元方法相同;之后对计算模型进行区域分解,再将分解后的各子区域映射至各进程,各进程负责各自区域内的向量式有限元求解,并与相邻区域产生通信;最后将各区域计算结果汇总后,即可得到整体的解。

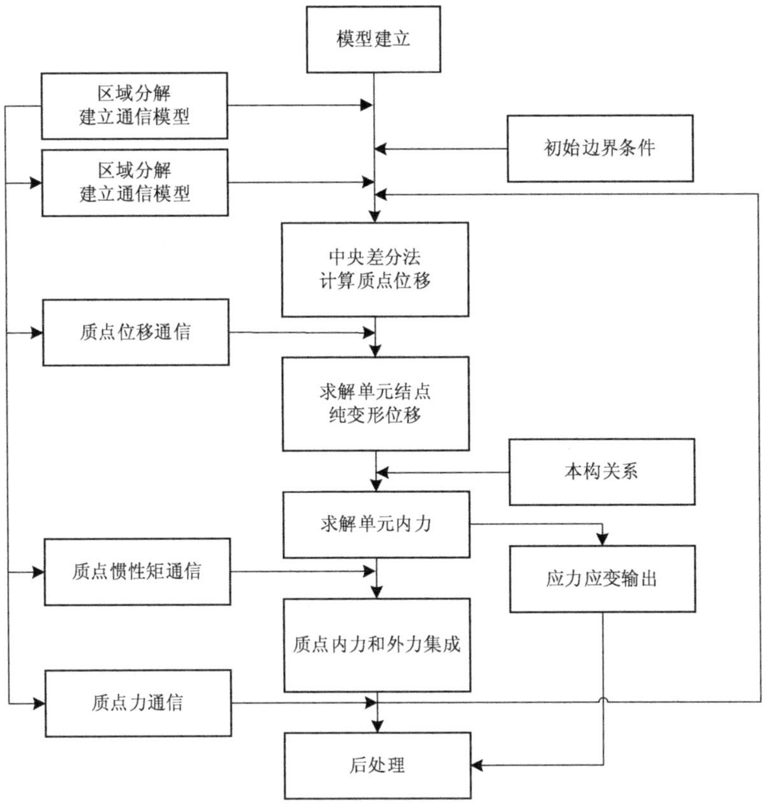

图 6-19　向量式有限元方法并行计算流程

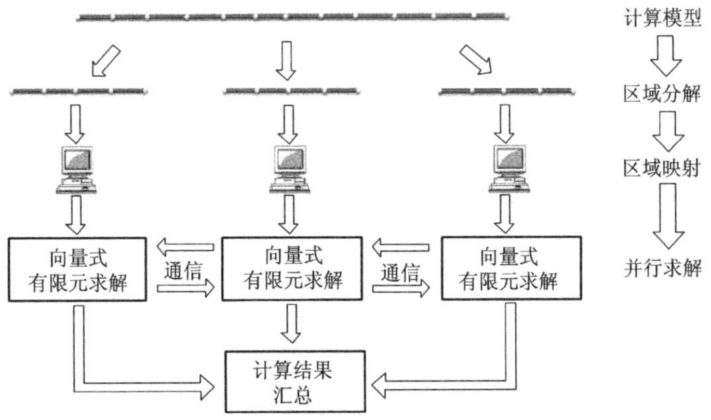

图 6-20　基于区域分解的 MPI 并行方案

从图 6-19 中可知,计算过程中涉及的通信过程主要有结点质量、结点惯性矩以及结点力的通信。不同变量的通信方案是相同的,下面以结点质量通信为例进行说明。各进程间进行通信时,为了不发生通信阻塞,需要各进程保持步调一致。对于任意一个进程 i,存在左侧进程 $i-1$ 和右侧进程 $i+1$。如果进程 i 为最左侧进程,则其左侧进程为空进程;同样,如

果进程 i 为最右侧进程，则其右侧进程为空进程；通信过程中通过引入空进程，可以实现各进程的对等，从而实现并行算法及执行代码对任一进程均相同。如图 6-21 所示，进程 i 区域内首结点为第 $i-1$ 个进程内的末结点，进程 i 区域内的末结点为进程 $i+1$ 区域内的首结点。在通信时，各进程统一先向右侧通信，之后再统一向左侧通信，从而完成结点质量的通信求和操作。具体分为以下几步：

（1）各进程将结点质量分配到各相邻结点；

（2）各进程将末结点质量传递给右侧进程；

（3）各进程接收左侧进程传来的值，将其叠加在进程首结点质量上；

（4）各进程将新的首结点质量传递给左侧进程；

（5）各进程接收右侧进程传来的值，将其赋值为本进程末结点质量。

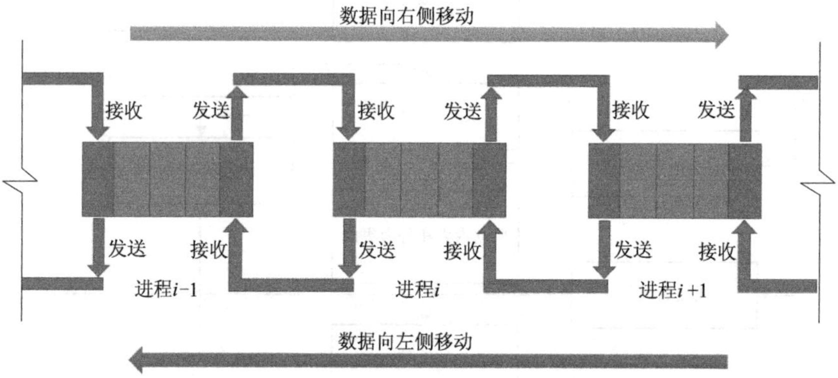

图 6-21 向量式有限元并行算法通信图示

完成此次通信后，进程 i 末结点质量与进程 $i+1$ 中首结点质量相同。与结点质量通信类似，结点惯性矩和结点力同样由各单元组集而成，组集后通信求和即可。

以上通信过程针对的是梁单元。当所有进程控制域均为壳单元时，通信变量并非首结点和末结点变量，而是首截面上的所有结点变量和末截面上所有结点变量。

6.3.3 并行效率分析

6.3.3.1 OpenMP 并行效率分析

下面将针对壳单元算法分别进行并行效率测试。本书使用的并行方案不仅与并行进程数相关，而且与管道长度相关，因此将同时讨论进程数和管道长度对并行效率的影响。用于并行测试的计算机参数如下：处理器为 Intel® Xeon® Platinum 8 160 CPU@2.10GHz（4 处理器），安装内存为 175 GB。测试时，输出不同进程数时单位计算量所对应的计算时间，并转换为加速比和并行效率。本书分别讨论总计算长度为 0.01 km 和 0.1 km 两种情况。所有算例中网格为均匀划分：管道环向均匀划分为 24 等份，沿管道走向单元尺寸为 0.2 m。那么，第一种计算长度的总单元数量为 2 400；第二种计算长度的总单元数量为 24 000。

并行加速比和并行效率分别见表 6-3 和表 6-4。可见，壳单元并行效率随进程数和计算长度变化；随着计算长度增加并行效率越来越高，而随着进程数增加并行效率有所降低。需要注意的是,计算长度为 0.1 km 时并行效率有所波动,与上述单调关系有所出入,但整体趋势是一致的。在进程数为 16,计算长度为 0.1 km 时,并行效率能达到 61%,可见有一定的加速效果。实际操作中,应进行试算以便确定最佳的并行进程数。

表 6-3　壳单元并行方案不同进程数和计算量时的加速比

计算长度/km	进程数				
	1	2	4	8	16
0.01	1.00	1.85	2.82	4.72	6.48
0.1	1.00	2.40	2.92	6.08	9.80

表 6-4　壳单元并行方案不同进程数和计算量时的并行效率

计算长度/km	进程数				
	1	2	4	8	16
0.01	1.00	0.93	0.70	0.59	0.40
0.1	1.00	1.20	0.73	0.76	0.61

6.3.3.2　MPI 并行效率分析

同样地，MPI 并行程序也针对壳单元算法分别进行并行效率测试。用于并行测试的计算机参数如下:处理器为 Intel® Xeon® CPU E5-2 690@3.00GHz(2 处理器),安装内存为 128 GB。由于壳单元在进程相交截面具有多个结点,壳单元 MPI 并行方案的通信量较梁单元并行方案更大。此处计算管道的长度和网格划分方案与上一节相同。并行加速比和并行效率分别见表 6-5 和表 6-6。可见,壳单元并行效率随进程数和计算长度变化,随着计算长度增加并行效率越来越高,而随着进程数增加并行效率有所降低。在进程数为 16,计算长度为 0.1 km 时,并行效率能达到 94%,同样相当可观。

表 6-5　壳单元并行方案不同进程数和计算量时的加速比

计算长度/km	进程数				
	1	2	4	8	16
0.01	1.00	1.96	3.74	6.53	10.76
0.1	1.00	1.98	3.84	7.60	14.96

表 6-6　壳单元并行方案不同进程数和计算量时的并行效率

计算长度/km	进程数				
	1	2	4	8	16
0.01	1.00	0.98	0.94	0.82	0.67
0.1	1.00	0.99	0.96	0.95	0.94

6.3.3.3 效率比较和混合编程的讨论

比较上面两小节的并行效率可知，MPI 并行方案总体性能优于 OpenMP 并行方案。特别是对于较大计算规模，MPI 并行方案能够取得非常可观的并行效率。由 6.3.1 节可知,这是因为 OpenMP 并行粒度是线程级,而 MPI 是进程级。此外，OpenMP 采用共享存储,意味着它只适应于 SMP、DSM(Distributed Shared Memory,分布式共享存储)机器,不适合于集群,但使用非常简便,不涉及通信处理问题。MPI 虽适合于各种机器,但它的编程模型复杂:需要分析及划分应用程序问题,并将问题映射到分布式进程集合;需要解决通信延迟大和负载不平衡两个主要问题;调试 MPI 程序麻烦; MPI 程序可靠性差,一个进程出问题,整个程序将发生错误。实际运用时,程序员应该综合考虑自身知识能力、计算规模、效率要求等方面因素,优选合适的并行编程方案。

此外,我们还提供 OpenMP 和 MPI 混合编程的思路。在大规模结点间并行时,由于结点间的通信量呈平方增长,所以带宽很快就会显得不够。此时,用 OpenMP 和 MPI 混合编写并行部分能够增加程序效率线性。大致过程是每个结点分配 1~2 个 MPI 进程后,每个 MPI 进程执行多个 OpenMP 线程。OpenMP 部分由于不需要进程间通信,直接通过内存共享方式交换信息,不占网络带宽,所以可以显著减少程序所需通信的信息。

本章部分图例

说明:为了方便读者直观地查看彩色图例,此处节选了书中的部分内容进行展示。页面左侧的页码,为您标注了对应内容在书中出现的位置。

第 3 篇　向量式有限元在海洋工程中的应用

第 7 章　海上电气平台非线性动力分析

7.1　引言

海上风力资源是潜力极大的新兴能源，其开发正朝规模更大、水深更深、离岸更远的方向发展，已进入快速增长、投资繁荣的阶段。数据显示，2019 年全球海上风电新增装机达到 6.2 GW 左右，占据全球风电新增装机量的 12%。2019 年，中国海上风电新增装机约为 2.5 GW，位居全球首位。我国已经完成了“十三五”规划中的 5 GW 海上风电建设目标，预计在“十四五”期间中国海上风电装机容量将达到 26 GW。目前，我国已成为仅次于英国与德国的世界第三大海上风电国家。

对于容量较大、离岸较远的海上风电场，考虑到 35 kV 电缆传输容量、电压降、功率因数等问题，为提高运行经济性，需设立离岸升压站（或称海上升压站）。离岸升压站作为离岸型海上风电项目的输变电核心设施，承担着所有风力发电机的电能汇聚、升压、输出等重要工作，一旦出现故障，将造成巨大损失。而国内离岸升压站建设刚起步，如何确保升压站的全寿命可靠运行，亟待进一步研究。

欧洲的海上风电已有二十多年的发展历史，其海上电气平台总体建设和运行经验比较成熟。海上电气平台发展从简到繁、从浅到深、从单桩到导管架，大致经历了三代：①第一代，装机规模 200 MW 以下，交流输电，单台主变或单回海缆，代表工程有丹麦荷斯韦夫（Horns Rev）风电场、英国巴罗（Barrow）风电场、中广核如东风电场、大唐滨海风电场、华能如东风电场等；②第二代，装机规模 300~600 MW，交流输电，多台主变或多回海缆，代表工程有英国 Inner Gabbard（内加巴德）风电场和 Galloper（盖洛珀）风电场；③第三代，柔性直流输电，代表工程有德国 Bardl 风电场。与传统导管架平台上部结构小而轻的特点不同，海上电气平台的上部结构中输电、变压设备较多，具有“头重脚轻”的特点，这对导管架平台的上部结构的性能有较大的影响。

除了上述的重量载荷外，海洋电气平台在役期间时刻受到复杂的风、浪、流载荷作用。此外，我国海岸处于环太平洋地震带，在该区域建造近海工程结构物时，应重视地震等偶然工况。实际上，地震载荷作用下海洋平台结构响应一直是国内外学者研究的热点之一。河野（Kawano）进行了大型海上结构在海浪、海流和地震作用下的动态响应和可靠性分析，并研究了参数不确定性对响应值的影响。霍纳瓦（Honarvar）等建立了地震载荷作用下导管架式海洋平台非线性有限元模型，并结合实验研究评估桩腿相互作用的局部和全局响应。艾尔赛义德（Elsayed）等通过建立自升式钻井平台的非线性有限元模型，评估了苏伊士湾地震活跃地区自升式钻井平台的抗震性能。丛军基于地震响应谱分析法对渤海某导管架结构进行地震和重力等静动力载荷联合作用的应力校核。梁永超等以渤海 CB12 C 平台为例，计算得到该平台在重力、静水压力、浮力以及地震诱导作用下产生的组合应力，估算了本海域相似平台结构承受地震载荷的能力。荣棉水等以某平台为例，对比分析了美国石油协会（American Petroleum Institute，API）规范谱、场地谱与我国规范给出的反应谱拟合得到的地震时程动力分析，结果表明不同反应谱的计算结果不同，对于地震响应谱的选取值得进一步研究。刘福来等系统梳理了国内外海洋结构物设计规范，包括挪威船级社（Det Norske Veritas，DNV）规范、美国石油协会规范、国际标准化组织（International Organization for Standardization，ISO）规范和中国建筑抗震设计规范等，提出了抗震设计中海上电气平台结构等级划分、场地土分类、地震响应谱参数的使用和地震载荷组合方法。左文安利用 API 谱对升压站导管架平台进行地震响应谱分析，进行强度和韧性两种水平的计算，对地震作用下导管架结构强度、桩的极限承载力、管结点冲剪等进行校核。

7.2 建模分析与模型验证

7.2.1 模型介绍

以某项目 220 kV 海上电气平台为例，采用整体式布置，包括上部结构和下部结构两大部分。如图 7-1 所示，上部结构为钢结构，包含四层甲板；下部结构采用导管架式，设置四根钢管桩。针对海上电气平台的设计分析，目前国际通用规范标准为 *Offshore Substations for Wind Farms*（DNV-OS-J201）。由于海上电气平台的结构形式、受力方式类似于传统的海上油气平台，因此 DNV-OS-J201 细则主要借鉴了海上油气平台的相关标准，如 *Planning, Designing, and Constructucting Fixed Offshore Platforms-Working Stress Design*（API RP 2A-WSD）等。国内还未颁布成熟的专用设计规范，工程师们在进行设计分析时往往需参照海上油气平台的设计分析方法，包括上述的两部国际规范标准以及中国船级社公布的《浅海固定平台建造检验规范》。

对于图 7-1 所示的海上电气平台，利用其几何模型数据构建向量式有限元模型。其下部结构的导管架平台和上部结构的杆系采用第 2 章的梁单元进行数值离散，而上部结构中的板架结构采用第 3 章和第 4 章的板壳单元进行模拟。梁单元和板壳单元的耦合则采用第 4 章的梁壳耦合算法。上述向量式有限元模型结合梁单元与板壳单元两者的优点，既可以捕捉到海上电气平台整体力学行为和应力 - 应变分布，又能够对上部结构中的板架结构进行更为精准的力学性能分析。

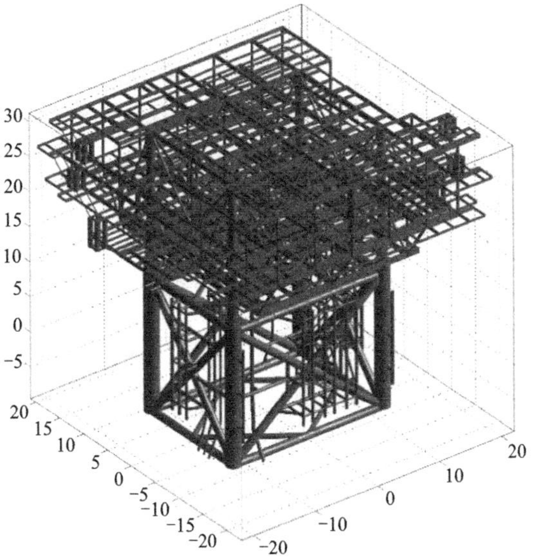

(a)

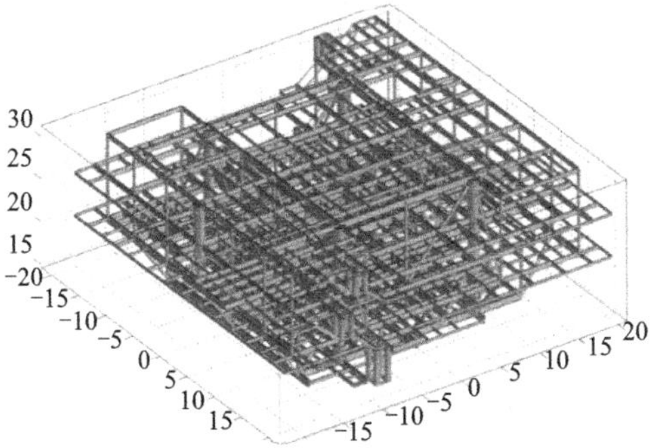

(b)

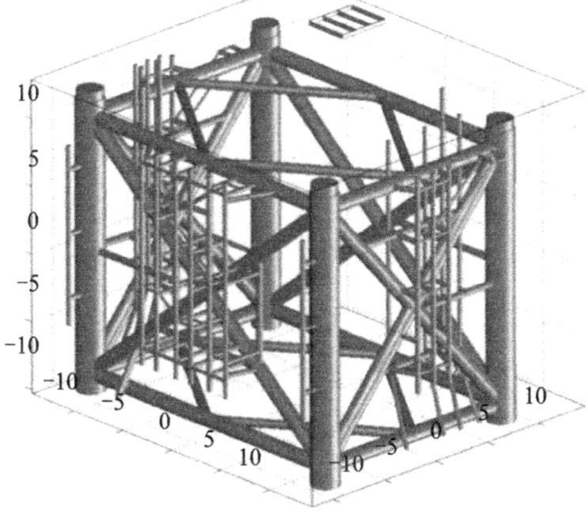

(c)

图 7-1　模型示意

(a)总体视图　(b)上部结构视图　(c)下部结构视图

7.2.2 建模分析过程

由于海上电气平台的构件数量庞大,作业环境载荷复杂,故需要通过大量编程实现基于向量式有限元的海上电气平台结构动力分析构建力学模型,实现网格划分并对各种载荷进行等效处理,最后计算得到海上电气平台结构各单元的结点内力与运动响应。考虑到单元数量庞大,建议使用 MATLAB 与 Fortran 的混合编程方法。

7.2.2.1 模型前处理

1. 模型文件输入

导入模型结构信息文件,包括以下内容。

(1)结构结点参数:结点编号、结点坐标。

(2)结构杆件参数:杆件第 1 结点编号、杆件第 2 结点编号、杆件截面编号、杆件材料编号、杆件弹(塑)性设置、杆件特征尺寸设置(用以加密单元)。

(3)边界条件参数:边界结点编号、边界约束类型设置、边界土弹簧刚度矩阵。

(4)截面参数:截面编号、截面形状、截面面积、截面惯性矩。

(5)材料参数:材料编号、材料密度、材料弹性模量、材料泊松比、材料屈服强度。

2. 载荷、约束文件输入

导入模型载荷信息文件,包括以下内容。

(1)重量载荷:footprint 载荷、点载荷、区域均布载荷、单元载荷、面元载荷、结构附加质量、重力加速度参数设置。

(2)水动力载荷:泥面高程、海平面高程、海生物附着高程与厚度、波流入射角度、波浪周期、波高、海流流速。

(3)地震载荷:地震加速度时程曲线、地震位移时程曲线。

(4)载荷参数:载荷系数、阻尼系数。

7.2.2.2 网格划分

根据输入的模型文件,对结构模型进行网格划分。

(1)单元划分:基于输入模型文件的结点、杆件参数,将每根杆件作为一个单元进行初步划分(图 7-2)。

(2)网格加密:根据输入模型文件中的杆件特征尺寸设置,可对每一个单元进行加密处理。

(3)面元划分:基于输入模型文件的结点、杆件参数,基于德洛内(Delauney)三角网格剖分理论(图 7-3)对海上电气平台上部结构甲板划分面元,以便进行区域均布载荷与面载荷的等效处理。面元划分的具体方法为:以每三个结点划分三角形,保留同斜边的三角形作为初始面元,之后手动补充录入由于结点问题而缺少的面元。

7.2.2.3 载荷等效

由于向量式有限元方法对结构离散的限制,需要对各种载荷等效为作用在结点上的载荷进行求解。

1. 重力载荷等效

根据网格划分模块中对结构的离散结果，将各种作用在点、线、面上的重力载荷等效为作用在结点上的载荷，等效方法如下。

（1）结点载荷：对于结点载荷，可直接对模型结点进行计算。

（2）单元载荷：对于单元载荷，需按照结构力学基本方法将其等效到结点上进行计算。

三种单元载荷的分类和计算方法如下。

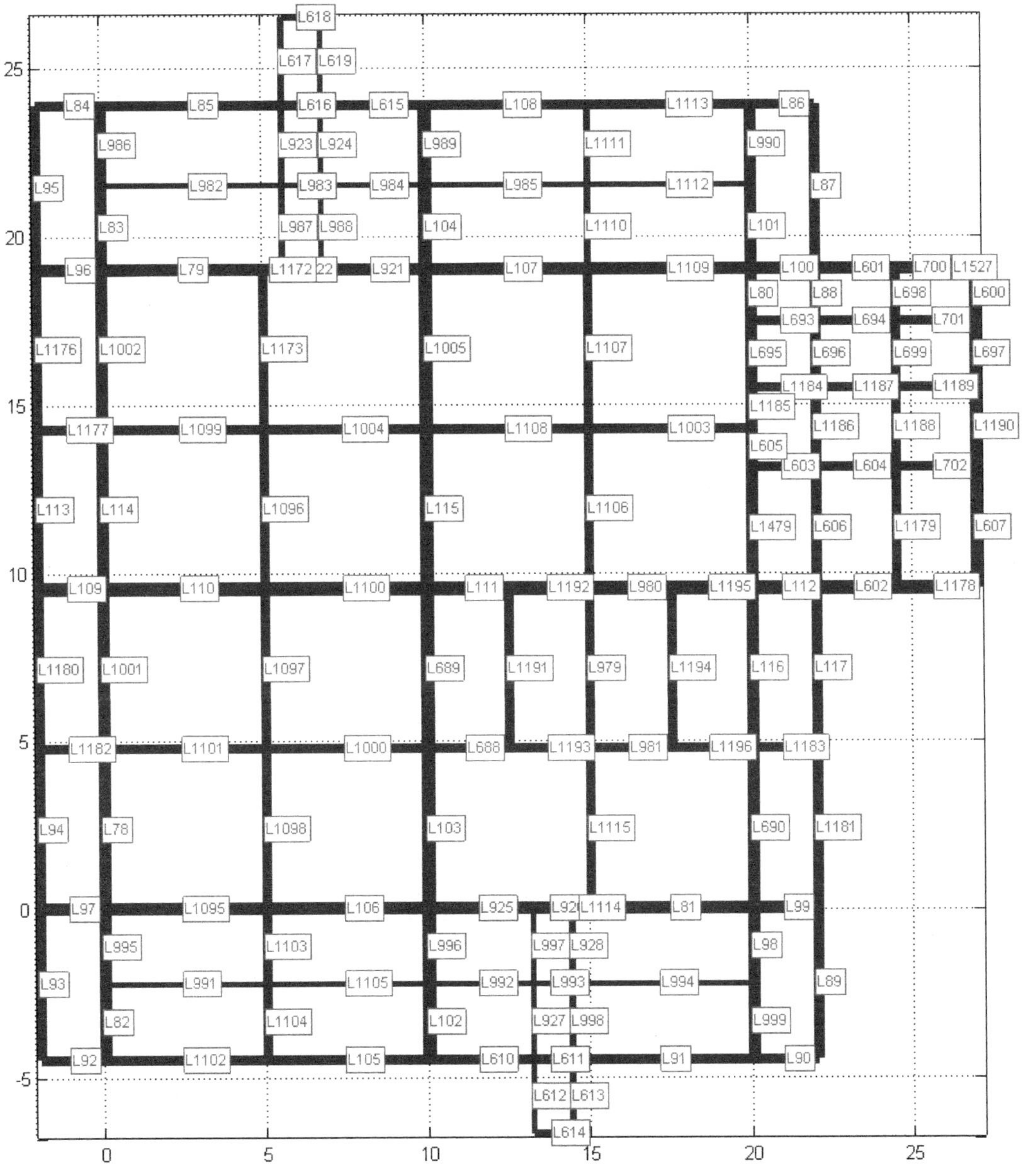

图7-2　单层甲板单元划分示意

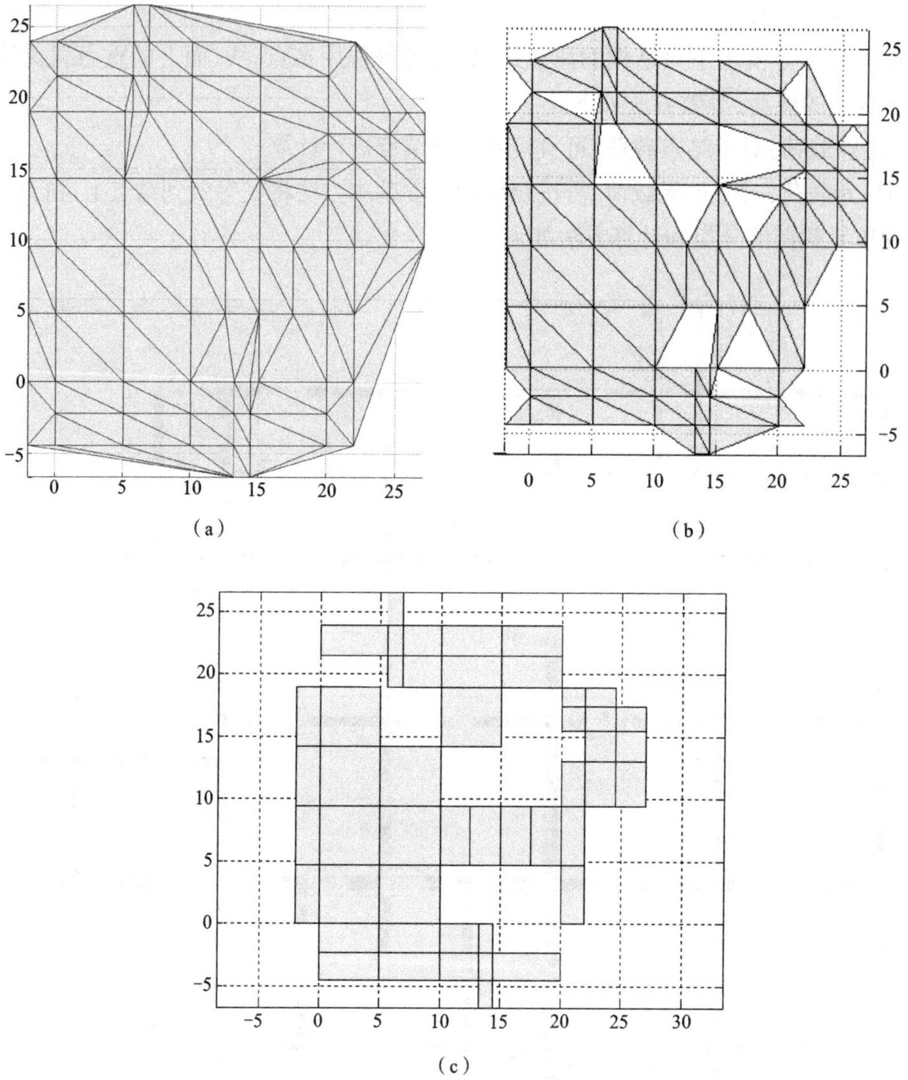

图 7-3　基于 Delauney 三角网格剖分理论的面元划分

(a)对甲板结点进行三角剖分　(b)剔除非直角三角形后的三角部分　(c)对斜边重合的三角形合并为矩形面

①三角形分布载荷如图 7-4 所示，在三角形分布载荷作用下，有 $a=d+\frac{2}{3}c$。

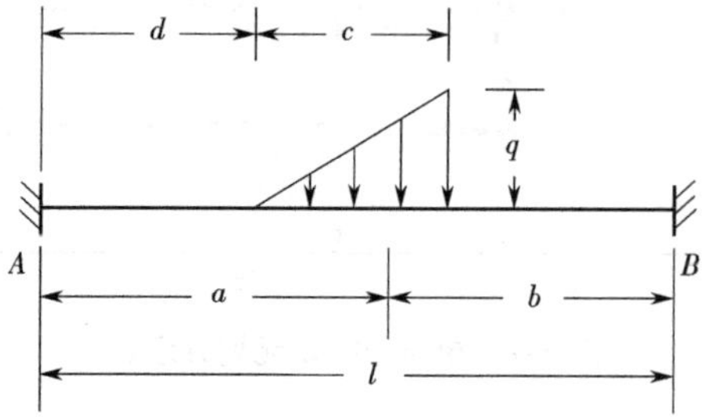

图 7-4　三角形分布载荷

A、B 两端支座反力分别为

$$R_A=\frac{qc}{12l^3}\left(18b^2l-12b^3+c^2l-2bc^2-\frac{4c^3}{45}\right) \tag{7-1}$$

$$R_B=\frac{qc}{2}-R_A \tag{7-2}$$

A、B 两端支座弯矩为

$$M_A=-\frac{qc}{36l^3}\left(18ab^2-3bc^2+c^2l-\frac{2c^3}{15}\right) \tag{7-3}$$

$$M_B=-\frac{qc}{36l^3}\left(18a^2b+3bc^2-2c^2l+\frac{2c^3}{15}\right) \tag{7-4}$$

②矩形分布载荷如图 7-5 所示，在矩形分布载荷作用下，有 $a=d+\frac{1}{2}c$。

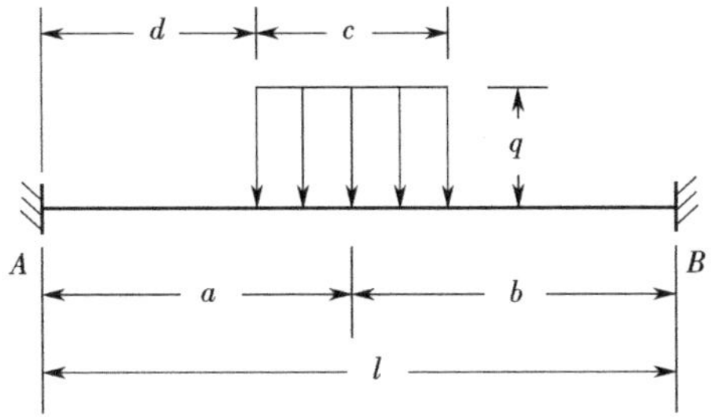

图 7-5　矩形分布载荷

A、B 两端支座反力为

$$R_A=-\frac{qc}{4l^3}\left(12b^2l-8b^3+c^2l-2bc^2\right) \tag{7-5}$$

$$R_B=qc-R_A \tag{7-6}$$

A、B 两端支座弯矩为

$$M_A=-\frac{qc}{12l^3}\left(12ab^2-3bc^2+c^2l\right) \tag{7-7}$$

$$M_B=-\frac{qc}{12l^3}\left(12a^2b+3bc^2-2c^2l\right) \tag{7-8}$$

③梯形分布载荷如图 7-6 所示，当梯形分布载荷作用在两端固定的梁上时，可将梯形载荷视为由三角形载荷与矩形载荷组合而成，可利用上述两种计算方法求和得到 A、B 两端的支座反力和支座弯矩。

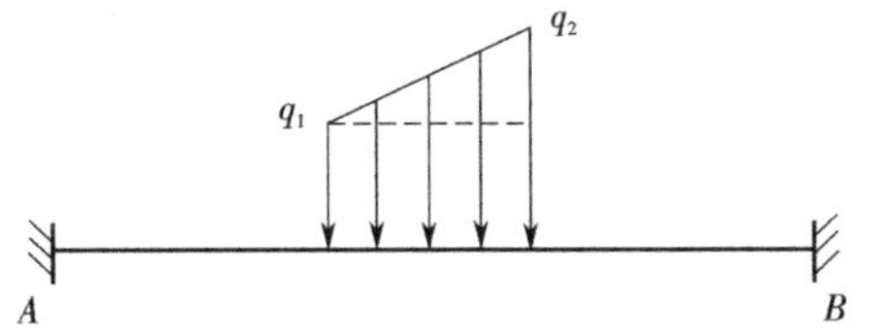

图 7-6　梯形分布载荷

（3）面载荷：对于面载荷，可根据需求按照单向板或双向板进行等效。对于单向板，按照等效方向将面载荷向两侧梁上进行分配，如图 7-7 所示；对于双向板，按 45 度塑性铰线将板分为四部分，按面积分配载荷到四周梁上，如图 7-8 所示。

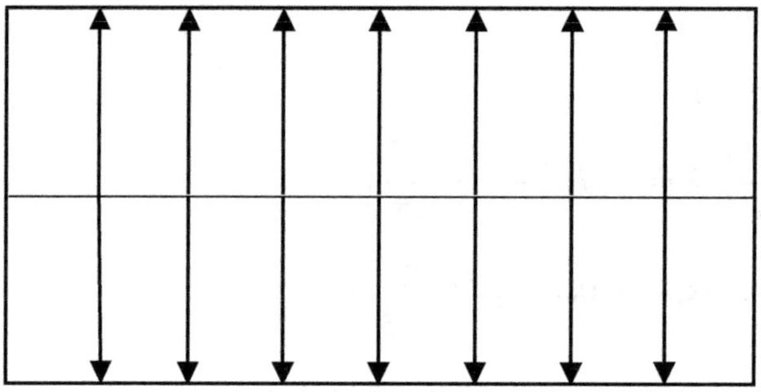

图 7-7　单向板等效

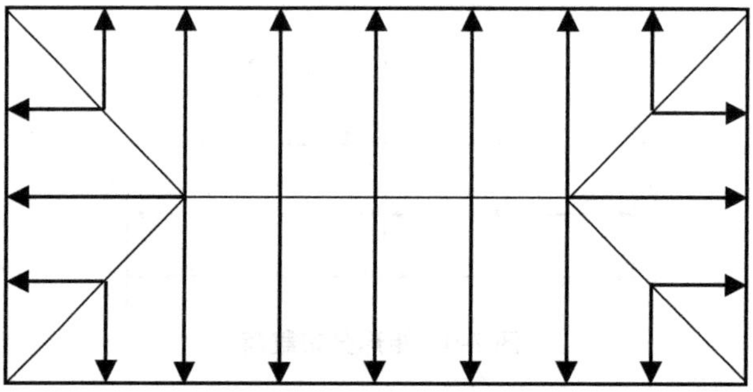

图 7-8　双向板等效

再根据上述单元载荷处理方法对各梁上的分布载荷进行等效载荷的计算。

2. 水动力载荷等效

（1）根据设置的泥面、水面高程，自动识别受水动力载荷作用的结点、单元。

（2）基于浮力公式与莫里森（Morison）公式，计算作用在水下单元的浮力、波流力。

（3）利用基本的结构力学方法，将作用在单元上的分布力等效到单元两侧结点上。

等效方法详见 7.3.1 节。

3. 地震载荷等效

（1）输入地震载荷加速度时程曲线时，将重力载荷等效到各结点的力转化为等效质量，将地震载荷等效为作用在结构各结点上的惯性力进行计算。

（2）输入地震载荷位移时程曲线时，解除地面边界约束，将地震载荷等效为作用在边界结点的位移控制进行计算。

等效方法详见 7.4.2 节。

7.2.2.4　约束等效

根据输入的模型文件中边界条件参数的设置，确定边界形式（固支或土弹簧约束），等效为边界处结点的约束。土弹簧模拟部分具体如下。

在求解程序中，采用设置土弹簧的方式来模拟土体与桩腿间的边界条件关系，与 SACS 软件边界设置方法保持一致。土弹簧参数可依据具备计算土弹簧刚度功能的其他商业软件获得，如根据 SACS 中“PILEHEAD STIFFNESS FOR JOINT”设置。本书考虑多自由度耦合土弹簧，建立了位移矢量、转角矢量、约束力矢量、约束力矩矢量间的关系，各自由度间既可以有耦合效应，也可以相互不影响，这取决于土弹簧刚度矩阵中元素的值。约束力 F、约束力矩 M 与结点位移 δ、结点转角 θ 间具有如下关系：

$$\begin{pmatrix} M_x \\ M_y \\ M_z \\ F_x \\ F_y \\ F_z \end{pmatrix} = -\begin{pmatrix} K_{11} & K_{12} & K_{13} & K_{14} & K_{15} & K_{16} \\ K_{12} & K_{22} & K_{23} & K_{24} & K_{25} & K_{26} \\ K_{13} & K_{23} & K_{33} & K_{34} & K_{35} & K_{36} \\ K_{14} & K_{24} & K_{34} & K_{44} & K_{45} & K_{46} \\ K_{15} & K_{25} & K_{35} & K_{45} & K_{55} & K_{56} \\ K_{16} & K_{26} & K_{36} & K_{46} & K_{56} & K_{66} \end{pmatrix} \begin{pmatrix} \theta_x \\ \theta_y \\ \theta_z \\ \delta_x \\ \delta_y \\ \delta_z \end{pmatrix} \tag{7-9}$$

式中的“-”号表示结点位移、结点转角与约束力、约束力矩间方向相反。

7.2.2.5　核心求解

1. 计算参数设置

在进行求解计算之前，要进行计算参数的设置，包括计算时长、时间步长、阻尼系数、文件输出次数、并行进程数，确定是否使用弹（塑）性单元、是否使用土弹簧等。

2. 向量式有限元求解

基于第 2 章的向量式有限元梁单元理论，以 Fortran 语言编写向量式有限元核心求解程序，将各项参数导入并进行向量式有限元求解。

7.2.2.6　结果后处理

结果后处理包括计算数据处理和图形显示，具体包括：

（1）导入计算结果；

（2）对位移计算结果和内力计算结果进行后处理，得到杆件的三维应力分布；

（3）实现应力、位移和内力结果的图形显示。

7.2.3　自重工况对比验证

通过计算某海上电气平台自重工况下各桩腿支座反力及上部结构关键结点位移，完成了 VFIFE 程序与商业有限元软件 SACS 的对比验证。在海上电气平台的重力载荷工况计算中，往往需要根据实际工程情况，对结构施加多种类型的等效重力载荷，如重物载荷（footprint）、点载荷、区域均布载荷、甲板均布面载荷等。此外，在计算过程中，牺牲阳极保护装置、防沉板、结点加强结构等的重量也需要一并考虑。采用 7.2.2 的建模分析方法可获得自重工况下的结构计算模型，如图 7-9 所示；重力载荷作用下海上电气平台结构位移云图如图 7-10 所示。

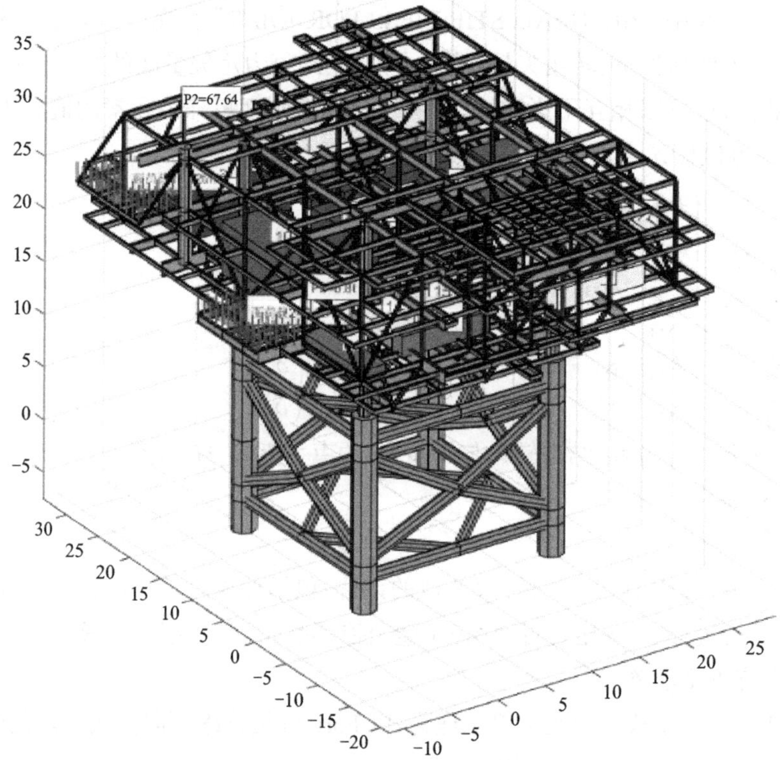

图 7-9 VFIFE 程序计算模型

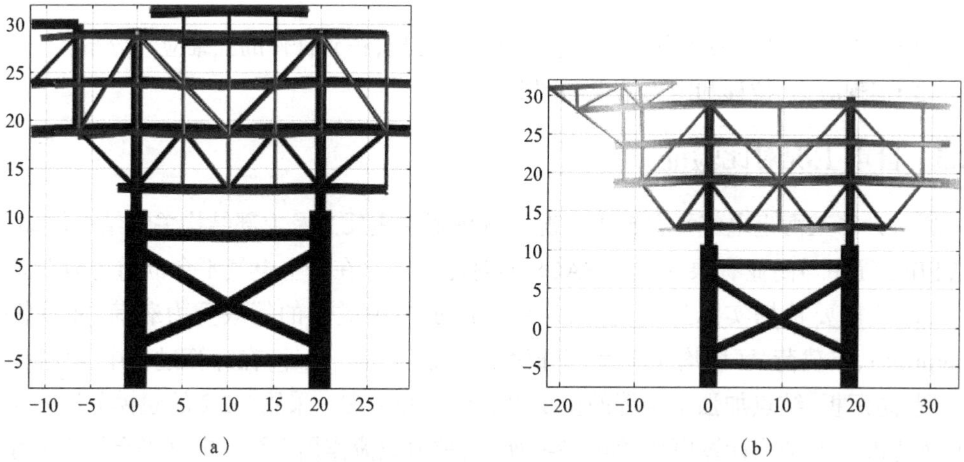

图 7-10 重力载荷作用下的结构位移(位移扩大 50 倍)

(a)正视图 (b)右视图

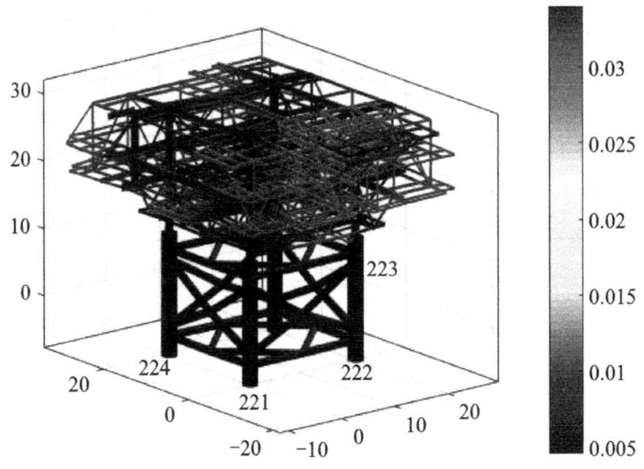

(c)

图 7-10　重力载荷作用下的结构位移(位移扩大 50 倍)(续)

(c)× 轴测图

(1)桩腿支座反力计算结果对比见表 7-1。

表 7-1　桩腿支座反力计算结果对比

桩腿结点编号	SACS 计算结果/kN	VFIFE 程序计算结果/kN	相对误差
221	8 921.105	8 985.578	0.72%
222	9 276.373	9 009.935	−2.87%
223	8 598.735	8 692.970	1.10%
224	8 843.408	8 639.850	−2.30%

(2)部分关键结点计算结果 z 轴方向位移对比表 7-2。

表 7-2　部分关键结点计算结果 z 轴方向位移对比

结点编号	SACS 计算结果/mm	VFIFE 程序计算结果/mm	相对误差
275	−1.769 484	−1.831	3.48%
410	−2.692 208	−2.776	3.11%
739	−5.534 099	−5.625	1.64%
876	−8.926 297	−8.816	−1.24%

在桩腿支座反力方面，VFIFE 程序与商业软件 SACS 的计算结果高度吻合。在关键结点位移方面，各结点的 z 轴方向位移与 SACS 的误差均在 5% 以内。对比验证结果表明，本节方法和 VFIFE 程序可以用于导管架平台结构的载荷响应数据计算。

7.3 风暴潮工况下导管架平台非线性动力分析

计算环境载荷所用到的相关参数见表 7-3。

表 7-3 环境载荷数据

编号	名称	数值	单位
1	泥面高程	−11	m
2	海生物附着范围距泥面高度	13.3	m
3	海生物附着厚度	15	cm
4	海生物表面粗糙度	2.54×10^{-4}	cm
5	海生物干密度	1.45	t/m^3
6	浪溅区上限高程	7.94	m
7	浪溅区下限高程	−5.44	m
8	腐蚀裕量	0.675	cm
9	平均海平面水深	11.428	m
10	百年一遇高水位水深	17.13	m
11	百年一遇低水位水深	6.45	m
12	一年一遇高水位水深	15.85	m
13	一年一遇低水位水深	6.98	m
14	百年一遇的 10 min 平均风速	31.067	m/s
15	一年一遇的 10 min 平均风速	22.565	m/s
16	百年一遇的最大波高	4.3	m
17	对应百年一遇的周期	4.91	s
18	一年一遇的最大波高	2.1	m
19	对应一年一遇的周期	3.4	s
20	百年一遇的垂向平均流速	2.41	m/s
21	一年一遇的垂向平均流速	1.8	m/s
22	冲刷深度	5	m
23	设计地震加速度	0.15 g	m/s^2

7.3.1 环境载荷计算方法

7.3.1.1 波流载荷计算方法

根据 API 规范,波流载荷可按照 Morison 公式作为拖曳力和惯性力的和来计算。

$$\boldsymbol{F}=\boldsymbol{F}_{\mathrm{D}}+\boldsymbol{F}_{\mathrm{I}} \tag{7-10}$$

$$\boldsymbol{F}_{\mathrm{D}}=\boldsymbol{C}_{\mathrm{d}}\frac{\rho}{2}A\boldsymbol{U}\left|\boldsymbol{U}\right| \tag{7-11}$$

$$\boldsymbol{F}_{\mathrm{I}} = C_{\mathrm{m}} \rho V \dot{\boldsymbol{U}} \tag{7-12}$$

式中：$\boldsymbol{F}$ 为垂直作用于单元轴线单位长度上的水动力矢量，N/m；$\boldsymbol{F}_{\mathrm{D}}$ 为单位长度上垂直作用于单元轴线的拖曳力矢量，N/m；$\boldsymbol{F}_{\mathrm{I}}$ 为单位长度上垂直作用于单元轴线的惯性力矢量，N/m；C_{d} 为拖曳力系数，取 1.15；ρ 为海水密度，取 1.025×10^3 kg/m³；$\boldsymbol{U}$ 为垂直于单元轴线的水流（由波浪和 / 或海流引起的）速度矢量的分量，m/s；C_{m} 为惯性力系数，取 1.2；A 为垂直于圆杆轴线单位长度上的投影面积（对圆形杆件为 D），m²；$\dot{\boldsymbol{U}}$ 为垂直于单元轴线的水流局部加速度矢量分量，m/s²；V 为圆杆单位长度上的体积（对圆形杆件为 $\pi D^2/4$），m³；D 为包括海生物在内的圆形杆件的有效直径，m。

（1）自由液面方程：

$$\eta = \frac{H}{2}\cos(kx - \omega t) = \zeta_{\mathrm{a}}\cos(kx - \omega t) \tag{7-13}$$

式中：H 为波高；k 为波数，$k = 2\pi/\lambda$（λ 为波长，计算公式为 $\lambda = \frac{g}{2\pi}T^2\tanh\left(\frac{2\pi}{\lambda}h\right)$，在工程应用中可使用显化简式计算公式 $\lambda = \lambda_0 \tanh^{\frac{2}{3}}\left(\frac{2\pi}{\lambda}h\right)^{\frac{3}{4}}$，其中 $\lambda_0 = \frac{gT^2}{2\pi}$ 为无限水深情况下波长）；x 为波浪传播方向的水平坐标；ω 为波浪圆频率，$\omega = 2\pi/T$（T 为波浪周期）；t 为时间变量；ζ_{a} 为波幅，$\zeta_{\mathrm{a}} = \frac{H}{2}$。

应该注意的是，式（7-13）是以平均水面为基准的，当转化到整体坐标系下时需加上平均水面高程值。需要根据自由液面方程来判断处于水面下的点，并进行波流载荷的计算。

（2）水流速度为波浪与海流引起的水质点速度之和，即

$$U = U_{\mathrm{w}} + U_{\mathrm{f}} \tag{7-14}$$

式中：U 为水流速度；U_{w} 为波浪引起的质点速度；U_{f} 为海流引起的水质点速度。

对于波浪引起的水质点速度 U_{w}，采用线性规则波理论（Airy 波理论），波浪为正弦规则波，其速度势

$$\phi = \frac{g\zeta_{\mathrm{a}}}{\omega}\frac{\cosh k(z+h)}{\cosh kh}\sin(kx - \omega t) \tag{7-15}$$

式中：g 为重力加速度；z 为垂向坐标（向上为正），$z = 0$ 为静水面；h 为平均水深。

t 时刻位于 $\boldsymbol{x} = (x, y, z)$ 的水质点速度向量 $\boldsymbol{v}(x, y, z, t) = (u, v, w)$ 可由速度势 ϕ 确定，即

$$\boldsymbol{v} = \nabla\phi = \boldsymbol{i}\frac{\partial\phi}{\partial x} + \boldsymbol{j}\frac{\partial\phi}{\partial y} + \boldsymbol{k}\frac{\partial\phi}{\partial z} \tag{7-16}$$

对于线性规则波，可以得到水质点 t 时刻在 x 与 z 方向的速度与加速度如下。

x 方向速度分量为

$$u = \frac{\partial\phi}{\partial x} = \omega\zeta_{\mathrm{a}}\frac{\cosh k(z+h)}{\sinh kh}\cos(kx - \omega t) \tag{7-17}$$

z 方向速度分量为

$$w=\frac{\partial \phi}{\partial z}=\omega\zeta_{\mathrm{a}}\frac{\sinh k(z+h)}{\sinh kh}\sin(kx-\omega t) \tag{7-18}$$

x 方向加速度分量为

$$a_x=\frac{\partial u}{\partial t}=\omega^2\zeta_{\mathrm{a}}\frac{\cosh k(z+h)}{\sinh kh}\sin(kx-\omega t) \tag{7-19}$$

z 方向加速度分量为

$$a_z=\frac{\partial w}{\partial t}=-\omega^2\zeta_{\mathrm{a}}\frac{\sinh k(z+h)}{\sinh kh}\cos(kx-\omega t) \tag{7-20}$$

由于 SACS 有限元软件将环境载荷视为静载荷进行计算，为方便结果的对比，可将波浪载荷中的时间项 t 设为定值进行计算。

对于海流速度，将平均水面以下设为剪切流、平均水平面以上设为定常流，如图 7-11 所示。

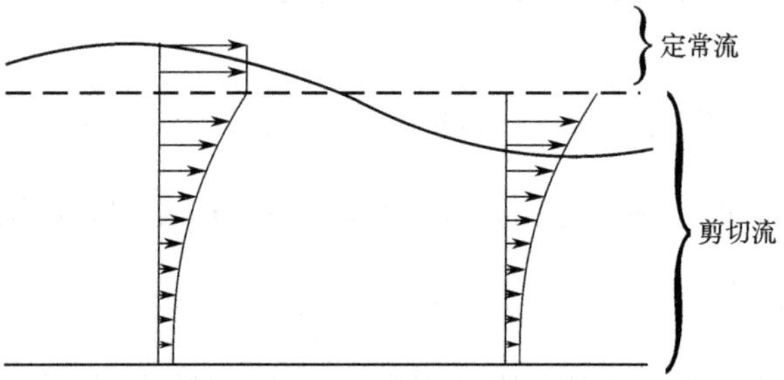

图 7-11 海流速度示意

剪切流设置为按照泥面到海平面高度的百分比高度处海流速度进行设置，设置参数见表 7-4。

表 7-4 海流参数

泥面到海平面高度的百分比	海流速度(m/s)
1%	1.427
5%	1.795
10%	1.982
25%	2.259
50%	2.495
75%	2.643
100%	2.754

(3)拖曳力系数 C_{d} 与惯性力系数 C_{m} 设置见表 7-5。

表 7-5　水动力系数

构件表面	构件半径 /m	拖曳力系数	惯性力系数
光滑	—	0.65	1.6
粗糙	<1	1.05	1.2
	>1	1.15	

表中构件表面光滑定义为无海生物附着的状态、粗糙定义为有海生物附着的状态。

（4）关于海生物附着，为了考虑海生物对波浪力的影响，可考虑增大杆件直径，即在原杆件直径的基础上增加两倍海生物的厚度（该增幅仅针对波浪力有效）。

$$D = D_0 + 2t_s \tag{7-21}$$

式中：D 为包括海生物在内的圆形杆件的有效直径；D_0 为圆形杆件的原本直径；t_s 为海生物附着厚度。

同时，需要考虑海生物带来的重量，根据海生物附着区间以及干密度，将海生物附着的载荷视为均布于杆件上的均布载荷进行计算。海生物附着参数见表 7-6。

表 7-6　海生物附着参数

海生物附着范围距泥面高度 /m	附着厚度 /cm	干密度 /（t/m^3）	表面粗糙度 /cm
13.30	15	1.450	2.54×10^{-4}

7.3.1.2　不同工况下模型单元的波流载荷等效处理方法

根据海平面高程及海生物附着高度，对以下几种结构单元可能出现的情况进行不同方式的处理。

1. 单元全部处于海平面以上

对于该种情况，波流载荷无影响，不需进行计算。

2. 单元全部处于海平面以下，且无海生物附着

对于该情况，波流力的分布大致如图 7-12 所示，由于此时波流载荷为不规则的分布载荷，故取 1—2 段中点 3 及 1—3 段与 2—3 段的中点 4、5，将单元分为四份（A~D），将四部分各自作用的波流分布载荷视为梯形分布，之后按照弯矩等效原则将其分布到单元两端点 1、2 上，计算等效集中力 F_1、F_2 与集中弯矩 M_1、M_2。

3. 单元全部处于海平面以下，且全部有海生物附着

该情况处理方法同第 2 种情况，仅将单元截面直径增加相应的海生物附着厚度即可。

4. 单元全部处于海平面以下，且部分有海生物附着

对于该种情况（图 7-13），取该单元海生物附着高程处为点 3，再各取 1—3 与 2—3 的中点 4、5，之后同前文列出的方法 2，将不规则分布载荷等效为四个梯形分布载荷进行等效计算。

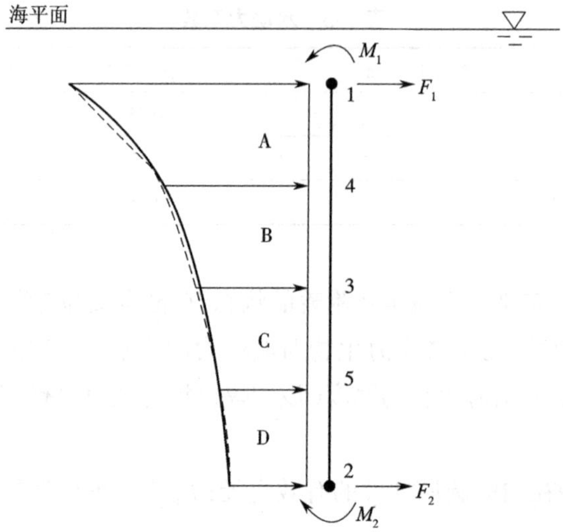

图 7-12 单元全部处于海平面以下,且无海生物附着时的波流载荷等效示意

5. 单元部分处于海平面以下,且无海生物附着

对于该种情况(图 7-14),取单元与海平面交点处为点 1′,代替第 2 种情况下的点 1,同样将单元在海平面以下的部分进行四等分,将载荷等效为梯形载荷进行计算。

6. 单元部分处于海平面以下,且部分有海生物附着

该种情况(图 7-15)下的计算方法为第 3 种与第 5 种情况的组合,即以单元与海平面交点 1′ 代替点 1,取该单元海生物附着高程处为点 3 进行载荷的等效计算。

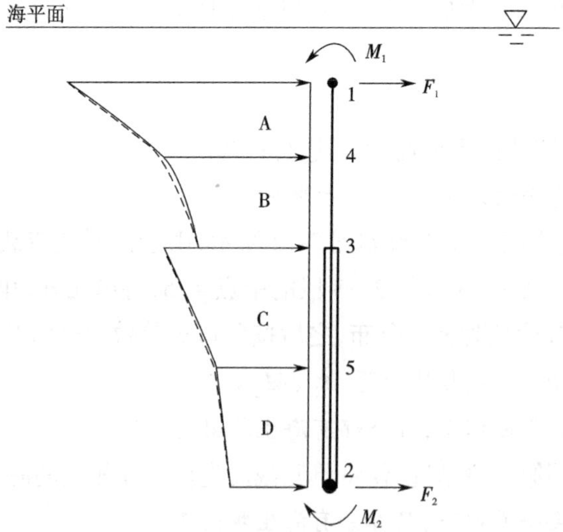

图 7-13 单元全部处于海平面以下,且部分有海生物附着时的波流载荷等效示意

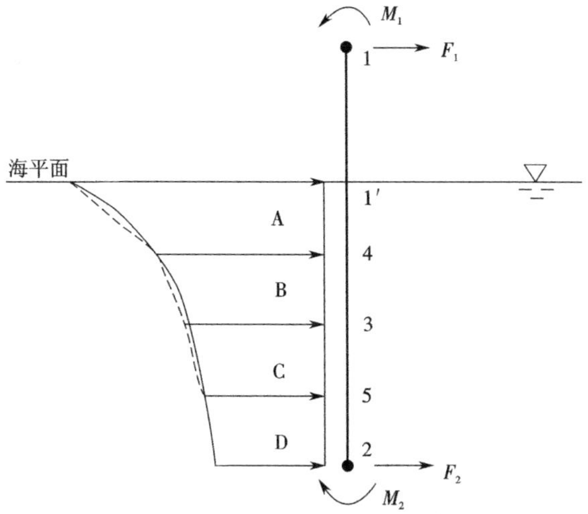

图 7-14　单元部分处于海平面以下，且无海生物附着时的波流载荷等效示意

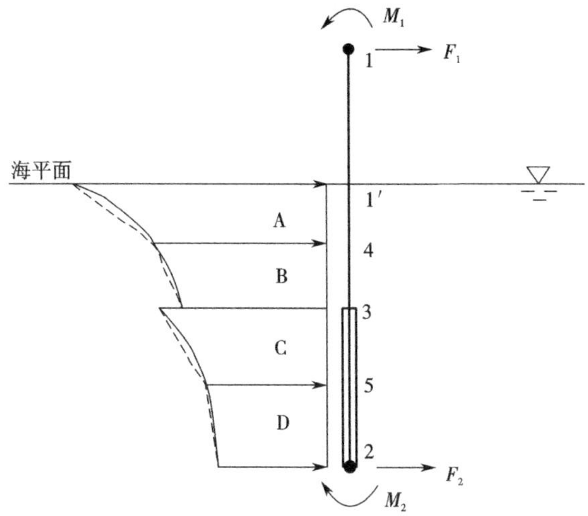

图 7-15　单元部分处于海平面以下，且部分有海生物附着时的波流载荷等效示意

7.3.1.3　风载荷计算方法

结构平均风压 p 由以下公式计算：

$$p = \mu_s \mu_z p_0 \tag{7-22}$$

式中：μ_s 为风载体形系数，与建筑物体形有关，圆柱设为 0.5，平面设为 1.5；μ_z 为风压高度变化系数；p_0 为基本风压，由贝努力方程 $p_0 = \dfrac{1}{2}\rho v_0^2$ 计算得到（ρ 为空气的质量密度，通常取 1.205 kg/m^3，v_0 为基本风速）。

风载荷由以下公式计算：

$$F = pA\sin\alpha \tag{7-23}$$

式中：A 为受风面垂直于力的投影面积；α 为风向与受风面的夹角。

计算风载荷时，将风载荷视为作用在杆件上的均布力，需要根据以下两个相关参数进行调整。

（1）自由液面：风载荷仅作用于自由液面以上的杆件。

（2）遮蔽区域：设置遮蔽区域高程区间，遮蔽区域范围内的杆件不受风载荷作用。

7.3.2　百年一遇高水位风浪载荷极端工况计算结果

基于表 7-1 的环境对“百年一遇高水位风浪载荷极端工况”进行计算，并将向量式有限元计算结果与 SACS 程序计算结果进行对比，得到以下结果。

（1）在百年一遇高水位风浪载荷极端工况下，波、流、风沿 x 轴方向时，结构位移如图 7-16 所示。

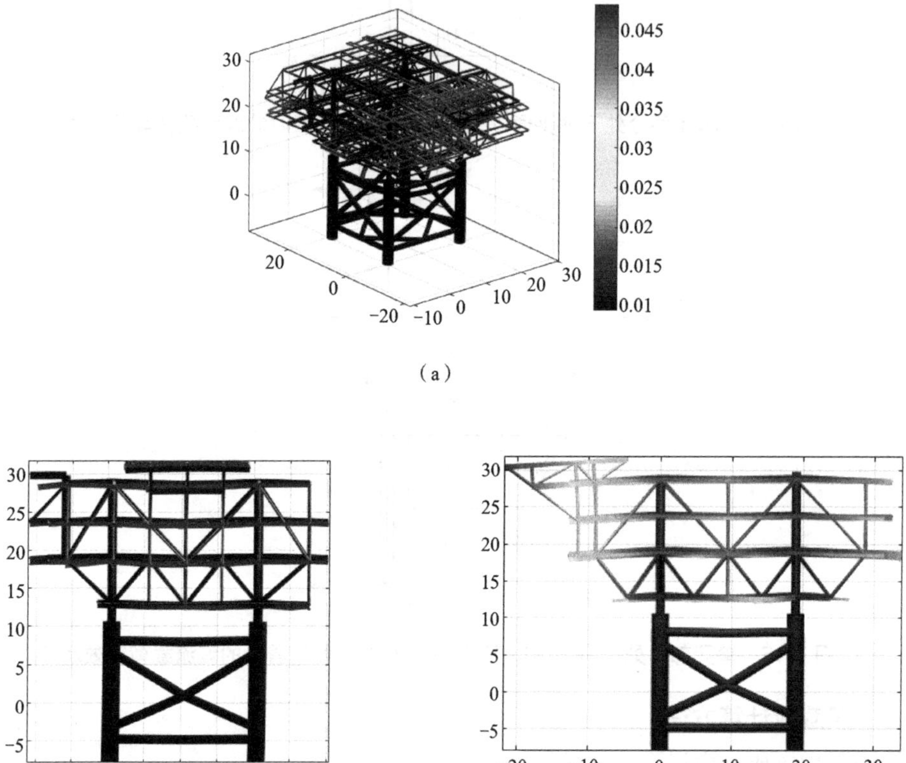

（a）

（b）　　　　（c）

图 7-16　百年一遇高水位风浪载荷极端工况下结构位移（波、流、风沿 x 轴方向，位移扩大 50 倍）

（a）轴测视图　（b）xz 轴平面视图　（c）yz 轴平面视图

波、流、风沿 x 轴方向时，桩腿支座反力计算结果对比见表 7-7。

表 7-7 桩腿支座反力计算结果对比

桩腿结点编号	方向	SACS 计算结果/kN	VFIFE 程序计算结果/kN	相对误差
221	*x*	−376.724	−377.180 5	0.12%
	z	11 143.156	11 177.496	0.31%
222	*x*	−409.116	−389.033 67	−4.91%
	z	12 720.384	12 348.363	−2.92%
223	*x*	−358.237	−358.390 51	0.04%
	z	1 0 675.37	1 0 762.479	0.82%
224	*x*	−393.91	−372.450 62	−5.45%
	z	12 130.192	11 833.115	−2.45%

波、流、风沿 *x* 轴方向时，部分关键结点位移计算结果对比见表 7-8。

表 7-8 部分关键结点位移计算结果对比

结点编号	位移方向	SACS 计算结果/mm	VFIFE 程序计算结果/mm	相对误差
275	*x*	12.469 306	11.678	−6.35%
	z	−8.359 205	−8.288	−0.85%
410	*x*	13.131 546	12.089	−7.94%
	z	−9.576 315	−9.54	−0.38%
739	*x*	12.002 896	10.854	−9.57%
	z	−12.718 298	−12.848	1.02%
876	*x*	13.476 499	11.574	−14.12%
	z	−18.156 06	−17.792	−2.01%

（2）在百年一遇高水位风浪载荷极端工况下，波、流、风沿 *y* 轴方向时，结构位移如图 7-17 所示。

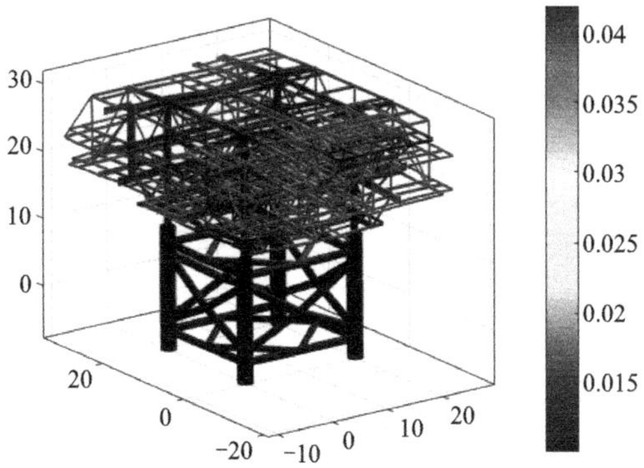

（a）

图 7-17 百年一遇高水位风浪载荷极端工况下结构位移（波、流、风沿 *y* 轴方向，位移扩大 50 倍）

（a）轴测视图

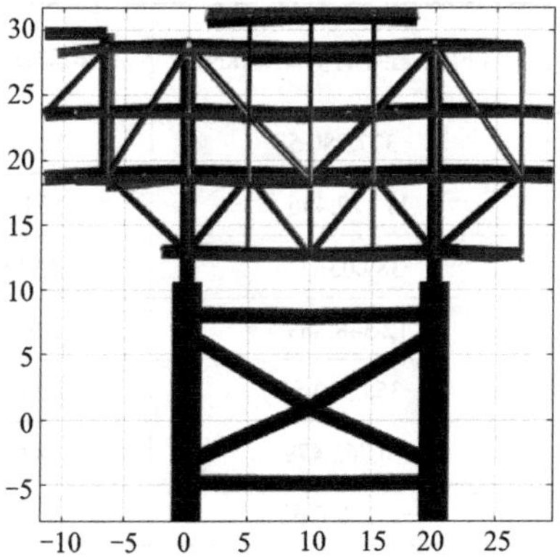

(b)

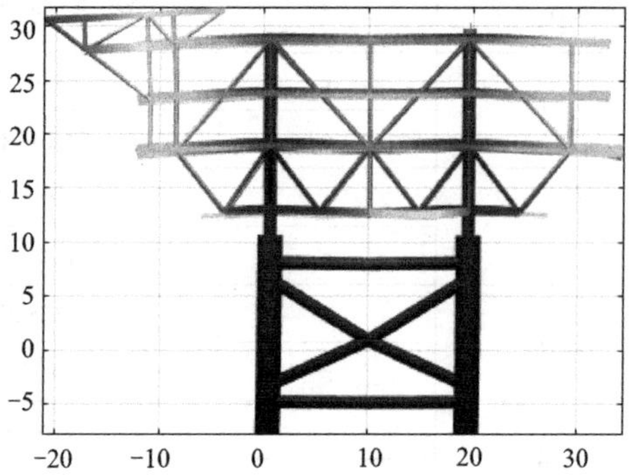

(c)

图 7-17 百年一遇高水位风浪载荷极端工况下结构位移(波、流、风沿 y 轴方向,位移扩大 50 倍)(续)

(b)xz 轴平面视图 (c)yz 轴平面视图

波、流、风沿 y 轴方向时,桩腿支座反力计算结果对比见表 7-9。

表 7-9 桩腿支座反力计算结果对比

桩腿结点编号	方向	SACS 计算结果/kN	VFIFE 程序计算结果/kN	相对误差
221	y	−393.569	−393.669	0.03%
	z	11 055.1	11 092.76	0.34%
222	y	−396.894	−397.007	0.03%
	z	11 488.87	11 098.9	3.39%
223	y	−429.667	−408.561	4.91%
	z	11 898.68	11 995.6	0.81%
224	y	−432.802	−411.5	4.92%
	z	12 231.91	11 939.65	2.39%

波、流、风沿 y 轴方向时,部分关键结点位移计算结果对比见表 7-10。

表 7-10 部分关键结点位移计算结果对比

结点编号	位移方向	SACS 计算结果/mm	VFIFE 程序计算结果/mm	相对误差
275	y	12.784 07	12.441	−2.68%
	z	−8.300 99	−8.237	−0.77%
410	y	11.675 08	11.347	−2.81%
	z	−9.515 79	−9.487	−0.30%

续表

结点编号	位移方向	SACS 计算结果/mm	VFIFE 程序计算结果/mm	相对误差
739	y	12.172 32	11.641	-4.36%
	z	−13.818 4	−13.853	0.25%
876	y	10.823 12	10.609	-1.98%
	z	−18.163 1	−17.804	-1.98%

7.3.3　百年一遇低水位风浪载荷极端工况计算结果

对“百年一遇低水位风浪载荷极端工况”进行计算，并将向量式有限元计算结果与 SACS 程序计算结果进行对比，得到结果如下。

（1）波、流、风沿 x 轴方向时，结构位移如图 7-18 所示。

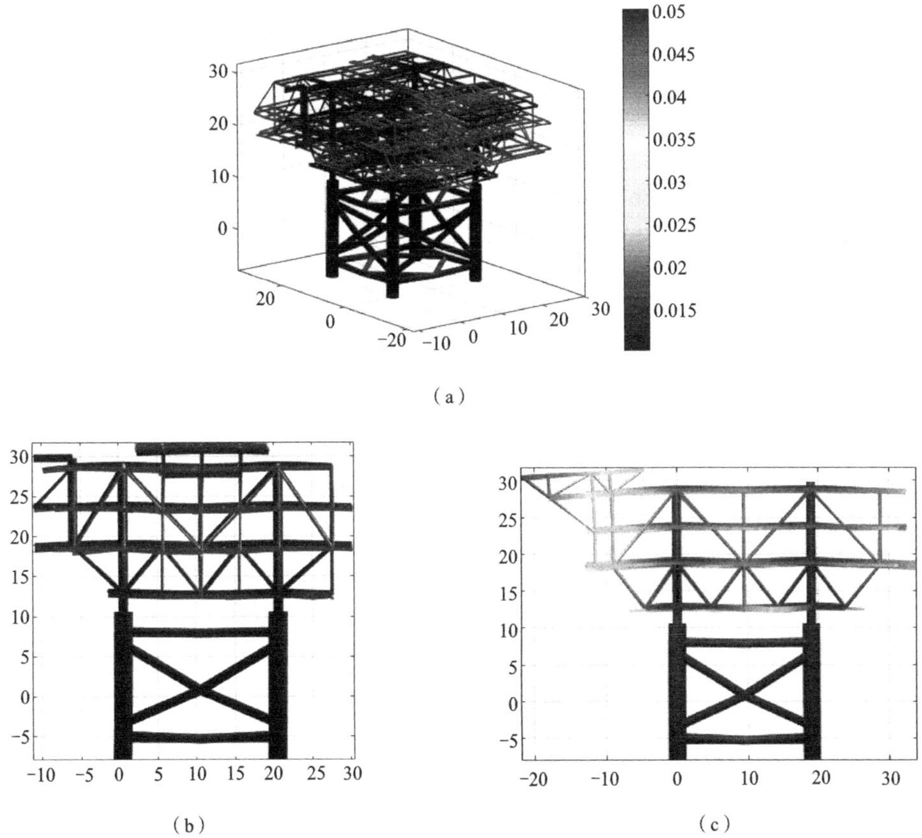

图 7-18　百年一遇低水位风浪载荷极端工况下结构位移（波、流、风沿 x 轴方向，位移扩大 50 倍）

（a）轴测视图　（b）xz 轴平面视图　（c）yz 轴平面视图

波、流、风沿 x 轴方向时，桩腿支座反力计算结果对比见表 7-11。

表 7-11 桩腿支座反力计算结果对比

桩腿结点编号	方向	SACS 计算结果/kN	VFIFE 程序计算结果/kN	相对误差
221	x	−355.586	−335.595	−5.62%
	z	12 982.44	13 015.95	0.26%
222	x	−477.42	−459.498	−3.75%
	z	14 462.81	14 092.19	−2.56%
223	x	−325.962	−305.531	−6.27%
	z	12 524.27	12 611.78	0.70%
224	x	−451.114	−431.659	−4.31%
	z	13 864.1	13 566.01	−2.15%

波、流、风沿 x 轴方向时，部分关键结点位移计算结果对比见表 7-12。

表 7-12 部分关键结点位移计算结果对比

结点编号	位移方向	SACS 计算结果/mm	VFIFE 程序计算结果/mm	相对误差
275	x	12.633 68	11.711	−7.30%
	z	−9.564 29	−9.337	−2.38%
410	x	13.322 61	12.129	−8.96%
	z	−10.778 9	−10.587	−1.78%
739	x	11.742 1	10.449	−11.01%
	z	−13.914 6	−13.932	0.13%
876	x	13.446 51	11.374	−15.41%
	z	−19.348 6	−18.808	−2.79%

（2）波、流、风沿 y 轴方向时，结构位移如图 7-19 所示。

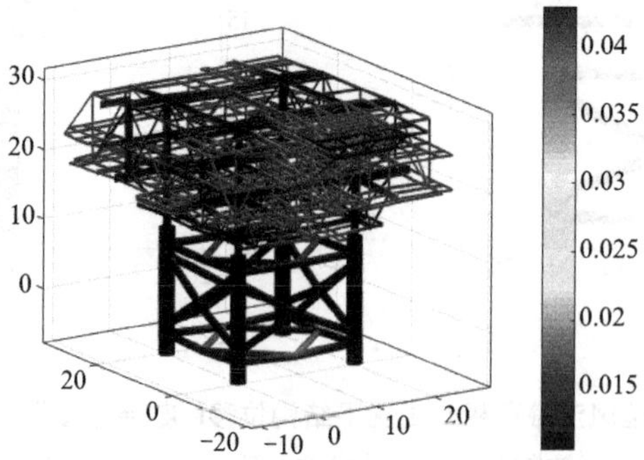

（a）

图 7-19 百年一遇低水位风浪载荷极端工况下结构位移（波、流、风沿 y 方向，位移扩大 50 倍）

（a）轴测视图

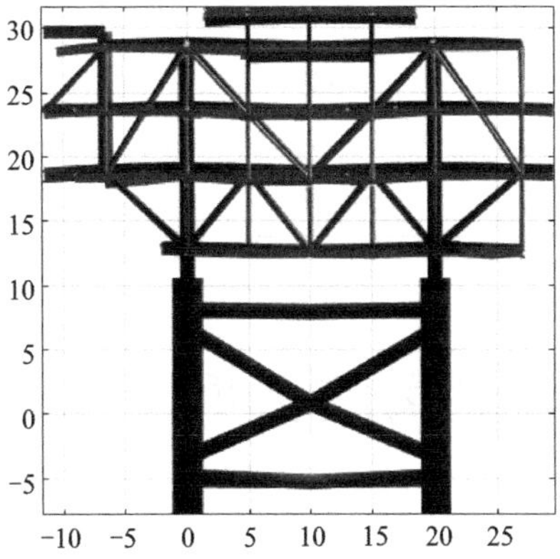

（b）

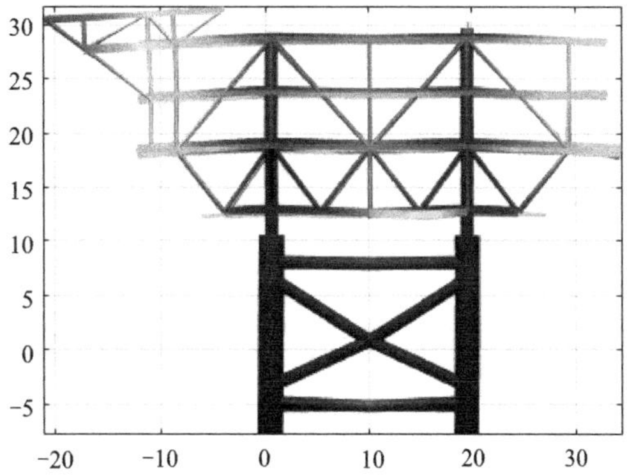

（c）

图 7-19　百年一遇低水位风浪载荷极端工况下结构位移（波、流、风沿 y 方向，位移扩大 50 倍）（续）

（b）xz 轴平面视图　（c）yz 轴平面视图

波、流、风沿 y 轴方向时，桩腿支座反力计算结果对比见表 7-13。

表 7-13　桩腿支座反力计算结果对比

桩腿结点编号	方向	SACS 计算结果/kN	VFIFE 程序计算结果/kN	相对误差
221	y	−356.561	−336.092	−5.74%
	z	12 952.96	12 990.47	0.29%
222	y	−360.782	−340.246	−5.69%
	z	13 384.11	12 995.92	−2.90%
223	y	−472.582	−453.577	−4.02%
	z	13 582.48	13 679.2	0.71%
224	y	−476.607	−457.321	−4.05%
	z	13 917.65	13 623.95	−2.11%

波、流、风沿 y 轴方向时，部分关键结点位移计算结果对比见表 7-14。

表 7-14　部分关键结点位移计算结果对比

结点编号	位移方向	SACS 计算结果/mm	VFIFE 程序计算结果/mm	相对误差
275	y	12.077 19	11.696	−3.16%
	z	−9.545 87	−9.324	−2.32%
410	y	10.925 45	10.554	−3.40%
	z	−10.760 2	−10.574	−1.73%

续表

结点编号	位移方向	SACS 计算结果/mm	VFIFE 程序计算结果/mm	相对误差
739	y	11.405 53	10.826	-5.08%
	z	-14.969 3	-14.835	-0.90%
876	y	10.142 4	9.874	-2.65%
	z	-19.352 4	-18.816	-2.77%

7.4 地震载荷工况下导管架平台非线性动力分析

7.4.1 地震波的选择与处理

下面对在地震载荷作用下海上电气平台结构的响应进行分析。在计算海上电气平台结构自重以及重量载荷的基础上，增加地震载荷的作用，并使用 VFIFE 程序进行分析。地震工况时考虑三个方向地震力的作用，x、y、z 轴方向载荷系数分别为 1.0、1.0、0.5；结点质量仅包含杆件本身质量，未考虑结构附加质量；地震波输入采用持续 54 s 的 El-Centro 地震波，如图 7-20 所示；计算总时长为 60 s，其中 0~6 s 为静力载荷加载过程，6~60 s 为地震载荷加速度加载过程。

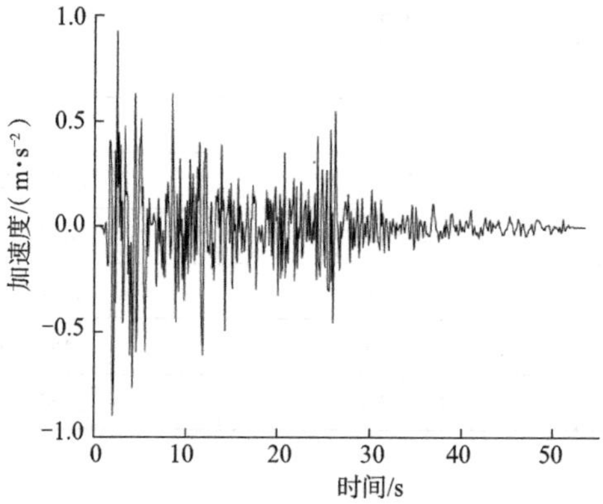

图 7-20 El-Centro 地震波输入

7.4.2 加载控制与阻尼计算

7.4.2.1 加载控制方法

采用向量式有限元计算地震波作用下结构的动力响应时，既可以采用力控制（即加速度控制），也可以采用位移控制。加速度控制是在结构每一处结点位置都施加上一个与加速度相对应的外力；而位移控制则是假定结构底部随振动台底部运动，位移值即为地震波等效后的输入位移。

1. 加速度控制

对于向量式有限元方法，由于将结构等效为质点组，地震作用可等效为外力反方向作用在质点上，将各时刻地震加速度对应的地震作用施加在质点上，质点上作用的地震载荷的计算公式如下：

$$F_{eq} = -kMa_{eq} \tag{7-24}$$

式中：F_{eq} 为作用在质点上的地震载荷；M 为质点等效质量，包括结构自重以及重力载荷等效到质点上的质量；a_{eq} 为地震加速度。

2. 位移控制

位移控制法将结构固支端地震方向的约束解除，在结构对应的支座约束处施加地震位移时程，则支座处质点对应的运动方程式可表示为

$$\begin{pmatrix} x_{soil}^n \\ y_{soil}^n \\ z_{soil}^n \end{pmatrix} = \begin{pmatrix} x_{eq}(t) \\ y_{eq}(t) \\ z_{eq}(t) \end{pmatrix} \tag{7-25}$$

式中：x_{soil}^n、y_{soil}^n、z_{soil}^n 为结构支座约束处施加的位移时程；$x_{eq}(t)$、$y_{eq}(t)$、$z_{eq}(t)$ 为地震位移时程。

若实现地震波模拟，将对支座约束处质点施加沿该方向的单向地震位移时程。若考虑多向地震作用，只需在相应方向施加地震位移时程即可，所加位移可由地震波加速度时程曲线积分获得。

7.4.2.2　动力阻尼的选取

在导管架平台结构的动力响应计算中，采用向量式有限元方法的 VFIFE 程序与采用传统有限元方法的商业软件（如海工结构分析软件 SACS）相比，结构阻尼的处理有所不同，结构等效阻尼比与向量式有限元中所使用的阻尼系数间需要进行转换计算。

某结构单自由度运动方程常可以表示为

$$m\ddot{x} + 2m\omega_n\xi\dot{x} + kx = F\sin(\omega t + \varphi) \tag{7-26}$$

式中：ξ 为结构等效阻尼比；m 为结构质量；ω_n 为结构 n 阶圆频率；k 为刚度；F 为外载荷幅值；ω 为外载荷频率；φ 为外载荷相位角。传统有限元软件 SACS 中的 "Overall Modal Damping" 即为结构总的等效阻尼比，涵盖结构各模态、各自由度的阻尼比选取。

在向量有限元计算中考虑结构的阻尼时，将在质点运动方程的右侧分别增加一项 F_i^{dump} 和 M_i^{dump}，静力分析时可取

$$F_i^{dump} = \alpha_1 m_i \dot{x}_i \tag{7-27}$$

$$M_i^{dump} = \alpha_2 I_i \dot{\theta}_i \tag{7-28}$$

式中：α_1、α_2 为向量有限元计算中的阻尼系数。阻尼可以是人为假定的虚拟阻尼，也可是结构的真实阻尼，前者用于静力分析，后者用于动力分析。在结构动力分析中，阻尼能反映出结构体系中的耗能特点，影响动力计算结果的精确性和稳定性。然而阻尼的精确确定是

一个非常复杂的问题,其中瑞利(Rayleigh)阻尼形式被广泛应用,阻尼矩阵可采用下式表达:

$$\boldsymbol{C}=\alpha\boldsymbol{M}+\beta\boldsymbol{K} \tag{7-29}$$

式中:$\boldsymbol{M}$、$\boldsymbol{K}$为分别为结构的质量矩阵和刚度矩阵;α为质量阻尼系数;β为刚度阻尼系数。

若使用阻尼比的形式,可表达如下:

$$\xi_n=\frac{\alpha}{2\omega_n}+\frac{\beta\omega_n}{2} \tag{7-30}$$

式中:ξ_n为第 n 阶振型对应的阻尼比;ω_n为第 n 阶振型对应的圆频率。由两个给定的第 m 阶振型和第 n 阶振型分别对应的阻尼比 ξ_m、ξ_n 以及圆频率 ω_m、ω_n 可以解出 Rayleigh 阻尼系数 α 与 β。一般情况下,假设 $\xi=\xi_m=\xi_n$,可得

$$\begin{pmatrix}\alpha\\ \beta\end{pmatrix}=\frac{4\xi}{\omega_n+\omega_m}\begin{pmatrix}\omega_m\omega_n\\ 1\end{pmatrix} \tag{7-31}$$

通过分析可知,对于研究的导管架平台结构,其刚度阻尼是远远小于质量阻尼的。由于向量有限元法在计算过程中并不形成整体刚度矩阵,因此本书中阻尼的设置没有计入刚度阻尼,在确定质量阻尼系数时可适当考虑近似。根据向量有限元阻尼计算式与传统 Rayleigh 阻尼系数的计算,可得

$$\left(\alpha_1^i\right)=\frac{4\xi}{\omega_n+\omega_m}\left(\omega_m\omega_n\right) \tag{7-32}$$

7.4.3 响应对比验证

本次计算中采用的土弹簧参数参照 SACS 软件中“PILEHEAD STIFFNESS FOR JOINT”设置,见表 7-15。

表 7-15 土弹簧矩阵设置

		绕轴旋转			沿轴平移		
		RX	RY	RZ	DX	DY	DZ
绕轴旋转	RX	0.876 528E+07	−0.202 062E+03	0.000 000E+00	0.998 592E+01	0.759 312E+06	0.000 000E+00
	RY	−0.202 062E+03	0.876 043E+07	0.000 000E+00	−0.759 072E+06	−0.998 592E+01	0.000 000E+00
	RZ	0.000 000E+00	0.000 000E+00	0.121 054E+07	0.000 000E+00	0.000 000E+00	0.000 000E+00
沿轴平移	DX	0.998 592E+01	−0.759 072E+06	0.000 000E+00	0.904 555E+05	0.332 517E+01	0.000 000E+00
	DY	0.759 312E+06	−0.998 592E+01	0.000 000E+00	0.332 517E+01	0.905 353E+05	0.000 000E+00
	DZ	0.000 000E+00	0.000 000E+00	0.000 000E+00	0.000 000E+00	0.000 000E+00	0.191 481E+07

在地震分析中,需要根据结构自身的模态和振型(本算例见表 7-16 和表 7-17),找到各

自由度所对应的前两阶模态，并根据 7.4.2.2 中所述的动力阻尼选取方法计算得到各自由度的阻尼系数。

表 7-16　结构的各阶模态

模态	频率.(每秒转数)	模态质量	特征值	周期(秒)
1	0.696 043	9.151 692 3E+02	5.228 387 3E−02	1.436 692 3
2	0.711 356	2.142 819 1E+03	5.005 710 5E−02	1.405 765 1
3	0.724 000	1.016 905 5E+03	4.832 399 0E−02	1.381 215 0
4	1.651 129	4.849 499 4E+02	9.291 337 3E−03	0.605 646 2
5	1.863 003	8.807 233 2E+02	7.298 154 8E−03	0.536 767 8
6	2.374 616	6.678 019 2E+02	4.492 140 2E−03	0.421 120 6
7	2.525 323	4.316 717 4E+02	3.971 973 9E−03	0.395 989 0
8	2.610 465	1.307 483 1E+02	3.717 101 6E−03	0.383 073 5
9	2.292 076	1.413 553 2E+02	2.956 462 4E−03	0.341 637 9
10	3.001 186	1.235 313 1E+02	2.812 252 3E−03	0.333 201 6
11	3.097 220	6.345 142 4E+01	2.640 560 4E−03	0.322 870 2
12	3.432 753	2.520 511 1E+01	2.149 587 4E−03	0.291 311 4
13	3.465 401	6.190 338 1E+02	2.109 275 5E−03	0.288 566 9
14	3.803 557	3.066 752 7E+02	1.750 895 7E−03	0.262 911 8
15	3.938 585	3.021 761 0E+02	1.632 900 8E−03	0.253 898 3
16	4.205 695	2.752 859 3E+02	1.432 071 4E−03	0.237 772 8
17	4.454 422	3.362 122 3E+02	1.276 608 1E−03	0.224 496 0
18	4.640 864	3.985 626 0E+01	1.176 095 6E−03	0.215 477 1

表 7-17　结构各阶模态所对应的振型

模态	模态质量参与系数			累积因子		
	x	*y*	*z*	*x*	*y*	*z*
1	0.848 441 2	0.000 012 5	0.000 000 4	0.848 441	0.000 012	0.000 000
2	0.003 749 1	0.949 367 6	0.000 005 1	0.852 190	0.949 380	0.000 0006
3	0.118 645 6	0.027 008 3	0.000 000 2	0.970 836	0.976 380	0.000 006
4	0.001 442 3	0.000 000 5	0.000 001 0	0.972 278	0.976 389	0.000 007
5	0.000 062 1	0.000 012 6	0.000 001 4	0.972 340	0.976 401	0.000 008
6	0.000 038 8	0.000 345 4	0.000 033 5	0.972 379	0.976 747	0.000 042
7	0.009 181 1	0.000 191 4	0.000 007 1	0.981 560	0.976 938	0.000 049
8	0.001 313 5	0.000 101 2	0.000 016 5	0.982 874	0.977 039	0.000 065
9	0.000 319 6	0.005 783 3	0.002 924 5	0.983 193	0.982 823	0.002 990

续表

模态	模态质量参与系数			累积因子		
	x	y	z	x	y	z
10	0.000 198 2	0.009 320 0	0.010 543 2	0.983 392	0.992 143	0.013 533
11	0.009 163 6	0.000 525 5	0.000 925 3	0.992 555	0.992 668	0.014 458
12	0.000 374 5	0.000 002 1	0.000 031 9	0.992 930	0.992 670	0.014 490
13	0.000 324 1	0.000 032 7	0.000 470 9	0.993 254	0.992 703	0.014 961
14	0.000 110 8	0.002 807 9	0.041 654 6	0.993 364	0.995 511	0.056 616
15	0.003 468 6	0.000 089 0	0.000 320 9	0.996 833	0.995 600	0.056 936
16	0.000 431 8	0.000 101 3	0.009 459 6	0.997 265	0.995 701	0.066 396
17	0.000 022 3	0.000 561 6	0.391 394 6	0.997 287	0.996 263	0.457 791
18	0.000 002 2	0.000 546 3	0.054 938 5	0.997 289	0.996 809	0.512 729
19	0.000 001 5	0.001 015 3	0.292 842 2	0.997 291	0.997 824	0.805 571
20	0.000 359 1	0.000 003 4	0.000 183 8	0.997 650	0.997 828	0.805 755

根据本算例振型可判断 x 轴方向所对应的前二阶模态应为第一和第四阶模态，y 轴方向所对应的前二阶模态应为第二和第六阶模态，z 轴方向所对应的前二阶模态应为第十四和第十六阶模态。从 SACS 计算结果可知，x 轴与 y 轴方向动力响应基本一致，因此选取阻尼系数时 x 轴与 y 轴方向取二者计算均值，并考虑将刚度阻尼部分近似为 0.8，z 轴方向阻尼系数取值为 2.5。

需要注意的是，向量式有限元阻尼系数仅参考 Rayleigh 阻尼系数的计算方法，其数值与 Rayleigh 阻尼不等价。这里的向量式有限元阻尼取值为 0.8，近似等同于 Rayleigh 阻尼取值 5%。

将选定的阻尼及各项参数输入向量式有限元计算程序进行计算，并与 SACS 计算结果进行对比，对比结果如图 7-21 所示。可以看到，向量有限元的时域计算结果与 SACS 的反应谱法计算得到的结果基本吻合，峰值最大误差在 8% 以内。

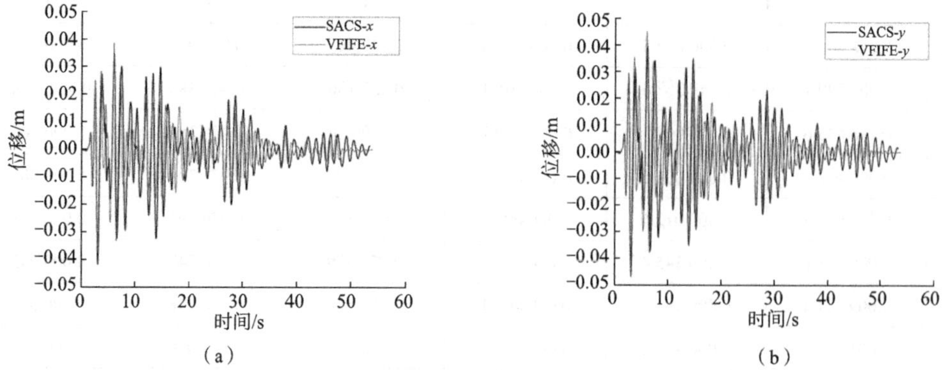

图 7-21 三向位移响应对比

(a) x 轴方向 (b) y 轴方向

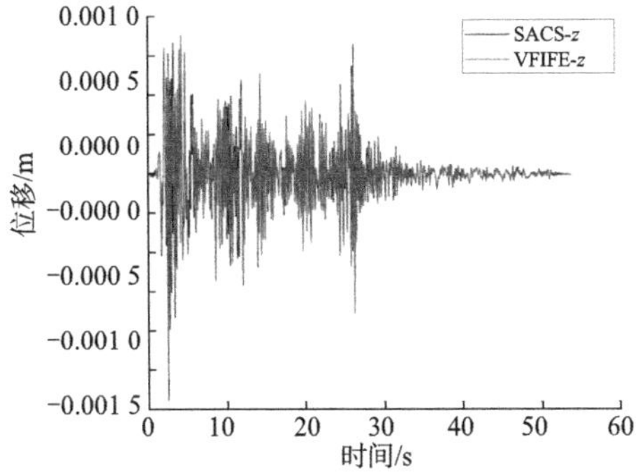

（c）

图 7-21　三向位移响应对比（续）

（c）z 轴方向位

7.4.4　计算结果分析

7.4.4.1　位移响应

通过对结点位移响应时程的观察，发现地震响应最大峰值发生在地震载荷加载后约 3.03 s 时，因此取该时刻海上电气平台结构进行位移响应分析。取结构下部桩腿结构及各层甲板分别进行结构位移响应云图的输出，得到的结果如图 7-22 所示。

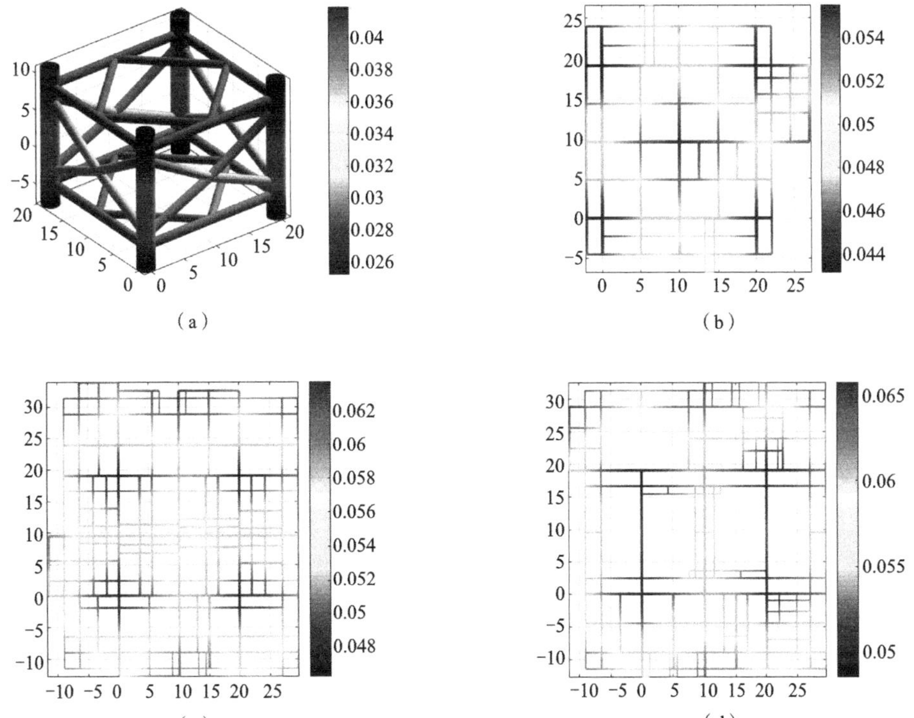

图 7-22　下部结构及各层甲板位移响应云图（t = 3.03 s）

（a）下部结构　（b）第一层甲板　（c）第二层甲板　（d）第三层甲板

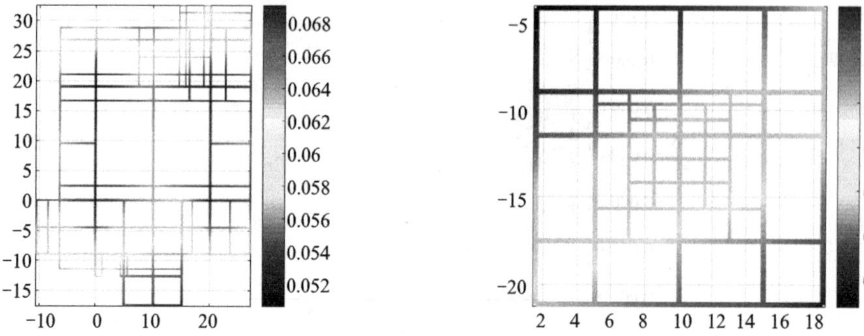

(e)　　　　(f)

图 7-22　下部结构及各层甲板位移响应云图(t = 3.03 s)(续)

(e)第四层甲板　(f)第五层甲板

从图 7-22 中整合结构较大位移点分布情况以及最大位移响应值，结果见表 7-18。

表 7-18　结构较大位移点分布情况以及最大位移响应值

结构	较大位移点分布情况	最大位移响应值/m
下部结构	桩腿上端	0.042
第一层甲板	甲板中部	0.055
第二层甲板	甲板 y 轴方向边缘	0.064
第三层甲板	甲板 y 轴方向边缘	0.066
第四层甲板	甲板 y 轴方向边缘	0.069
第五层甲板	甲板 y 轴最小值处边缘	0.074

可以看到，结构较大的位移响应主要分布于结构 y 轴方向边缘处，且位移响应值随高度增加呈递增趋势。结构最大位移发生在最上层甲板 y 轴方向边缘处(结点编号 952)，最大位移 U_{max} = 0.074 m，如图 7-23 所示。

7.4.4.2　应力分析

由于向量式有限元以结点为基础，单元仅作为连接结点的工具，因此无法精确地反映应力在梁单元上的分布，仅能得到单元上的最大应力值。输出 3.03 s 时结构的单元最大应力云图，观察发现纵向杆件上的单元最大应力较小，如图 7-24 所示。

可以判断应力较大的单元为横向杆件单元，取结构下部桩腿结构及各层甲板分别进行结构单元最大应力云图的输出，结果如图 7-25 所示。从图中可以看到，最大应力出现在第一层甲板与桩腿连接处的结点附近，主要为沿 y 轴方向的单元，最大应力值约为 185 MPa。

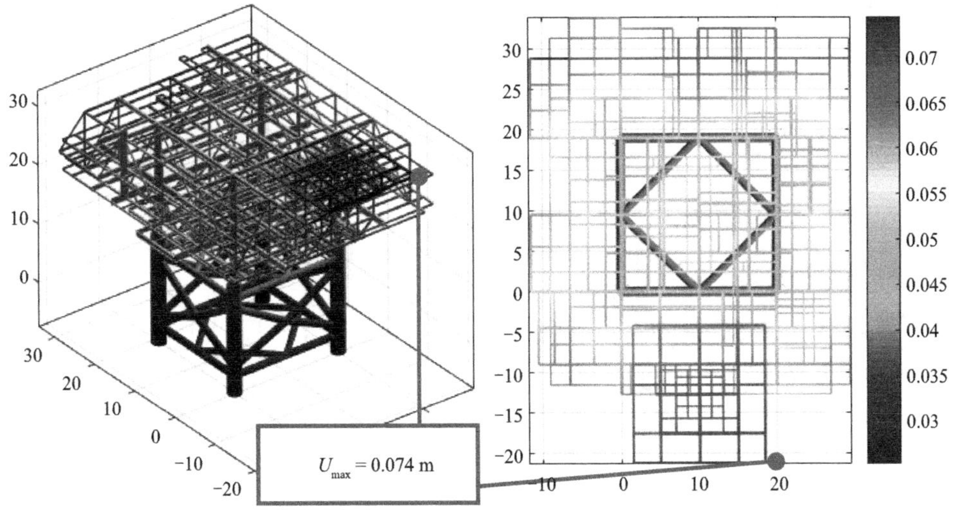

图 7-23　海上电气平台位移云图（ t = 3.03 s ）及最大位移点

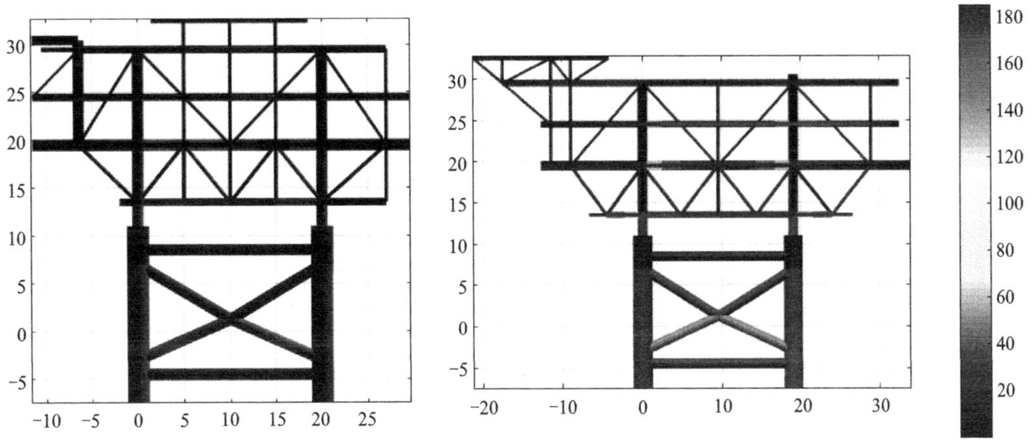

图 7-24　海上电气平台单元最大应力云图（ 侧视图，t = 3.03 s ）

7.4.4.3　地震方向影响分析

为探究地震方向对海上电气平台结构位移响应的影响，分别对结构施加沿 x 轴方向与沿 y 轴方向的地震载荷，载荷系数取 1.0。同样取地震加载后 3.03 s 时的结果，输出位移响应云图，并提取最大位移点位置与最大位移大小。

施加 x 轴方向载荷系数为 1.0 的 El-Centro 地震波载荷，结果如图 7-26 所示。

位移响应云图显示，较大位移点分布在结构沿 y 方向边缘处，最大位移点位于最上层甲板 y 轴方向边缘处（ 结点编号 952 ），最大位移 U_{max} = 0.052 m。

之后施加 y 轴方向载荷系数为 1.0 的 El-Centro 地震波载荷，结果如图 7-27 所示。位移响应云图显示，较大位移点分布在结构与 y 轴同向的中部，最大位移点同样位于最上层甲板 y 轴方向边缘处（ 结点编号 952 ），最大位移 U_{max} = 0.031 m，小于 x 轴方向地震加载下的最大位移值。根据最大位移值对比及较大位移点分布规律，可以看到海上电气平台结构受到 x 轴方向地震加载的影响要大于 y 轴方向地震加载的影响。

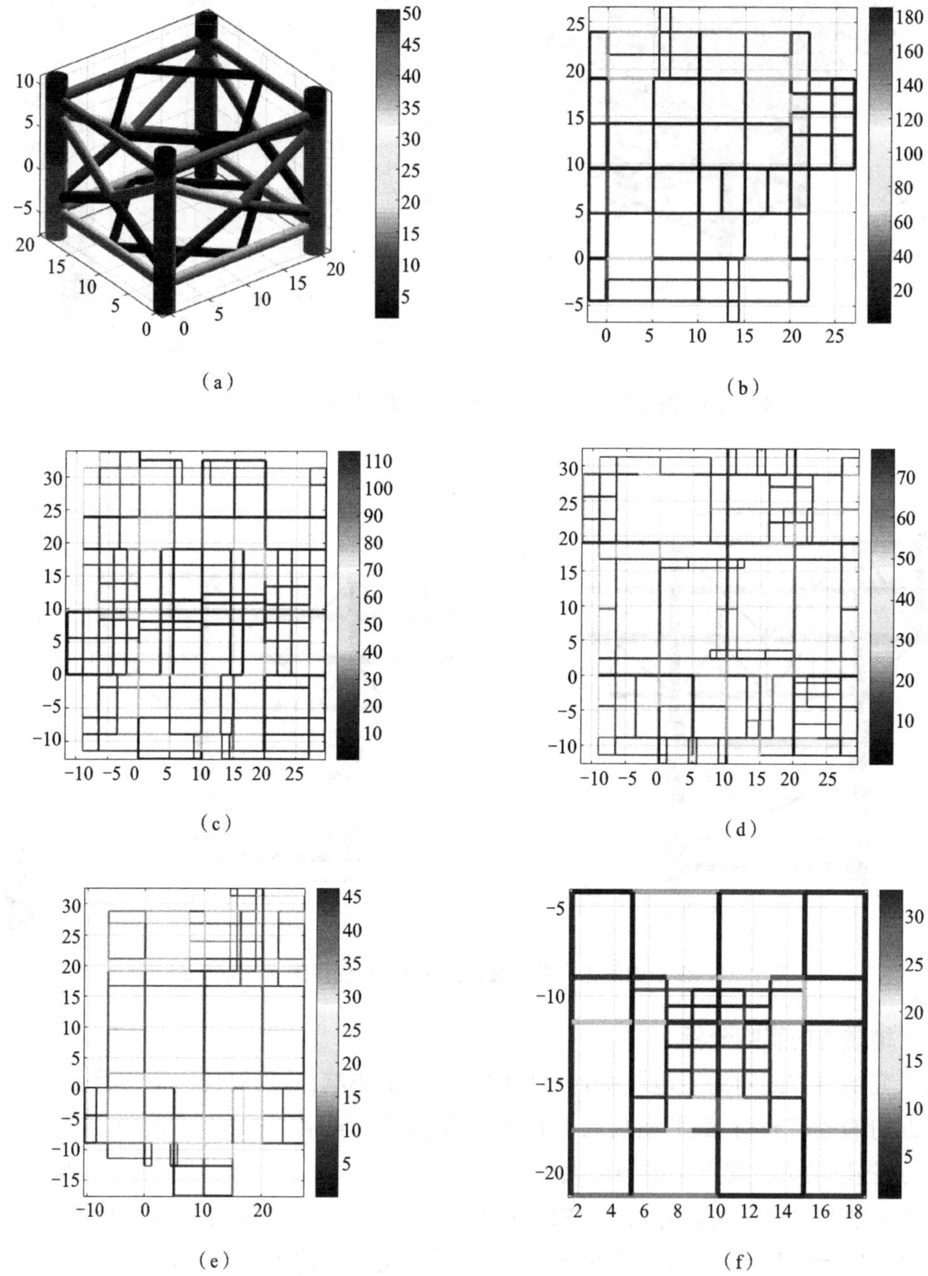

图 7-25　下部结构及各层甲板单元最大应力云图(t = 3.03 s)

(a)下部结构　(b)第一层甲板　(c)第二层甲板　(d)第三层甲板

(e)第四层甲板　(f)第五层甲板

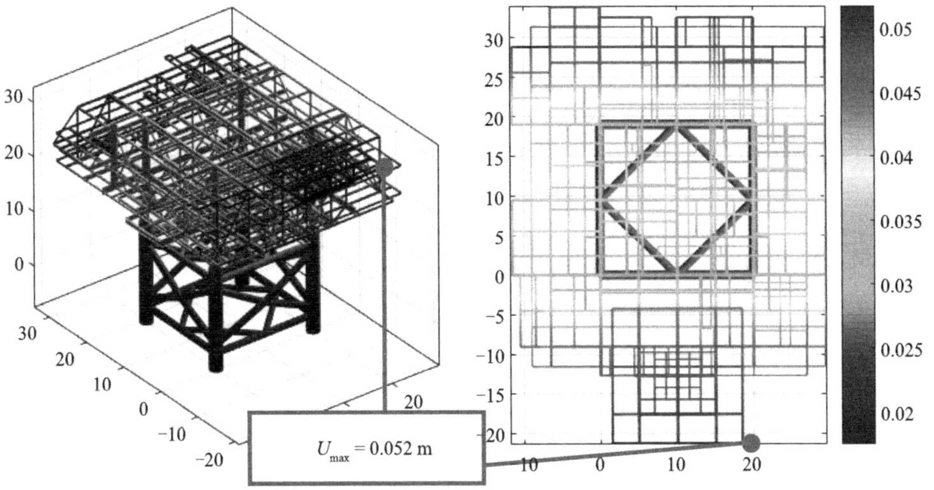

图 7-26　x 轴方向地震加载下平台位移云图(t = 3.03 s)及最大位移点

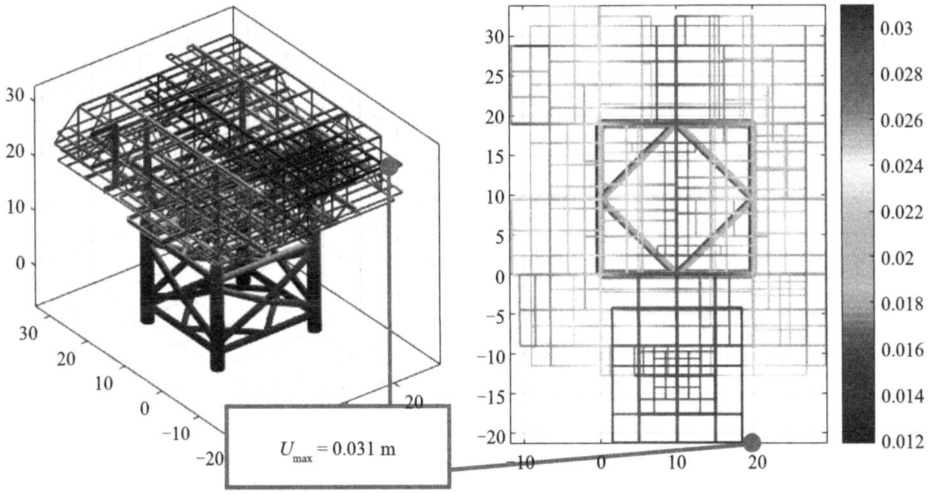

图 7-27　y 轴方向地震加载下平台位移云图(t = 3.03 s)及最大位移点

7.4.4.4　加载方式与阻尼系数影响分析

由于阻尼系数对结构在地震载荷下的响应幅值有较大影响，本节针对不同加载方式下阻尼系数的选取开展敏感性分析。

当在阻尼较小($\xi = 0.3$)时，加速度加载与位移加载方法计算得到的结果较为吻合，如图 7-28(a)所示；而在阻尼较大($\xi = 0.9$)时，与加速度加载方法相比位移加载方法的计算结果产生了明显的偏移，如图 7-28(b)所示。取不同阻尼下两种方法计算结果之差进行对比，如图 7-28(c)所示，结果显示阻尼越大带来的偏移量也越大。

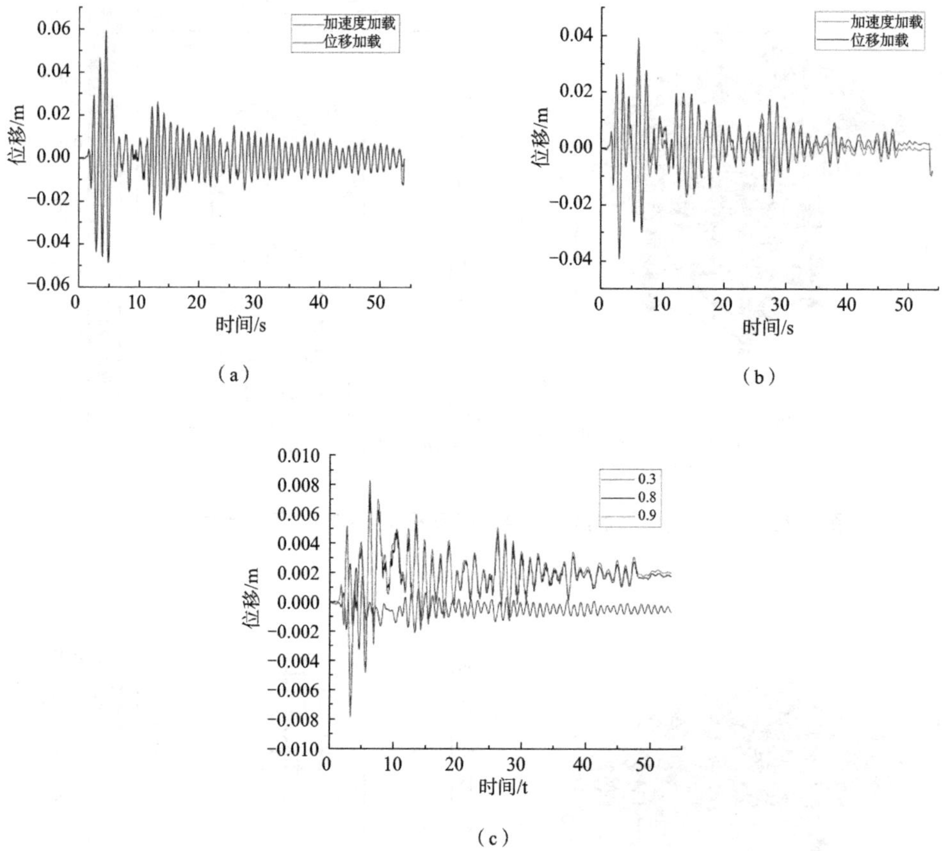

图 7-28 两种加载方式计算结果对比

(a)x 轴方向，$\xi=0.3$ (b)x 轴方向，$\xi=0.9$

(c)x 轴方向，不同阻尼

出现以上结果的原因是在进行地震载荷位移加载时，加载点位于结构底部桩腿处，向量式有限元方法在结点力与位移向上传递计算时会重复计算阻尼的作用，使得上部结构整体位移偏小，导致相对位移出现明显偏移，阻尼系数设置越大，偏移越明显。因此，在进行向量式有限元计算时，在结构阻尼系数偏大或者不确定的情况下，应当尽量采用加速度加载的方式施加地震载荷。

阻尼系数的选取对于地震分析中时程曲线的幅值影响较大。在加载方式固定为加速度加载的情况下，进一步分析阻尼对计算结果的影响。对比不同阻尼系数大小下的计算结果，如图 7-29(a)所示。放大其中 5.5~7.0 s 处图形(图 7-29(b))，可以看到阻尼主要影响的是时程曲线的幅值。因此需要在理论计算的基础上对阻尼系数进行合理取值，以得到更准确的结果。

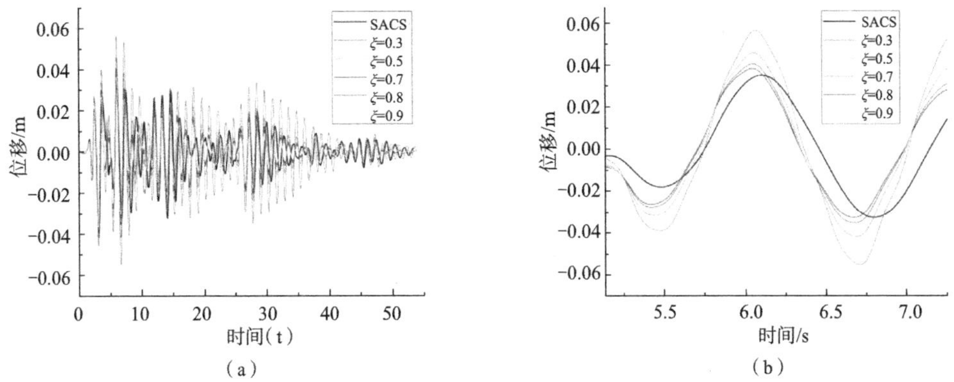

图 7-29　不同阻尼系数下 x 轴方向时程曲线对比

(a)0~50 s　(b)5.5~7.0 s

本章部分图例

说明:为了方便读者直观地查看彩色图例,此处节选了书中的部分内容进行展示。页面左侧的页码,为您标注了对应内容在书中出现的位置。

第 8 章　深水立管静动力响应特性分析

8.1　引言

8.1.1　深水缓波型立管

海上生产平台和海底井口间往往通过立管进行油气传输。海洋立管按照结构形式以及用途可以分为:钢悬链立管、顶部预张力立管、柔性立管和混合立管等,其中柔性立管在深海复杂环境中应用广泛。柔性立管相比于传统的刚性立管,具有许多优点,如更快的安装速度、更低的成本、防腐蚀、能应对更高的压力、深海适应性强、可以进行各种构型的布置(如自由悬链线型、懒散波型、陡峭波型、懒散 S 型、陡峭 S 型等)。柔性立管系统的各种构型各有它的优点和缺点,应该根据实际工程情况进行选择和设计。目前,有几家海外公司拥有海洋柔性立管的许多相关技术,这些公司包括 Wellstream、Technip、NKT A/S 等。国内对海洋柔性立管的研究相比于国外,起步时间较晚,但发展速度较快,海洋柔性立管的国产化势在必行。

自由悬链式立管具有外形简单、性价比高、施工难度较低等优点,因此有许多工程采取此种立管。许多研究表明,自由悬链式立管在具有优越性的同时,更易遭受恶劣环境的影响从而导致立管疲劳,寿命降低,并且随着深度的不断增加,立管的顶部张力也将越来越大。立管顶部本就是容易出现损伤的关键部位,因而立管的顶部有效张力一旦增加,对于立管来说,安全性就会快速下降。随着立管的不断发展,立管的可靠性分析以及风险分析也渐渐多了起来。为了避免自由悬链式立管可能出现的疲劳问题,研制出了一种缓波型立管,这种立管通过在中间部位加浮子段,使立管顶部的载荷减小,同时减小立管同海底接触点的受力,从而达到增加立管疲劳寿命的目的。这为工程实际中的海洋立管设计提供了一种新的思路。

在国内外对缓波型立管的研究中,陈海飞利用有限元法编制了计算分析程序,采用了细长柔性杆有限元模型对缓波型立管进行了分析;在海床的模拟这方面,通过弹簧模型来进行模拟。但是在得到的结果中,立管管段与浮子段连接处的曲率不够连续,程序仍然有待进一步的完善。王金龙提出了一种考虑海流影响的钢制缓波型立管的数学模型,模型基于大变形梁理论,对不同海流速度下的缓波型立管进行了研究分析,通过对不同海流作用下的立管位形、立管轴向张力、立管弯矩、立管剪力的对比,得出了海流对钢制缓波型立管的影响很大这个结论。李艳和李欣采用集中质量法将立管进行了离散,建立了数学模型,同时也基于 OrcaFlex,对比了静力状态下,自由悬链线型立管与缓波型立管在相同环境下的位形、有效张力以及弯矩的变化,也探究了平台静态与动态偏移对立管位形、有效张力的影响,重点关注了顶端有效张力的数值变化以及频率特性，证明了集中质量法的有效性。同时也得出结论：相较于自由悬链线型立管，缓波型立管全管段的有效张力减小，但需注意浮子段的弯曲疲劳问题，在工程实际中，需注意平台的运动，因为这对立管的疲劳寿命影响很大。

王金龙等基于 MATLAB 软件，编制了计算分析程序，立管响应与商业软件 OrcaFlex 的结果基本一致，验证了自编软件的可靠性，并且通过改变浮子段的长度、立管上部结构长度、海流流速、内流流速以研究深海钢制缓波型立管的力学特性，对深海钢制缓波型立管的结构设计和分析具有很好的参考价值。同时，也模拟了缓波型立管在安装和拆卸过程中的力学特性的变化，说明了不同装卸方式的优劣，这对深海钢制缓波型立管装卸的可行性分析具有重要意义。袁帅也模拟了立管的更换操作，不同的是，他模拟的是柔性立管，并且与有限元仿真结果进行了比较，通过对立管截面形态、张力和曲率的比较来验证结果。针对缓波型立管的单波型与双波型这两种构型，于帅男基于集中质量法（集中质量法相比于直梁模型和大挠度曲线模型更为简单且计算成本更低）对这两种构型的立管进行了对比分析，并且就双波型立管对浮子段的间隔、浮子段的长度还有悬挂角这三个参数进行了敏感性分析。阮伟东不仅分析了海床刚度、悬挂角和浮子段位置的影响规律，而且进一步对缓波型立管进行了详细的动态分析，同时也对弯曲限制器的约束作用进行了分析，使得对缓波型立管的顶部区域和触地区域的静动力响应的分析更加准确。因为弯曲限制器是深水柔性立管上部保护的关键辅具之一，对弯曲限制器进行研究的学者还包括王晗栋、郝建伶、汤明刚、李冠军等，他们通过建立数学模型等方式对弯曲限制器的响应情况进行分析和讨论，为实际工程应用中的弯曲限制器结构设计提供参考。

8.1.2　海底采矿软管

参照《大洋多金属结核中试采矿系统 1 000 m 海上试验总体设计》，中国 1 000 m 深海采矿海试系统设计方案如图 8-1 所示。深海采矿系统的基本任务是将海底采集的多金属结核矿石提升至海面并运输到陆地。深海采矿系统主要由以下四个子系统组成：①集矿子系统，包括集矿机、破碎机构和海底作业车等设备，用于完成海底采集结核矿石，并进行脱泥、破碎和输送等作业；②扬矿子系统，由采矿船、垂直提升硬管、中间舱和采矿软管等组成，用于将采集的结核矿石经过管道提升到海面船上；③测控部分，是用于集成全部信息并提供动力控制、通信、监测和导航定位等功能的综合控制管理系统；④采矿船，为水下设备提供存放、布放回收、作业支撑和维修支持，并贮存结核矿石。

本章关注上述采矿系统中重要输送结构——采矿软管结构。当扬矿子系统全部放入 1 000 m 深的水中时，采矿软管在浮力体作用下呈马鞍形。采矿软管受力情况相当复杂，不仅两端受到集矿机和中间舱的约束作用，整体结构还受到外部海流、内部两相流以及浮力体的作用。在集矿机牵引、中间舱运动、管道外水动力和管道内含粗颗粒两相流动的影响下，软管的几何构型较普通采油立管复杂，其整体振动幅度也更大，是典型的小变形大位移问题，这些因素使得采矿软管的流固耦合情况与普通采油立管和采矿硬管不一样，其非线性动力特性分析难度更大。而采矿软管的动态响应特性，如响应幅度和频率，会影响软管的输送效率、结构疲劳可靠性等。另外,集矿机是否按设定路径安全可靠行驶是采矿成败的关键,而输送软管是影响集矿机行驶的重要因素之一。采矿软管在复杂载荷和约束条件下发生整体振动,导致其对集矿机的力的大小和方向不断变化。这将影响集矿机的行驶性能,产生一些不可忽视的后果,如降低集矿机的机动性和平稳性,使集矿机产生侧向滑动成倾斜等,导致结核矿采集率和回收率的降低,增大集矿机的功率消耗,严重时还可能使集矿机倾覆。

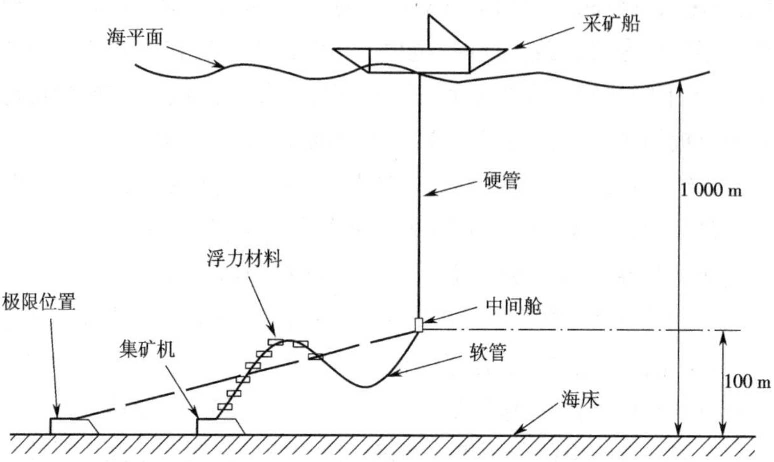

图 8-1 中国 1 000 m 采矿系统结构示意

基于上述内容,开展采矿软管在复杂内外流动环境和端部约束情况下的动力学特征和关键控制因素研究对于提高采矿软管的设计水平,改善动力响应预测精度,保证海底矿石高效输送、集矿机正常可靠行驶和整个采矿系统的安全性有重要的指导意义。徐海良等不仅开展了深海采矿软管几何非线性静力分析,还分析了集矿机运动对采矿软管的影响以及软管的谐振响应。简曲等通过理论分析计算和小型模拟实验相结合的方式研究了软管的动力响应。肖芳其对管的空间构型和动力特性进行了分析,探究了参数对其力学性能的影响规律。

针对柔性管的静态和动态分析方法主要有集中质量法、有限差分法和有限元法三种。加迪米(Ghadimi)基于集中质量法分析了柔性立管在三维空间的动态响应。拉曼·奈尔(Raman Nair)和巴杜尔(Baddour)运用集中质量法建立了水下立管三维运动模型。布朗(Brown)、苏丹艾哈迈迪(Soltanahmadi)和钱德瓦尼(Chandwani)利用有限差分法分析了柔性水下管的静态和动态响应。查吉乔治欧(Chatjigeorgiou)提出了分析输液悬链管二维和三维动态响应的有限元数值分析流程。帕克(Park)和荣格(Jung)采用有限元法对细长水下结构在参数和强迫激励条件下的横向运动响应开展了数值仿真分析。上述传统方法解决柔性管的大变位问题通常需要应变计算中包含高阶项、推导平衡方程时考虑变形的影响等,建模求解时需要特殊技巧,同时计算中难以区分细长杆件单元的刚体运动和纯变形。对于海洋立管、采矿软管这类细长杆件,不仅存在材料非线性条件,而且在工作状态下还会存在各种复杂的接触非线性条件,如海底接触等。基于传统有限元方法进行复杂载荷和约束条件下采矿软管的动态分析,其理论复杂、计算效率较低。本章将采用向量式有限元方法建立考虑大位移小变形、接触等非线性问题的采矿软管计算模型,开展中国 1 000 m 大洋海试系统软管的空间构型以及集矿机和中间舱运动条件下的软管动态响应分析。

8.2　多浮子段缓波型柔性立管响应分析

8.2.1　立管整体位型与动力响应对比验证

在深水立管响应特性研究中,首先根据第 2 章中向量式有限元梁单元理论,编写了深水立管三维数值计算程序,对经典结构案例的静力分析能力与动力响应分析能力进行了对比验证。

8.2.1.1　钢悬链立管静态分析

采用 VFIFE 程序计算钢悬链立管(Steal Catenary Riser, SCR)的静态位置和弯矩分布,与白兴兰的分析结果进行了对比。基于向量式有限元分析方法开展静态平衡位置分析,需通过给定 SCR 的零内力状态,经由动力分析的过程,最后达到稳定,SCR 振动停止时即为静态平衡位置。

白兴兰给出了商业软件 OrcaFlex 和其自编软件 Cable 3D RSI 分析结果的对比。将基于 VFIFE 计算得到的 SCR 静态悬链形状和弯矩与白兴兰的分析结果对比,如图 8-2 所示。对比发现,基于 VFIFE 方法得到的静态钢悬链形状和弯矩分布与 OrcaFlex 结果完全重合,而与 Cable 3D RSI 分析结果也比较接近,证明了本项目选择的方法和程序的有效性和准确性。

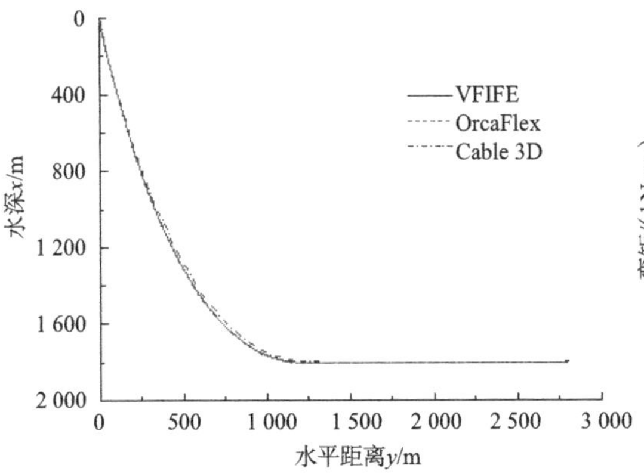

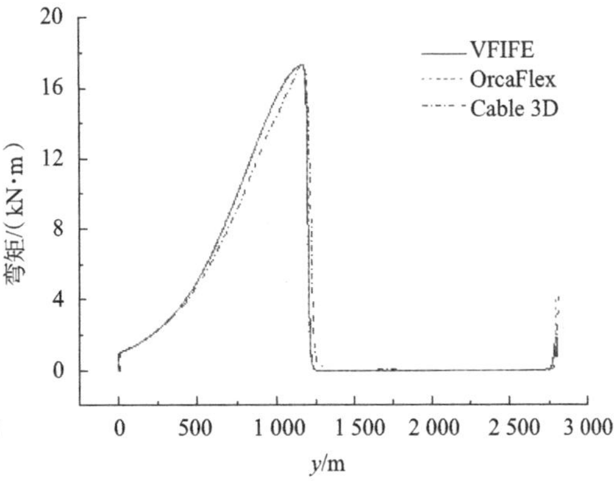

图 8-2　SCR 静态位置和静态弯矩对比

(a)静态位置　(b)静态弯矩

8.2.1.2　缓波型立管模型建立及验证

针对缓波型立管的典型算例,使用基于向量式有限元的三维立管分析程序完成建模计算,并将其与使用商业软件 OrcaFlex 计算的结果及经典文献中的结果进行对比验证。

参照文献选取缓波型柔性立管的参数:海床深度为 1 641 m,海水密度为 998 kg/m³,内部流体仅考虑质量，内部流体密度为 1 024 kg/m³，立管的下降段为 390 m，悬垂段为 1 690 m，浮子段为 520 m，触地段为 200 m，总长为 2 800 m，立管外径为 0.203 2 m，立管内径为 0.184 1 m，立管的管材密度为 7 860 kg/m³，弹性模量为 2.06×10^{11} N/m²。

为了确定 VFIFE 计算中每单元的长度，需对不同单元长度的缓波型柔性立管进行敏感性分析。图 8-3 显示的是单元长度的改变对柔性立管有效张力的影响，可以发现单元长度为 1 m、10 m 与 20 m 的模拟结果基本吻合。但当选择较大的单元长度时，使用该方法需要大幅缩小时间步长才能收敛并进行计算。经过计算时长的对比，单元长度的增加并没有有效降低计算时长、提高计算效率，综合考虑之后选择单元长度为 1 m 进行后续的分析。

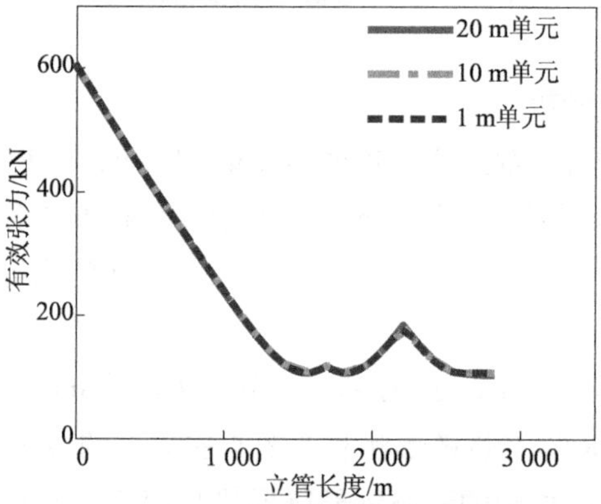

图 8-3 单元长度改变造成的影响

我们在自编程序中将 2 800 m 长的柔性立管的单元数量设置为 2 800 个，以初始的悬挂点位置为坐标原点，末端固定在坐标点（1 775， 1 641）上。采用 VFIFE 分析方法，对缓波型柔性立管达到静态平衡的位形以及有效张力结果进行对比验证。但是由于缓波型柔性立管的静态平衡位置和力学特性无法直接获得，因此我们需要通过给定立管的初值，然后经由动力分析的过程，最后达到稳定，这个稳定的结果被视为缓波型柔性立管的静态平衡结果。

如图 8-4 所示，我们首先要建立初始位形（点画线），在初始时刻，立管水平铺在海床上，呈直线状。通过速度控制函数控制立管的一端朝着预定的位置（立管顶端连接平台的位置）移动，水平方向运动控制为匀速运动，竖直方向控制为匀加速运动，总位移轨迹（虚线）为抛物线。需要注意的是，立管运动的端点的速度要足够慢，否则程序将会报错。直到柔性立管的另一端来到我们想要的柔性立管顶部所在位置再经过一段时间后，缓波型柔性立管达到稳定状态，这就是我们所说的静态平衡状态。

图 8-5 中虚线为自编程序 LWR 所计算的达到静态平衡状态之后的缓波形柔性立管的位形和有效张力结果输出，并且与刘震研究结果（虚线）以及 OrcaFlex 建立的模型的计算结果（点画线）进行对比，结果如图所示，三者的吻合度很高。对比结果证明，本节方法和自编程序 LWR 可以用于缓波型柔性立管的静、动力分析。

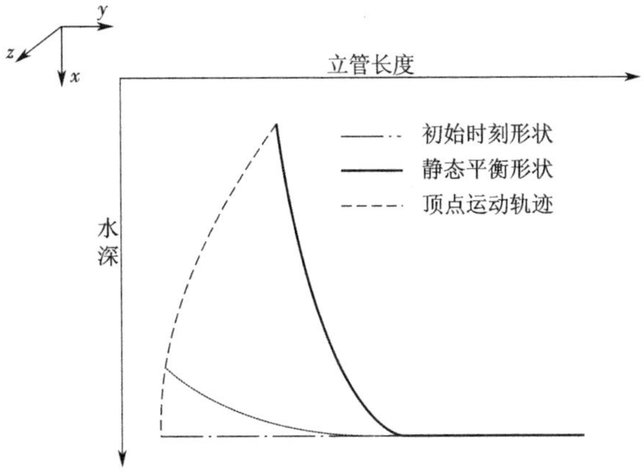

图 8-4　柔性立管的变形

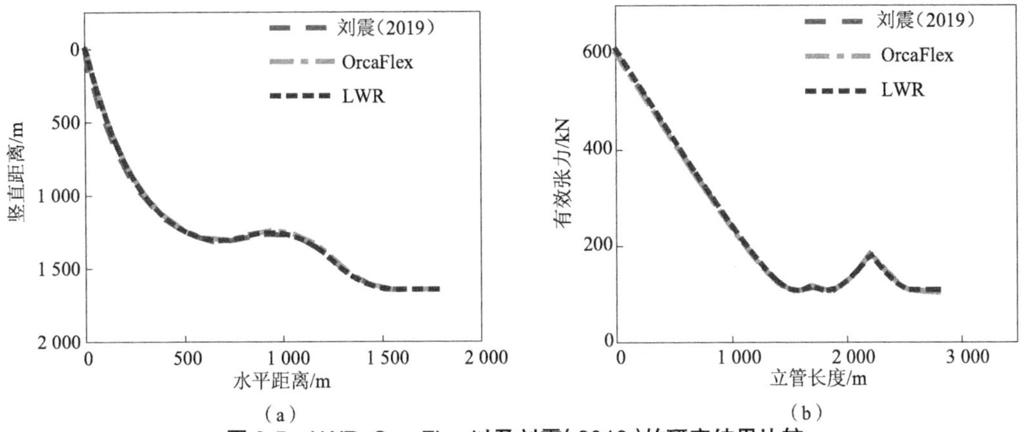

图 8-5　LWR、OrcaFlex 以及刘震(2019)的研究结果比较

(a)位形　(b)有效张力

8.2.1.3　顶张紧式立管动态分析与 Abaqus 对比

利用自编程序，针对顶张紧式立管整体运动进行分析，将分析结果与成熟商业软件 Abaqus 的计算结果进行对比，以检验自编程序的准确性。本算例模拟的原型为一根顶张紧式的生产立管，顶部与采油树相连，张力环处通过四根张紧器与浮式生产平台内部的某一层甲板相连。

表 8-1 对比了自编程序与 Abaqus 计算的顶张紧式立管的垂向整体振动的自振频率。所谓定密度是指将立管等效为上下均匀的细长管，变密度则考虑立管不同位置的截面特征和材料属性。

表 8-1　自振频率对比　单位:Hz

	理论值	Abaqus	自编程序	相对误差
立管轴向定密度	0.348	0.349	0.351	<1%
立管轴向变密度	/	0.414	0.419	<1%

立管动态响应过程对比如图 8-6 所示。张力环处所受合张力和支座反力的对比结果如图 8-6(a)和图 8-6(b)所示，最大相对误差分别为 4.7% 和 3.4%。张力环处、立管中部 200 m 处以及锥形应力结点处的运动状态对比结果如图 8-6(c)至图 8-6(e)所示，运动误差均小于 5%。结果表明，自编程序结果与理论解和 Abaqus 仿真结果吻合良好。

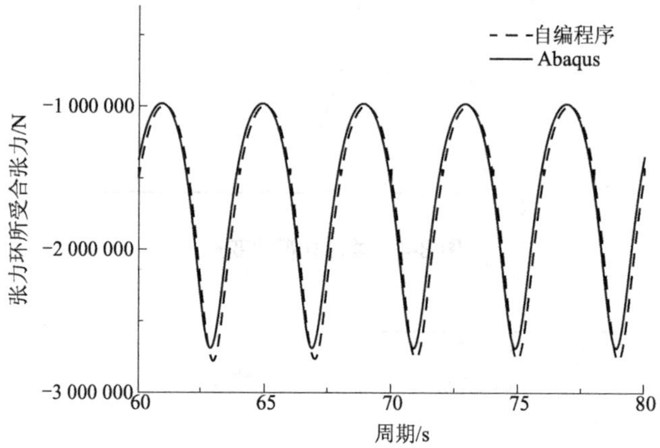

(a)

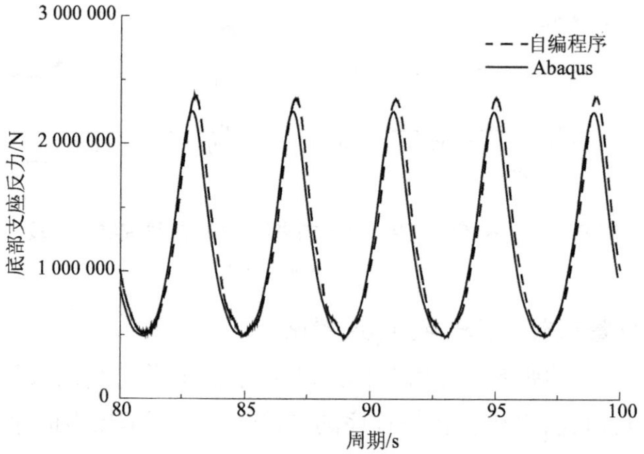

(b)

图 8-6 立管动态响应对比

(a)张力环受合张力 (b)底部支座反力

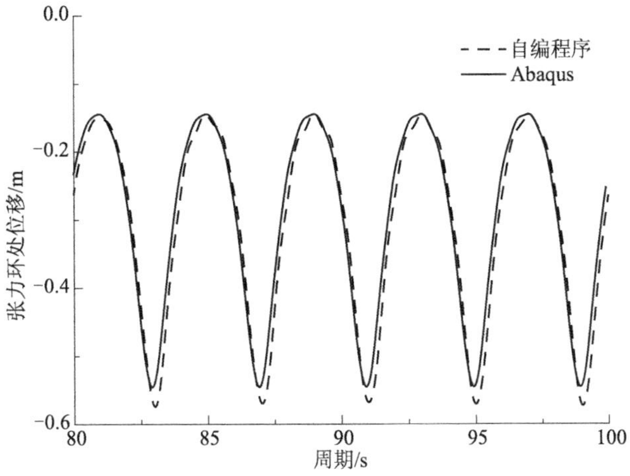

（c）

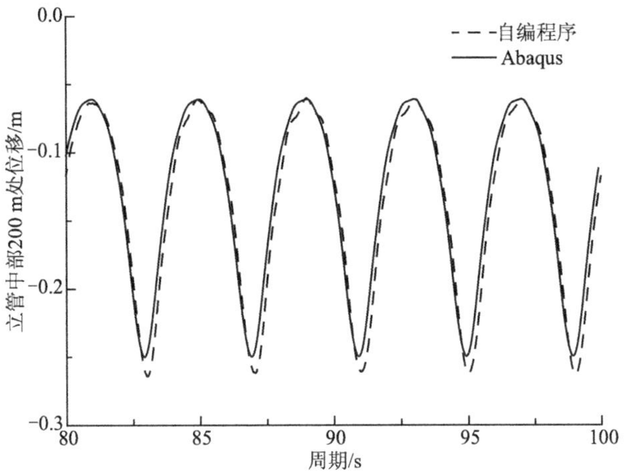

（d）

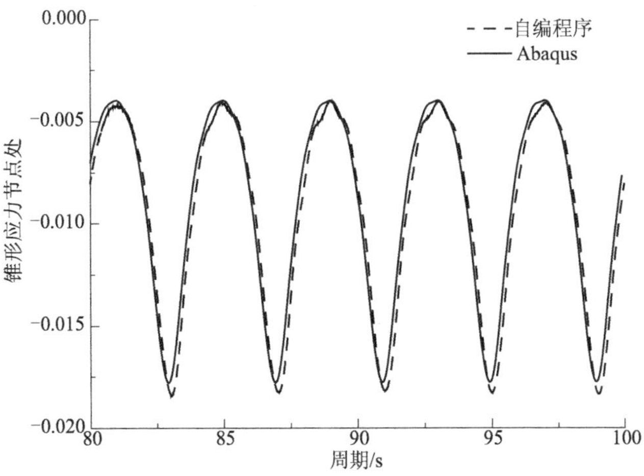

（e）

图 8-6　立管动态响应对比（续）

（c）张力环处运动　（d）立管中部运动　（e）锥形应力结点处运动

8.2.2 多浮子段缓波型柔性立管静力分析

8.2.2.1 模型参数

多浮子段缓波型柔性立管的向量式有限元静力分析与动力分析中，缓波型柔性立管的具体参数见表 8-2。我们假设浮子段密度趋近 0，浮力都为立管提供向上提升力。

表 8-2 算例数据

参数	数值
海水密度/(kg/m^3)	1 024
海床深度/m	500
立管长度/m	1 050
外径/m	0.409
内径/m	0.317
弹性模量/Pa	8.558×10^9
刚性模量/Pa	2.859×10^9
密度/(kg/m^3)	3 297.856 7
泊松比	0.5
横向阻尼力系数	0.8
切向阻尼力系数	0.008
附加质量系数	1
结构阻尼系数	0.8

缓波型柔性立管如果只是设置单浮子段，有时候会导致浮子段位置拱起的高度过高，局部弯矩过大，不利于管内液体输送。为此，本书对安装多个浮子段的缓波型柔性立管展开了一系列研究。本节开展了浮子段数量对缓波型柔性立管构型及内力影响的研究。在保持浮子段提供的总浮力不变的情况下，建立 A1、A2、A3、A4 四个模型，各个模型的具体参数如下。

（1）选取的缓波型柔性立管 A1（单浮子段）总共分为三段，其中悬垂段为 550 m、浮子段为 200 m、下降段为 300 m。

（2）选取的缓波型柔性立管 A2（双浮子段）总共分为五段，其中第一段悬垂段为 500 m、第二段浮子段为 100 m、第三段悬垂段为 100 m、第四段浮子段为 100 m、第五段下降段为 250 m。

（3）选取的缓波型柔性立管 A3（三浮子段）总共分为七段，其中第一段悬垂段为 449.95 m、第二段浮子段为 66.7 m、第三段悬垂段为 100 m、第四段浮子段为 66.7 m、第五段悬垂段为 100 m、第六段浮子段为 66.7 m、第七段下降段为 199.95 m。

（4）选取的缓波型柔性立管 A4（四浮子段）总共分为九段，其中第一段悬垂段为 400 m、第二段浮子段为 50 m、第三段悬垂段为 100 m、第四段浮子段为 50 m、第五段悬垂段为 100 m、第六段浮子段为 50 m、第七段悬垂段为 100 m、第八段浮子段为 50 m、第九段下降段为 150 m。

浮子段的单位长度浮力设置为 1 130 N/m。

8.2.2.2　总浮力不变时浮子段数量改变造成的影响

如图 8-7 所示，通过立管向量有限元分析程序 LWR，建立了 A1、A2、A3、A4 四个数学模型，并且对这四个数学模型的位形、有效张力以及弯矩的结果进行了对比分析。

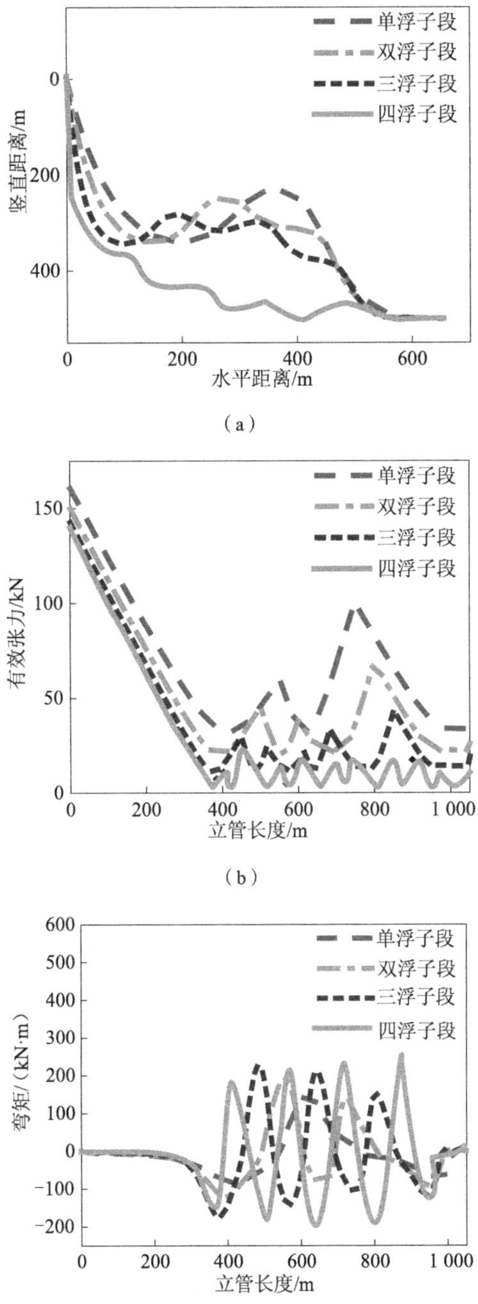

(c)

图 8-7　总浮力不变时浮子段数量改变造成的影响

(a)位形　(b)有效张力　(c)弯矩

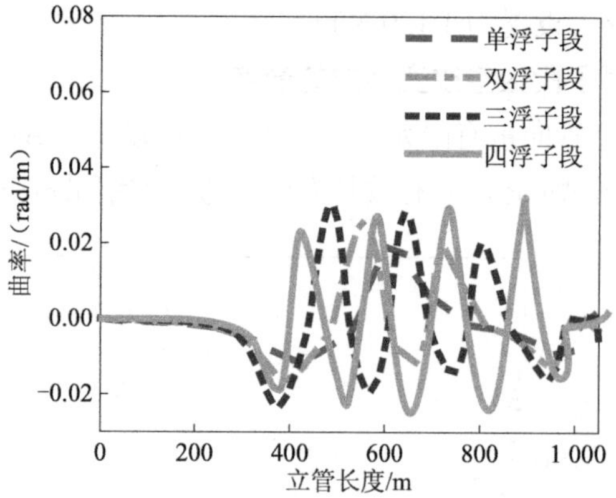

(d)

图 8-7 总浮力不变时浮子段数量改变造成的影响(续)

(d)曲率

从图 8-7 中可以看出,随着浮子段数量的增加,缓波型柔性立管的位形中部波峰的最高位置不断降低;悬挂点有效张力的值由 160.5 kN 逐渐变为 149.8 kN、142.5 kN、138.7 kN,分别降低了 6.7%、11.2% 和 13.6%;缓波型柔性立管中下位置有效张力最大值则是从 99.3 kN 逐渐变为 67.6 kN、42.2 kN、23.2 kN,分别降低了 31.9%、57.5% 和 76.6%。由此可见,总浮力不变的情况下,增加浮子段数量对于中下位置有效张力的影响要远大于对悬挂点处的影响,可以通过增加浮子段的方式来大幅降低缓波型柔性立管中下段的有效张力。然而,随着浮子段数量的增加,弯矩的峰值则从 145.1 kN · m 增加到 189.7 kN · m、228.6 kN · m、246.3 kN · m,分别增大了 30.7%、57.5% 以及 69.7%,增加幅度愈发明显。因此为了获得缓波型柔性立管的最佳构型,在不改变其他参数的情况下单纯增加浮子段的数量是无法兼顾位形、有效张力与最大弯矩的,仍需对其他参数进行分析而后进行优化。

8.2.2.3 多浮子段之间的距离改变造成的影响

多浮子段间距长短的设置往往也会影响到缓波型柔性立管的整体位形。基于上一节的结果,改变 A3 模型中浮子段的间距,来考察多浮子段之间的距离对柔性立管张力与弯矩的影响。这个三浮子段的数学模型中,浮子段原间距为 100 m,我们不改变中浮子段的位置,分别将浮子段间距缩短至间距为 75 m 以及间距为 50 m 后(即将第一个和第三个浮子段往中间浮子段缩进,结果对比如图 8-8 所示。

从图 8-8 中可以看出,随着浮子段间距的缩短,位形中部波峰最高位置不断升高且悬挂处有效张力略有增长;缓波型柔性立管中下位置处有效张力峰值上升明显,浮子段间距 75 m 与 50 m 处分别增长了 35% 与 70%。另一方面,缓波型柔性立管的弯矩峰值则随着浮子段间距的缩短大幅降低,从 228.6 kN · m 下降至 178.7 kN · m 与 143.2 kN · m。因此得出结论,浮子段间距的缩短会降低管段的曲率。结合上一节的分析结果可知,在不改变浮子段单位浮力的情况下,仅仅通过调整浮子段数量或间距是无法同时降低柔性立管有效张力与最大弯矩的。我们只有兼顾浮子段数量与间距二者对柔性立管位形的影响才能获得缓波型柔性立管的最优布局。

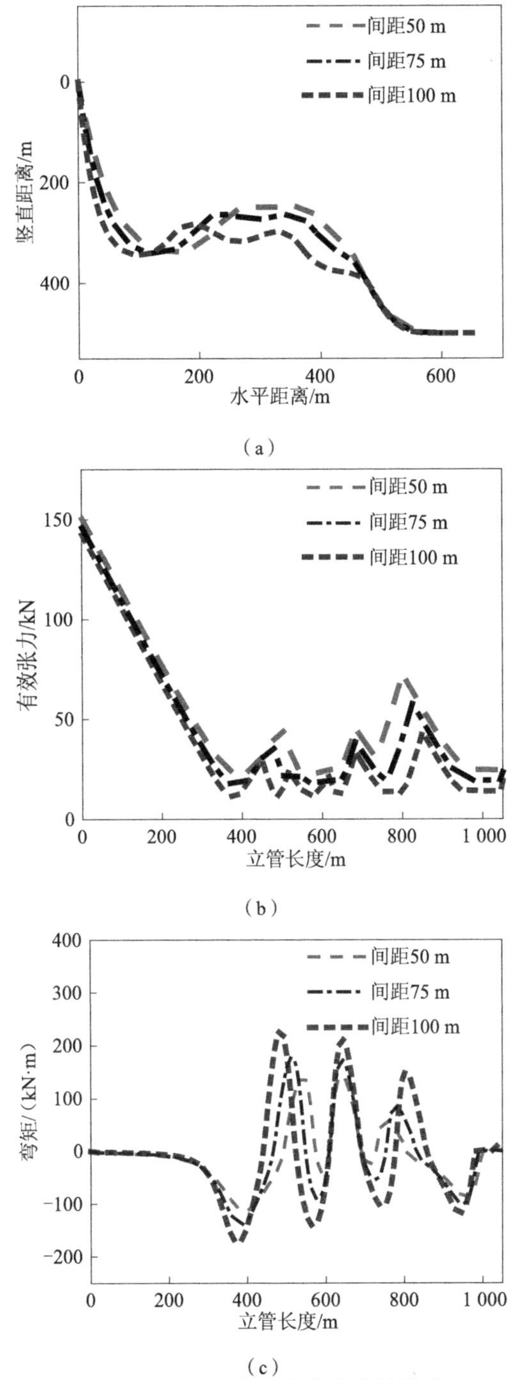

图 8-8　浮子段间距改变造成的影响

(a)位形　(b)有效张力　(c)弯矩

8.2.2.4　浮子段浮力改变造成的影响

为了确定单浮子段浮力变化对含有不同数量浮子段的缓波型柔性立管形态及内力的影响,本节通过改变模型 A1、A2、A3、A4 的浮子段单位浮力,来进行浮子段浮力这个参数的敏感性分析。

如图 8-9 所示,虽然缓波型柔性立管的浮子段数量在改变,但是浮子段浮力的变化对位形和有效张力的影响规律却是十分相似的。随着单位长度浮力的不断增加,立管位形中间段波峰顶点不断上升,并且波峰位置往立管悬挂端不断靠近;悬挂端有效张力逐渐减小,而中下部位置的有效张力则不断增大;立管浮子段的最大弯矩也在不断降低,且不同数量浮子段情况下的缓波型柔性立管的位形与内力随着浮子段单位浮力的变化率而变化,而且基本保持一致。

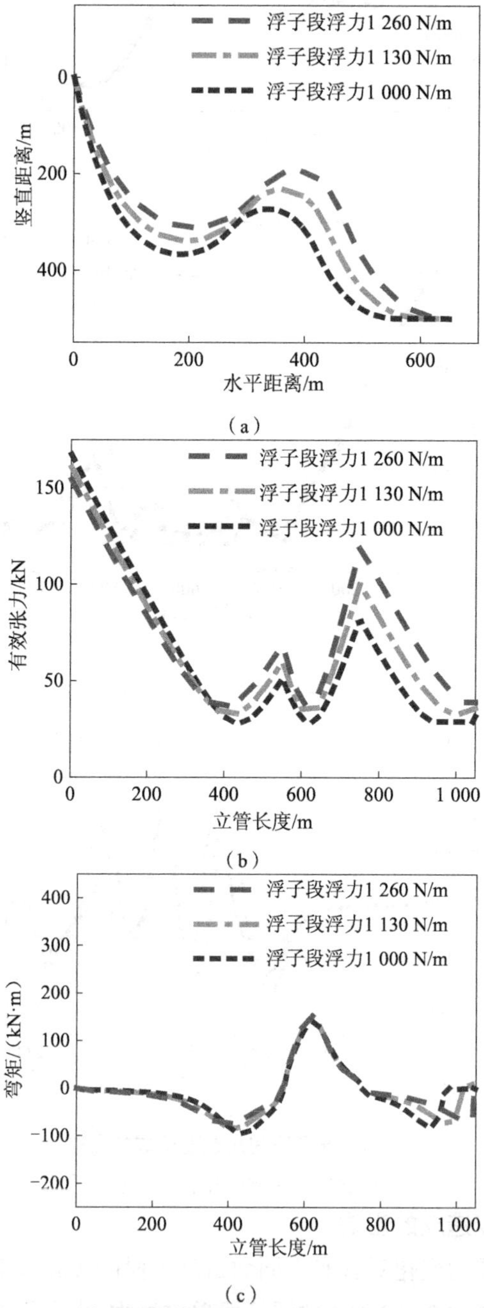

图 8-9 浮子段提供的向上拉力的改变造成的影响

(a)单浮子段缓波型柔性立管位形 (b)单浮子段缓波型柔性立管有效张力 (c)单浮子段缓波型柔性立管弯矩

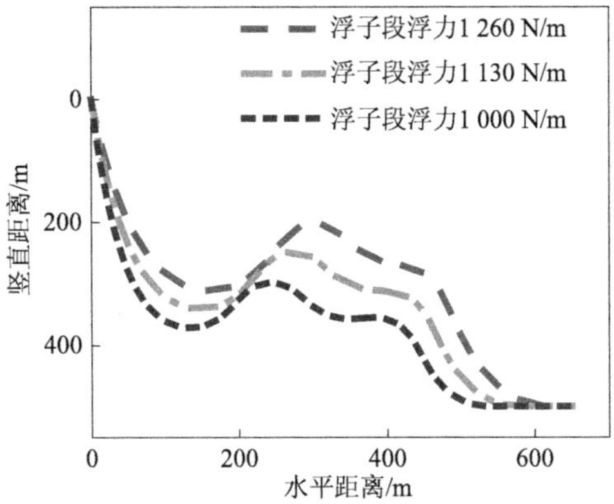

(d)

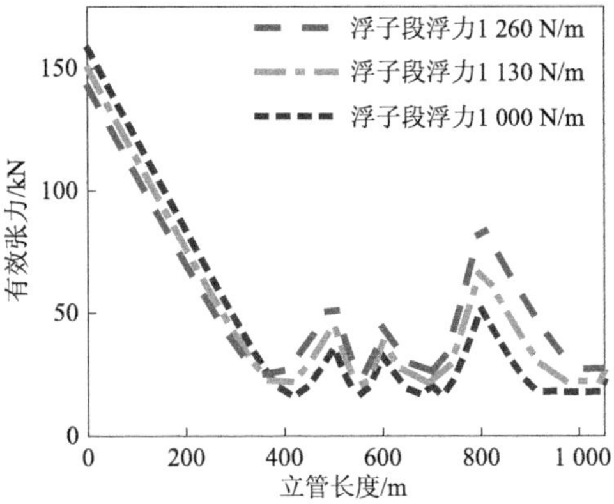

(e)

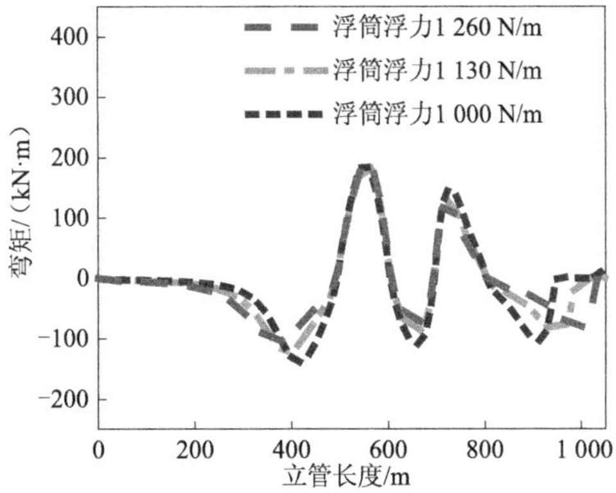

(f)

图 8-9 浮子段提供的向上拉力的改变造成的影响(续)

(d)双浮子段缓波型柔性立管位形 (e)双浮子段缓波型柔性立管有效张力 (f)双浮子段缓波型柔性立管弯矩

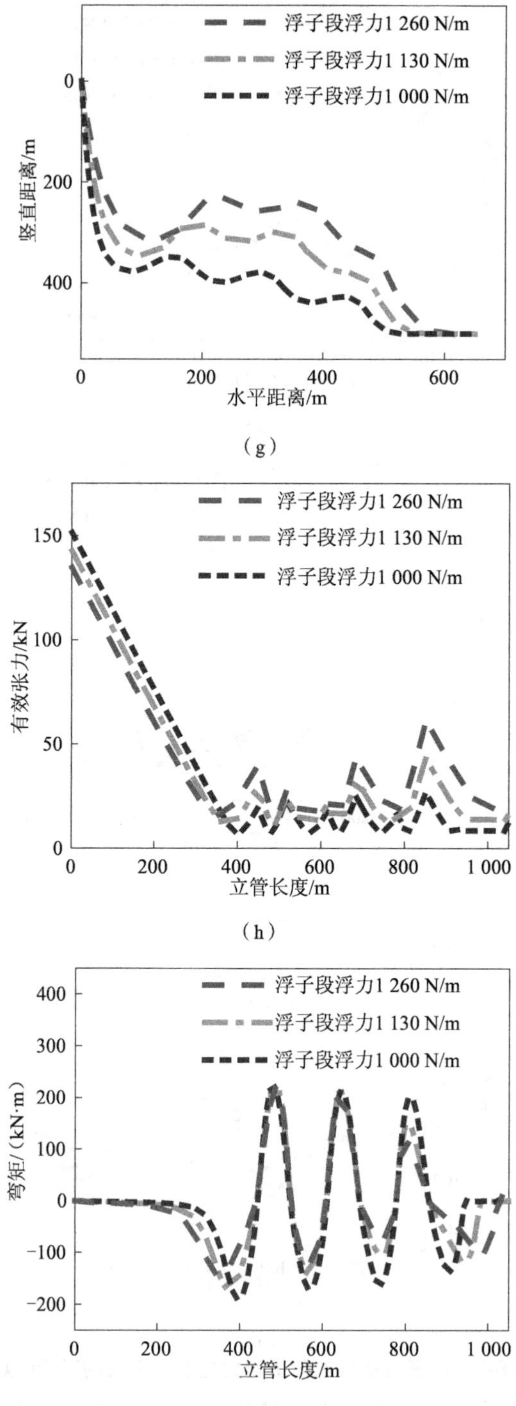

(g)

(h)

(i)

图 8-9 浮子段提供的向上拉力的改变造成的影响(续)

(g)三浮子段缓波型柔性立管位形 (h)三浮子段缓波型柔性立管有效张力 (i)三浮子段缓波型柔性立管弯矩

8.2.2.5 三浮子段下各浮子段浮力损失造成的影响

考虑到现实环境下,多浮子段缓波型柔性立管中的某个浮子段可能出现浮力损失,将改变缓波型柔性立管的整体位形，进而影响其内力分布。为了应对这种情况，本节针对此问题进行静力学模拟分析，基于 A3 数学模型，分别对考虑首浮子段、中浮子段、末浮子段浮力损失 20% 后的柔性立管整体构型、有效张力以及弯矩进行对比，结果如图 8-10 所示。

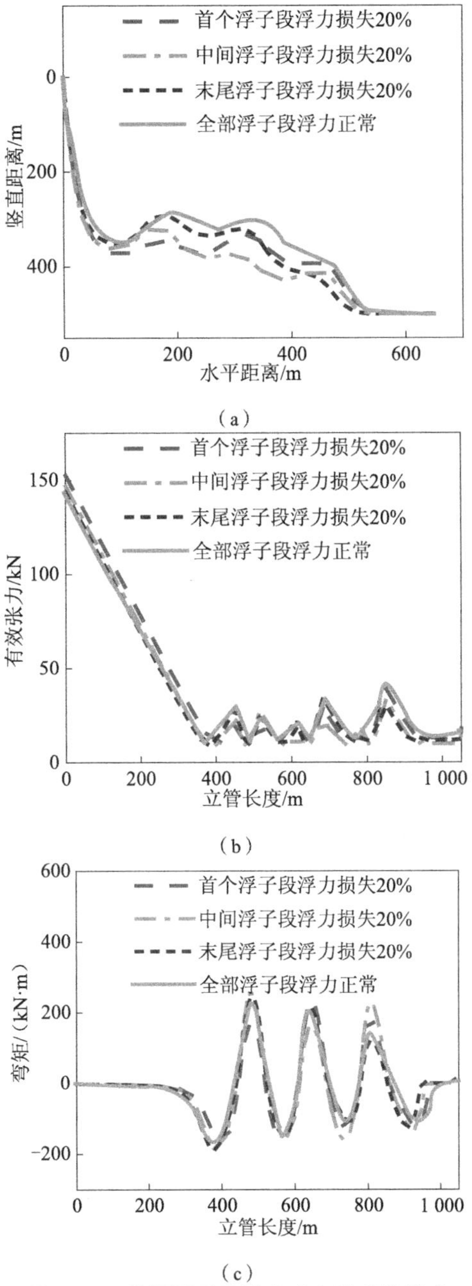

图 8-10　首尾浮子段浮力改变造成的影响

(a)位形　(b)有效张力　(c)弯矩

当缓波型柔性立管的三个浮子段都提供 1 130 N/m 向上拉力的时候，缓波型柔性立管位形中三个波峰分别为(186，285)、(333，296)和(468，389)。当首浮子段浮力损失 20%

时，第一个波峰的坐标为（170，345），相比于初始模型的第一个波峰降低了 60 m，此处下降的高度最大。当中浮子段浮力损失 20% 时，第二个波峰的坐标为（304，376），相比于初始模型的第二个波峰降低了 80 m，此处下降最多。当末浮子段浮力损失 20% 时，第三个波峰坐标为（450，425），相比于初始模型的第三个波峰下降了 49 m，此处下降最大。当三个浮子段都提供 1 130 N/m 向上拉力的时候，柔性立管顶部有效张力为 142.3 kN，当首浮子段浮力损失 20% 时，立管顶部有效张力为 152.4 kN；当中浮子段浮力损失 20% 时，立管顶部有效张力为 146.6 kN；当末浮子段浮力损失 20% 时，立管顶部有效张力为 143.6 kN。对于弯矩来说，可以发现当首浮子段浮力损失 20% 时，弯矩在第一个波峰达到最小值 169.9 kN·m；当中浮子段浮力损失 20% 时，弯矩在第二个波峰达到最小值 163.0 kN · m；当末浮子段浮力损失 20% 时，弯矩在第三个波峰达到最小值 119.2 kN·m。

三浮子段缓波型柔性立管的首、中、末浮子段浮力损失造成的影响：首、中、末浮子段浮力的损失会降低立管的整体位形，并且在原本首末浮子段所在的位置下降最大；浮力损失浮子段处张力下降明显，其他位置张力基本保持不变；浮力损失浮子段处弯矩降低，其他浮子段的弯矩有所上升，特别是当中段浮力发生损失时，首尾段最大弯矩的增长较明显。

8.2.2.6 三浮子段下海流流速改变造成的影响

考虑到现实环境下缓波型柔性立管会受到海流流速的影响，我们基于 A3 数学模型对柔性立管施加了两个梯度流，分别是顶部流速 0.6 m/s、底部流速 0 m/s 的梯度流以及顶部流速 1.2 m/s、底部流速 0 m/s 的梯度流，流速方向均为 x 轴正方向。通过对缓波型柔性立管的整体构型、有效张力以及弯矩进行对比，得到的结果如图 8-11 所示。

由图 8-11，我们可以发现在海流的作用下，柔性立管整体构型向右侧偏移（海流流向向右）。随着流速的逐渐增加，柔性立管顶部悬挂角由 4.372° 变成 7.628°，然后变成 17.386°。各个流速下的缓波型柔性立管的有效张力数值区别不大，随着流速的逐渐增加，柔性立管最大弯矩增加，柔性立管最大弯矩分别为 228.6 kN·m、232.1 kN·m、250.8 kN·m。

海流流速改变对三浮子段缓波型柔性立管造成的影响：缓波型柔性立管的整体构型往海流速度正方向偏移，缓波型柔性立管的最大弯矩值随着流速的变大而变大。

8.2.2.7 三浮子段下浮子段位置改变造成的影响

考虑到缓波型柔性立管浮子段的布置问题，对三浮子段下浮子段位置改变造成的影响进行模拟分析，基于 A3 模型，将柔性立管三个浮子段全部前移 50 m 和 100 m，并且分别对柔性立管整体构型、有效张力以及弯矩进行对比，结果如图 8-12 所示。

由图 8-12，我们可以发现随着缓波型柔性立管浮子段的前移，缓波型柔性立管整体构型向上且向左偏移。柔性立管顶部有效张力由 142.5 kN 变成 124.9 kN、107.2 kN。缓波型柔性立管最大弯矩增加，柔性立管最大弯矩分别为 228.6 kN·m、279.5 kN·m、253.4 kN·m。

三浮子段缓波型柔性立管的浮子段位置改变造成的影响：随着浮子段的上移，缓波型柔性立管最大有效张力明显减小，缓波型柔性立管最大弯矩明显变大。

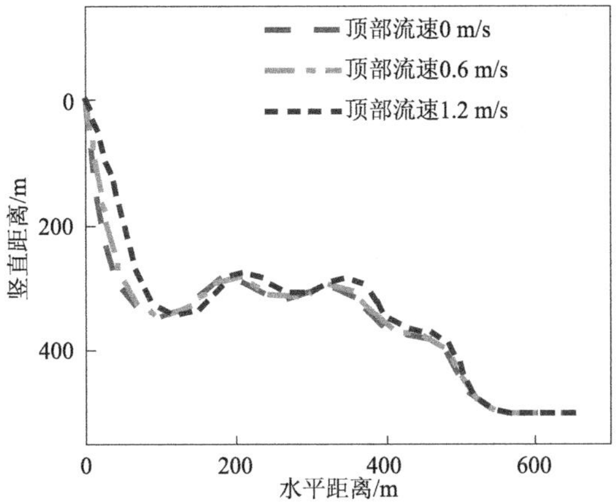

（a）

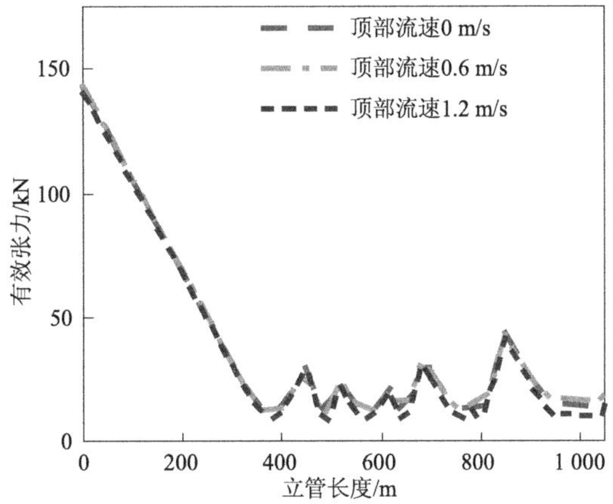

（b）

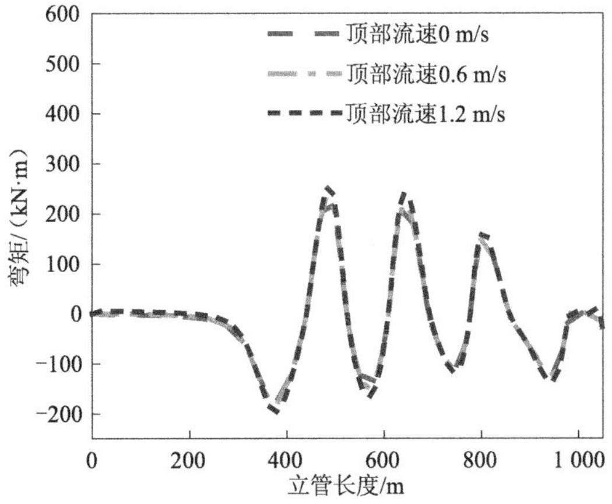

（c）

图 8-11　流速改变造成的影响

（a）位形　（b）有效张力　（c）弯矩

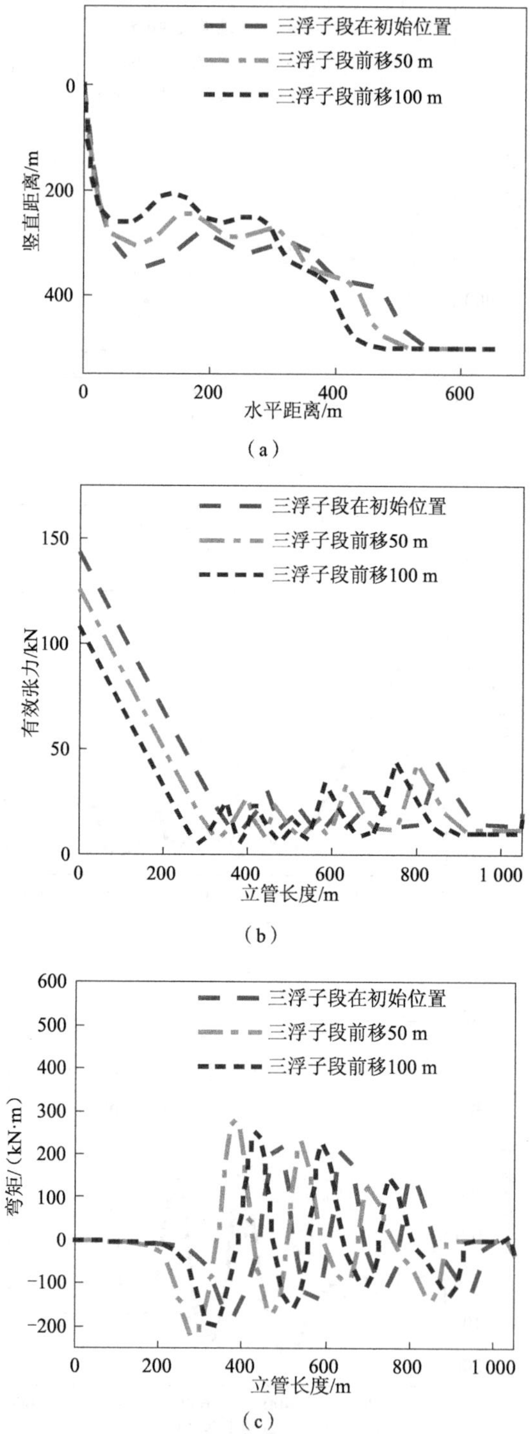

图 8-12　浮子段位置改变造成的影响

(a)位形　(b)有效张力　(c)弯矩

8.2.3 多浮子段缓波型柔性立管动力分析

我们分析立管悬挂点竖直简谐运动造成的影响，在环境载荷下 FPSO（Floating Production Storage and Offloading，浮式生产储存卸货装置）的运动响应较为复杂，其中柔性立管顶部垂荡激振对立管整体响应作用明显。FPSO 所在环境的波浪采用线性艾立波理论进行数值模拟，波浪高度为 4.5 m，波浪周期为 10 s，传播方向为 x 轴正方向，相位角为 0°。流载荷为顶部 1.2 m/s、底部 0 m/s 的梯度流，流速方向为 x 轴正方向。本节设单、双、三浮子段的缓波型柔性立管，管段布置方式基于 A1、A2 以及 A3 这三个数学模型。对达到动态平衡的缓波型柔性立管的最大弯矩、最大有效张力（悬挂点处）进行分析，对达到稳定状态后的一个周期内的缓波型柔性立管的质点速度进行分析得到图 8-13 和图 8-14 所示结果。

如图 8-13 所示，单、双和三浮子段缓波型柔性立管的最大弯矩分别为 161.2 kN · m、213.4 kN · m、234.2 kN · m。随着缓波型柔性立管浮子段数量的增加，最大弯矩分别增加 32.4% 和 45.3%，悬挂点处的弯矩也会增大，但是变化的周期是不变的，单、双和三浮子段缓波型柔性立管的周期皆为 10 s。

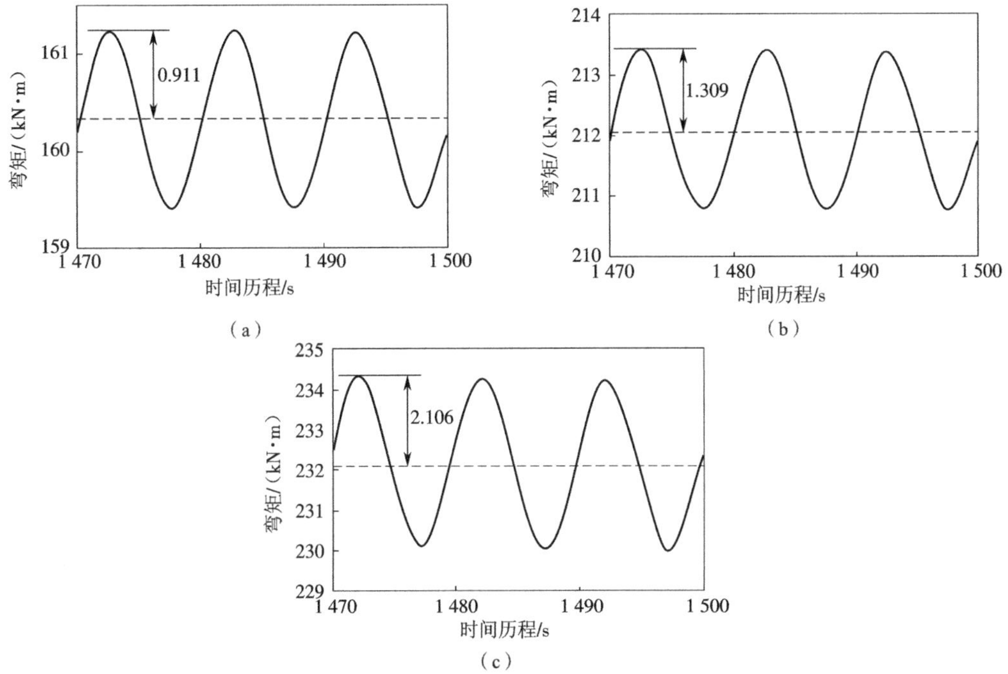

图 8-13　最大弯矩时历曲线

（a）单浮子段缓波型柔性立管　（b）双浮子段缓波型柔性立管　（c）三浮子段缓波型柔性立管

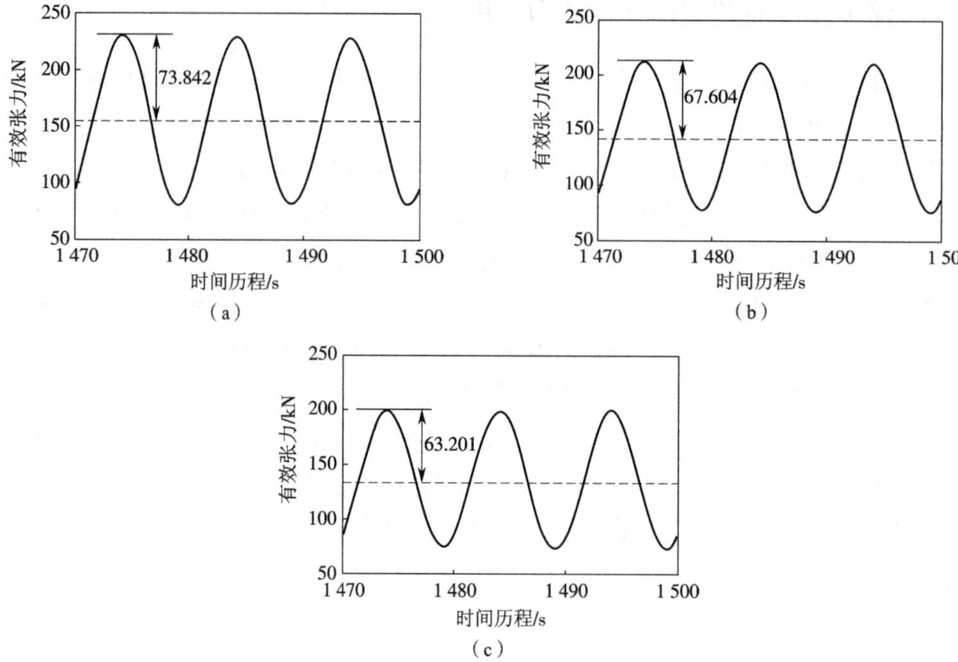

图 8-14　悬挂点有效张力时历曲线

（a）单浮子段缓波型柔性立管　（b）双浮子段缓波型柔性立管　（c）三浮子段缓波型柔性立管

在图 8-14 中，单、双和三浮子段缓波型柔性立管的悬挂点有效张力分别为 230.2 kN、212.4 kN、200.7 kN，随着缓波型柔性立管浮子段数量的增加，有效张力分别减少了 7.7% 和 12.8%，周期全部为 10 s。由此我们可以发现，随着缓波型柔性立管的浮子段数量的不断增加，悬挂点有效张力不断减小。

图 8-15 和图 8-16 是通过虚线和实线的交替变化来体现速度分量在不同时刻的交替变化，虚线表示初始时刻，实线表示 1 s 之后的时刻，随后虚线再表示下 1 s 的时刻，通过这样来表现相邻时刻间速度分量的变化。

图 8-15 显示的是缓波型柔性立管横向（y 轴方向）速度分量的分布，此时缓波型柔性立管顶端施加的是垂向运动，横向速度为 0。从图中可以看出无论是单、双、三浮子段缓波型柔性立管自身的最大运动速度在柔性立管的中上部，首段悬垂段下部，其中单浮子段缓波型柔性立管的最大运动速度在距离立管顶部 420 m 处，单浮子段立管的悬垂段为 550 m；双浮子段缓波型柔性立管的最大运动速度在距离立管顶部 390 m 处，双浮子段立管的第一悬垂段为 500 m；三浮子段缓波型柔性立管的最大运动速度在距离立管顶部 374 m 处，三浮子段立管的第一悬垂段为 449.95 m。单浮子段下横向最大速度点的速度在 ±0.5 m/s 之间，双浮子段下横向最大速度点的速度在 ±0.49 m/s 之间，三浮子段下横向最大速度点的速度在 ±0.48 m/s 之间，最大速度随着缓波型柔性立管的浮子段数量的增加而缓慢降低。而且当缓波型柔性立管的浮子段的数量增加时，最大速度在 0.4 m/s 以上的立管段长度逐渐缩短。

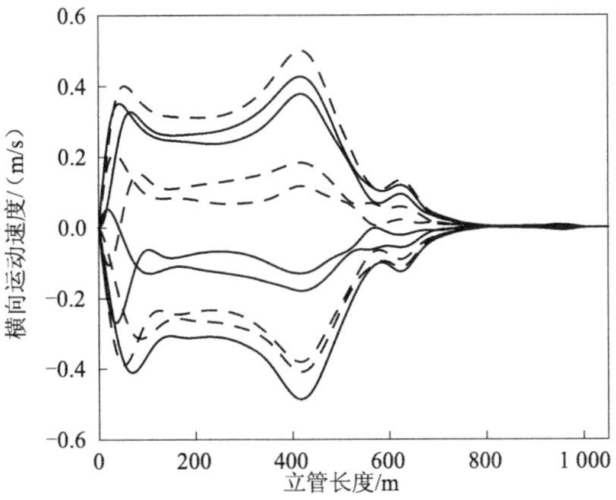

（a）

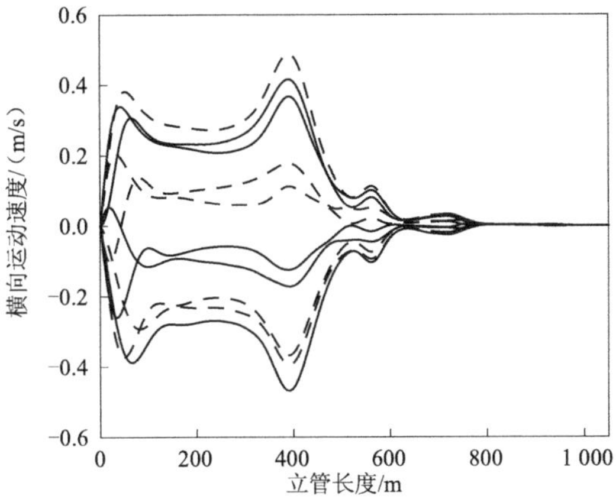

（b）

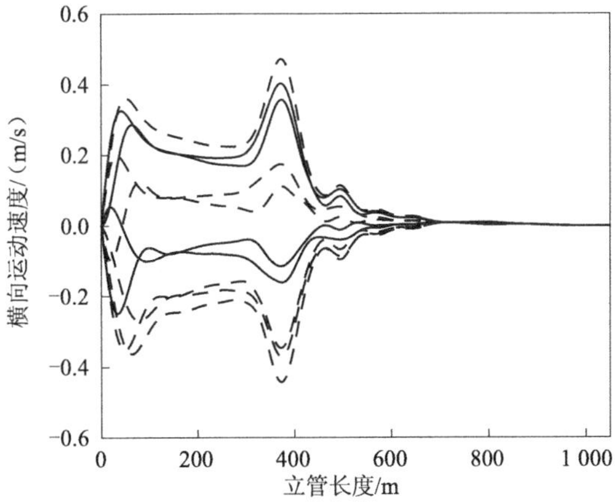

（c）

图 8-15 立管横向速度分量分布

（a）单浮子段缓波型柔性立管 （b）双浮子段缓波型柔性立管 （c）三浮子段缓波型柔性立管

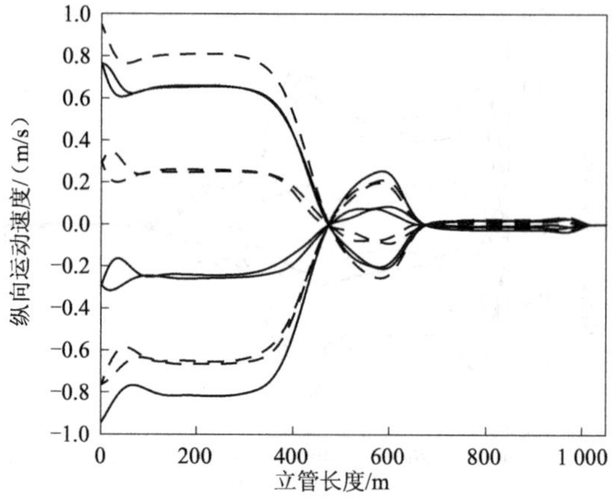

(a)

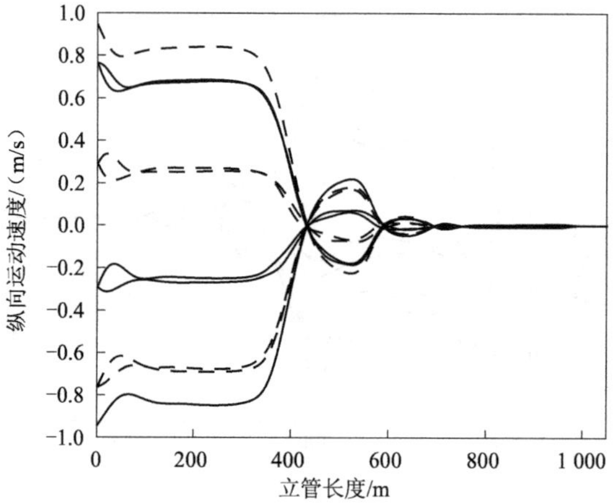

(b)

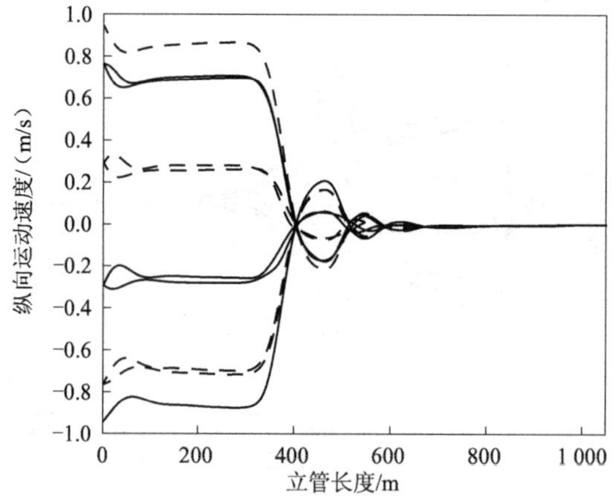

(c)

图 8-16　立管纵向速度分量分布

(a)单浮子段缓波型柔性立管　(b)双浮子段缓波型柔性立管　(c)三浮子段缓波型柔性立管

图 8-16 显示的是缓波型柔性立管纵向（x 轴方向）速度分量的分布，单浮子段缓波型柔性立管从距立管顶部 270 m 处开始，纵向运动速度发生颈缩变化，运动速度不断降低，在距立管顶部 477 m 处速度接近零；双浮子段缓波型柔性立管从距立管顶部 280 m 处开始，纵向运动速度发生颈缩变化，运动速度不断降低，在距立管顶部 433 m 处速度接近零；三浮子段缓波型柔性立管从距立管顶部 300 m 处开始，纵向运动速度发生颈缩变化，运动速度不断降低，在距立管顶部 400 m 处速度接近零。随着立管长度的不断增大，速度逐渐升高，单浮子段柔性立管在距离立管顶部 584 m 处（浮子段上部）速度达到最大值，此后纵向速度又发生颈缩，在距离立管顶部 667 m 处（浮子段下部）纵向速度第二次接近零；双浮子段柔性立管在距离立管顶部 525 m 处（第一浮子段上部）速度达到最大值，此后纵向速度又发生颈缩，在距离立管顶部 586 m 处（第一浮子段下部）纵向速度第二次接近零；三浮子段缓波型柔性立管在距离立管顶部 464 m（第一浮子段上部）处速度达到最大值，此后纵向速度又发生颈缩，在距离立管顶部 516 m（第一浮子段下部）处纵向速度第二次接近零。每多增加一个浮子段，缓波型柔性立管在所增加处就会随着立管长度的发展多发生一次类似的速度波动，且峰值逐渐降低。对比图 8-16（a）、图 8-16（b）、图 8-16（c）可以发现，浮子段数量的增加能够更好地限制缓波型立管的纵向运动。随着缓波型柔性立管上浮子段数量的增加，纵向速度发生颈缩所需的立管长度也不断缩短，缓波型柔性立管上能够有更长的区域维持纵向速度在一个较低的水平。这可能是浮子段增加之后，首个浮子段往前移动所导致的。

综合上述分析，我们可以总结出缓波型柔性立管的悬挂点垂荡激振造成的影响：动力结果分析中，随着缓波型柔性立管浮子段数量的增加，缓波型立管最大弯矩（位于立管第一浮子段）会增加，最大有效张力（位于立管悬挂点）会减小；虽然缓波型柔性立管各点的最大运动速度没有显著变化，但是缓波型立管横向速度最大值所在处离立管顶部越来越近，缓波型立管纵向速度 0 点所在处同样也离立管顶部越来越近；通过增加浮子段的数量使缓波型立管中高速运动段的长度缩短，这对立管的设计优化起到了积极的作用。

8.3　深海海底采矿弯曲软管结构动力响应分析

8.3.1　软管结构空间构型分析

8.3.1.1　模型参数

本节介绍了采矿软管的静力状态和动态响应分析研究。其中采矿软管、集矿机和工作环境详细参数如下。

1. 软管参数

软管两端铰接。通常在软管靠近集矿机一半长度范围内设置浮力体，设定浮力为自重（软管在空气中的自重）的 2 倍。其余参数见表 8-3。

表 8-3　软管参数

编号	名称	数值	单位
1	软管长	400	m
2	中间舱与海底的距离	100	m
3	软管杨氏模量	0.4	GPa
4	软管剪切模量	0.15	GPa
5	软管外径	0.205	m
6	软管内径	0.15	m
7	空气中软管质量	30	kg/m
8	水中软管质量	18	kg/m
9	海水密度	1 025	kg/m^3
10	内流密度	1 100	kg/m^3

2. 集矿机参数

集矿机参数见表 8-4。

表 8-4　集矿机参数

编号	名称	数值	单位
1	长	9.2	m
2	宽	5.2	m
3	高	3.0	m
4	空气中质量	32 000	kg
5	水中质量	11 000	kg

依据第 2 章向量式有限元梁单元的基本原理，将采矿软管离散为一系列有质量的结点，结点与结点之间通过单元连接，如图 8-17 所示。整体坐标系为 xyz，任意单元 AB 的单元坐标系 $x_s y_s z_s$，向下为 x 轴正方向，集矿机在 y 轴正方向，垂直于纸面向外为 z 轴正方向。将表 8-3 所述软管离散为 601 个质点，以中间舱所在位置为空间坐标系原点。

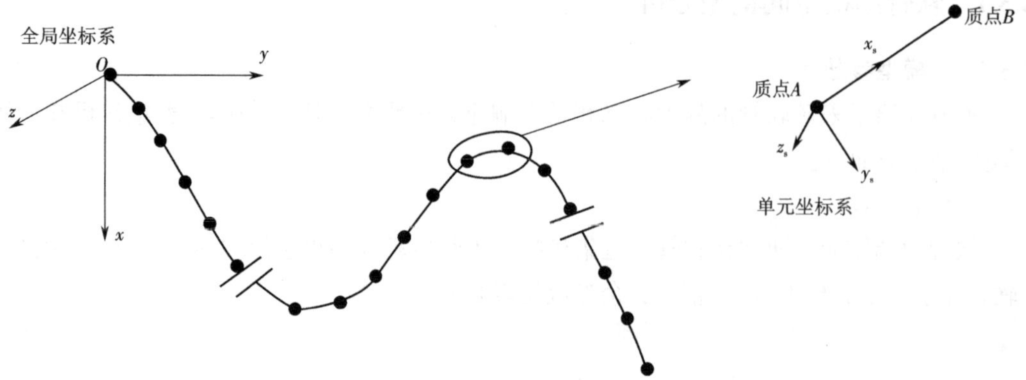

图 8-17　SCR 采矿软管向量式有限元分析模型

对于采矿软管静力状态的具体分析过程如下：初始时刻，给定软管初始形状，使软管平直，无伸长无弯曲。鉴于集矿机极限位置与中间舱水平距离为 387.3 m，将初始时刻集矿机位置即软管末端位置设置为（100，387，0）、软管顶端位置设置为（100，-13，0）。计算过程中，软管顶端缓慢向上移动，以抛物线轨迹运动到坐标原点（即中间舱）位置，然后固定；继续计算至运动稳定，即可得到软管的静态平衡位置和弯矩分布。

下面针对不同集矿机位置、不同海水流速和方向以及不同浮力材料布置方案分析了软管平衡空间构型、弯矩以及软管对集矿机的作用力。

8.3.1.2　不同集矿机位置

设海流速度为 0，计算得到了集矿机位置分别为（100，150，0）、（100，200，0）、（100，250，0）、（100，300，0）、（100，350，0）时的软管平衡构型（图 8-18）以及集矿机受到软管的静态作用力（图 8-19）。

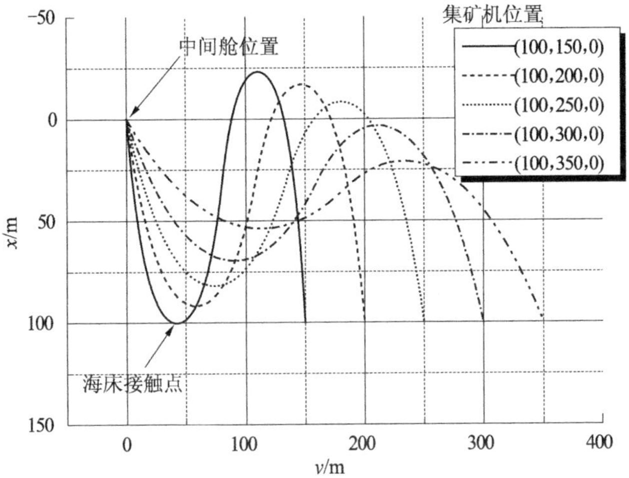

图 8-18　软管平衡构型（不同集矿机位置）

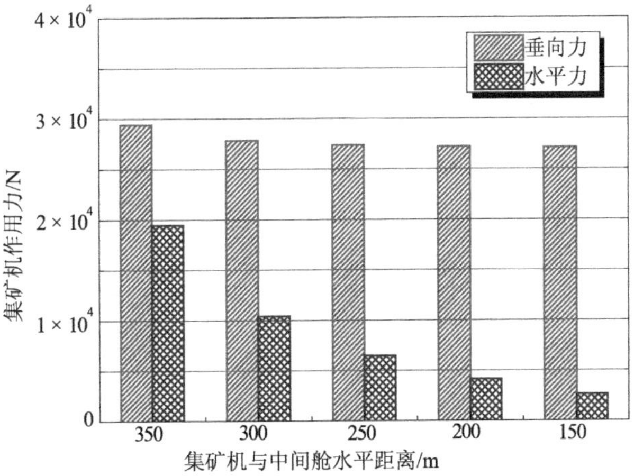

图 8-19　软管对集矿机作用力（不同集矿机位置）

分析表明，集矿机与中间舱水平距离为 150 m 时，软管会触及海底，150 m 应为集矿机与中间舱的最近距离；集矿机距中间舱越远，软管对集矿机的水平和垂向作用力越大，如图 8-19 所示。综合分析平衡构型和集矿机受到的软管作用力可知，集矿机在距中间舱 200~300 m 范围内工作更为合适。

8.3.1.3 不同海流速度

设定集矿机位置为（100，250，0）并保持不变，计算不同流速定常均匀流下的软管平衡构型和静力状态（图 8-20）以及集矿机受到软管的静态作用力（图 8-21）。结果表明，海流速度较大时会使软管构型发生很大变化，影响采矿作业。

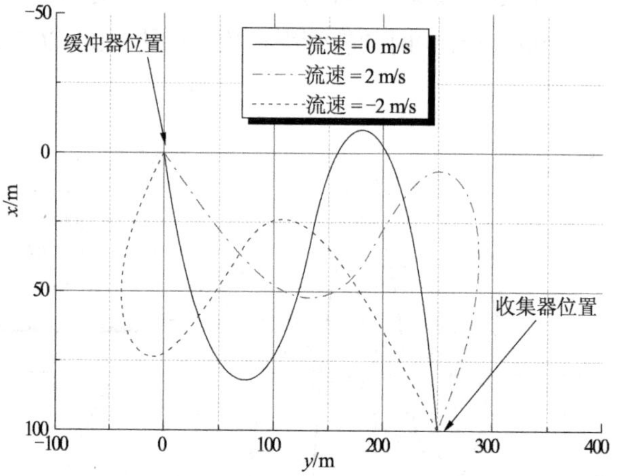

图 8-20 软管平衡构型（不同海流速度）

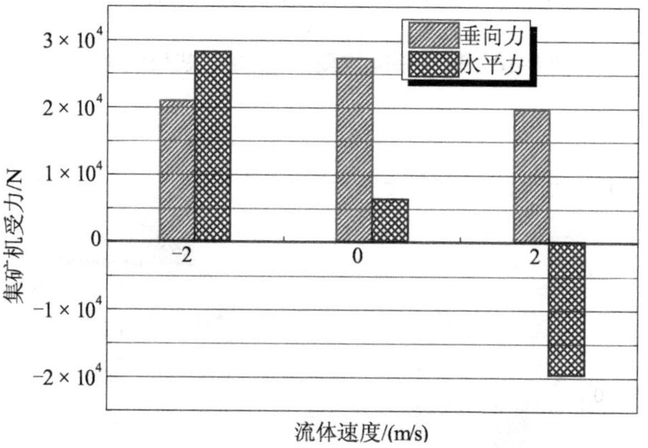

图 8-21 软管对集矿机作用力（不同海流速度）

8.3.1.4 不同浮力材料

从前面分析可以看出，集矿机位置在（100，300，0）时的空间构型相对合适，因此选取集矿机在此位置时计算不同浮力材料布置方案的影响。根据浮力材料布置的位置和浮力大小，设置了如下六种方案（图 8-22）。

方案 1：靠近集矿机 1/2 长度范围设置浮力体，浮力为 1 倍软管水下自重；

方案 2：靠近集矿机 1/2 长度范围设置浮力体，浮力为 2 倍软管水下自重；

方案 3：靠近集矿机 1/2 长度范围设置浮力体，浮力为 3 倍软管水下自重；

方案 4：自软管 1/4 至 3/4 长度范围布置浮力体，浮力为 1 倍软管水下自重；

方案 5：自软管 1/4 至 3/4 长度范围布置浮力体，浮力为 2 倍软管水下自重；

方案 6：自软管 1/4 至 3/4 长度范围布置浮力体，浮力为 3 倍软管水下自重。

从软管静态构型看出，浮力材料为水中自重的 2 倍时（方案 2 和方案 5），空间构型比较适于输送。而采用方案 5 布置，软管对集矿机的作用力较方案 2 更小（图 8-23）。

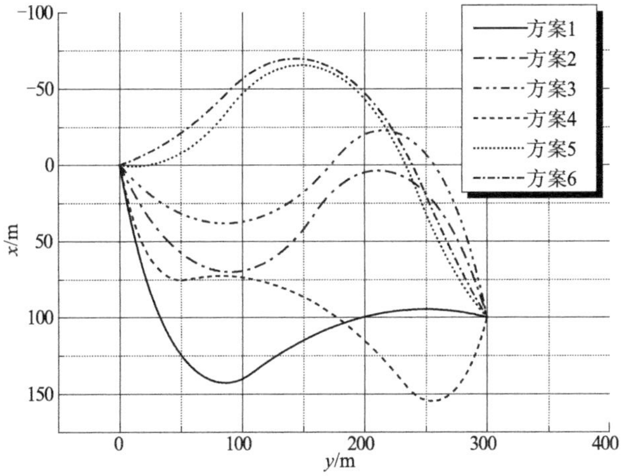

图 8-22　软管平衡构型（不同浮力材料布置方案）

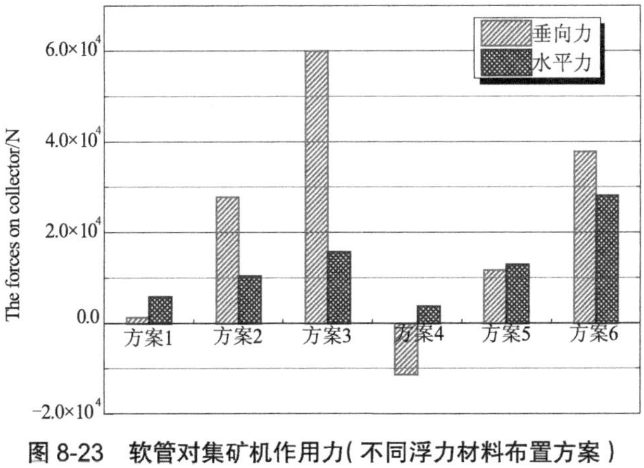

图 8-23　软管对集矿机作用力（不同浮力材料布置方案）

8.3.2　软管结构的动态响应分析

下面开展集矿机和中间舱运动条件下的软管动态响应分析。以集矿机位置为（100，300，0）时的静力状态为动态分析的初始状态。

这里主要考虑以下四种典型工况：

（1）中间舱不动，集矿机在海底做圆周行驶，行驶速度为 0.5 m/s；

（2）中间舱不动，集矿机做往返行驶，行驶速度为 0.5 m/s；

（3）集矿机不动，中间舱做简谐垂荡运动，振幅为 5 m，周期分别为 10 s 和 40 s；

（4）集矿机不动，中间舱做简谐纵荡运动，振幅为 10 m，周期分别为 15 s 和 60 s。

图 8-24 和图 8-25 分别为集矿机做圆周行驶时软管的空间构型和集矿机受到的软管作用力。

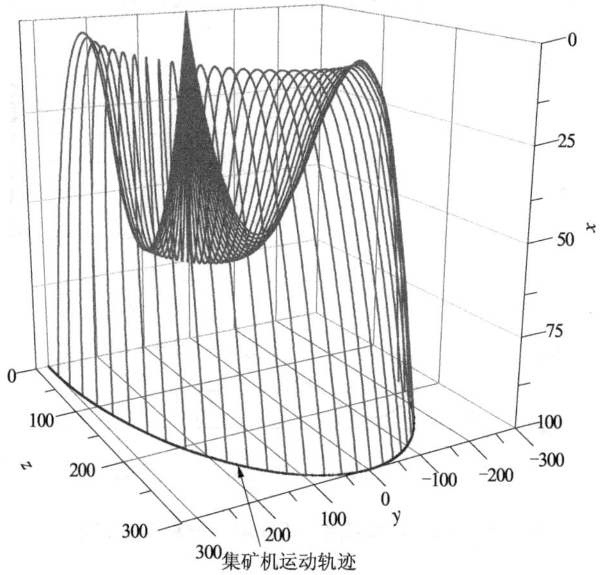

图 8-24 集矿机做圆周行驶时的软管空间构型

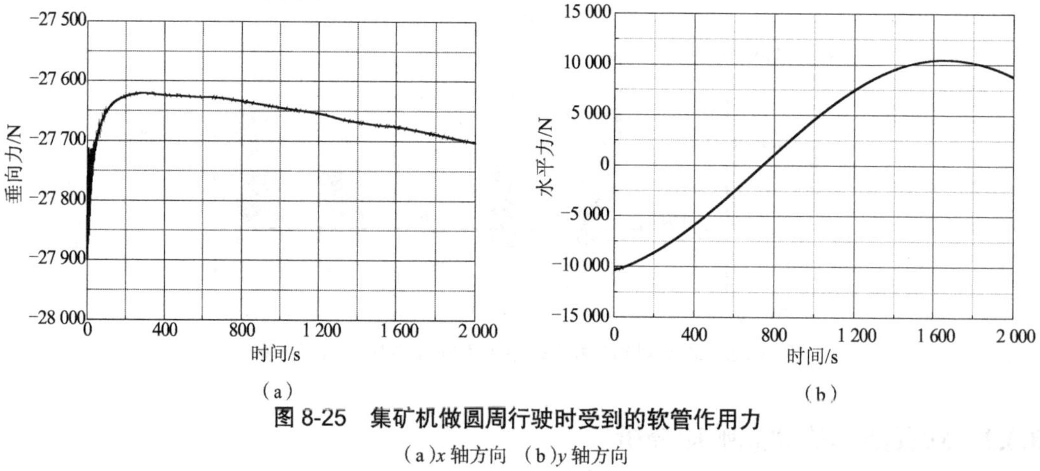

图 8-25 集矿机做圆周行驶时受到的软管作用力

（a）x 轴方向 （b）y 轴方向

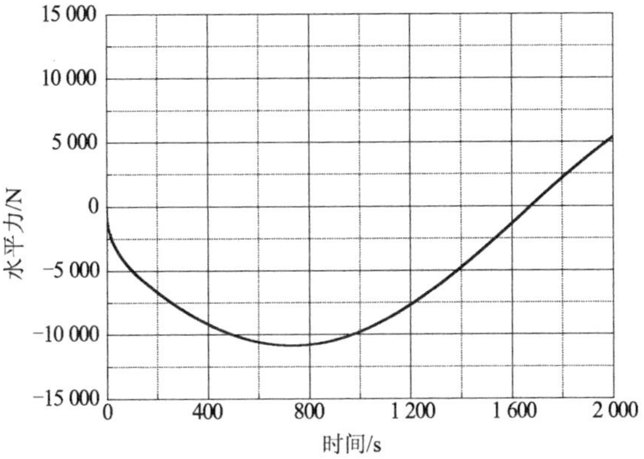

(c)

图 8-25　集矿机做圆周行驶时受到的软管作用力(续)

(c)z 轴方向

图 8-26 和图 8-27 分别为集矿机在 200~300 m 范围往返行驶的软管空间构型和集矿机受到的软管作用力。

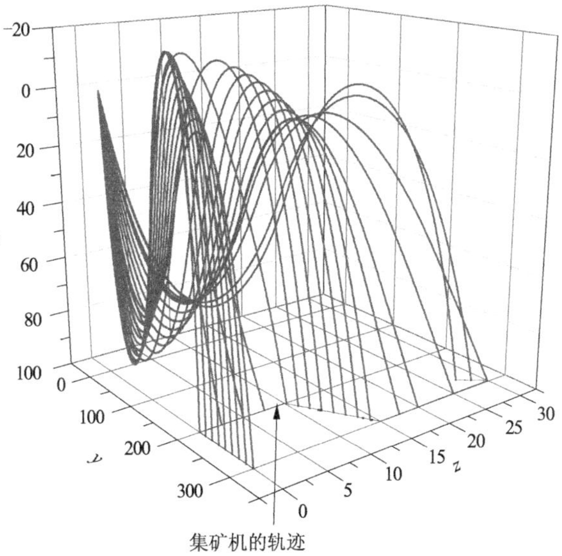

图 8-26　集矿机在 200~300 m 范围往返行驶的软管空间构型

结果表明，集矿机往返行驶时，软管的运动形态变化很大，其对集矿机的作用力变化更为剧烈，波动较大，对集矿机安全工作不利；而集矿机在海底做圆周行驶时，软管空间形态以及对集矿机的作用力变化比较平缓。因此，集矿机在海底做圆周行驶对安全生产更为有利。

图 8-28 和图 8-29 为中间舱筒谐垂荡运动时软管作用在集矿机的力。

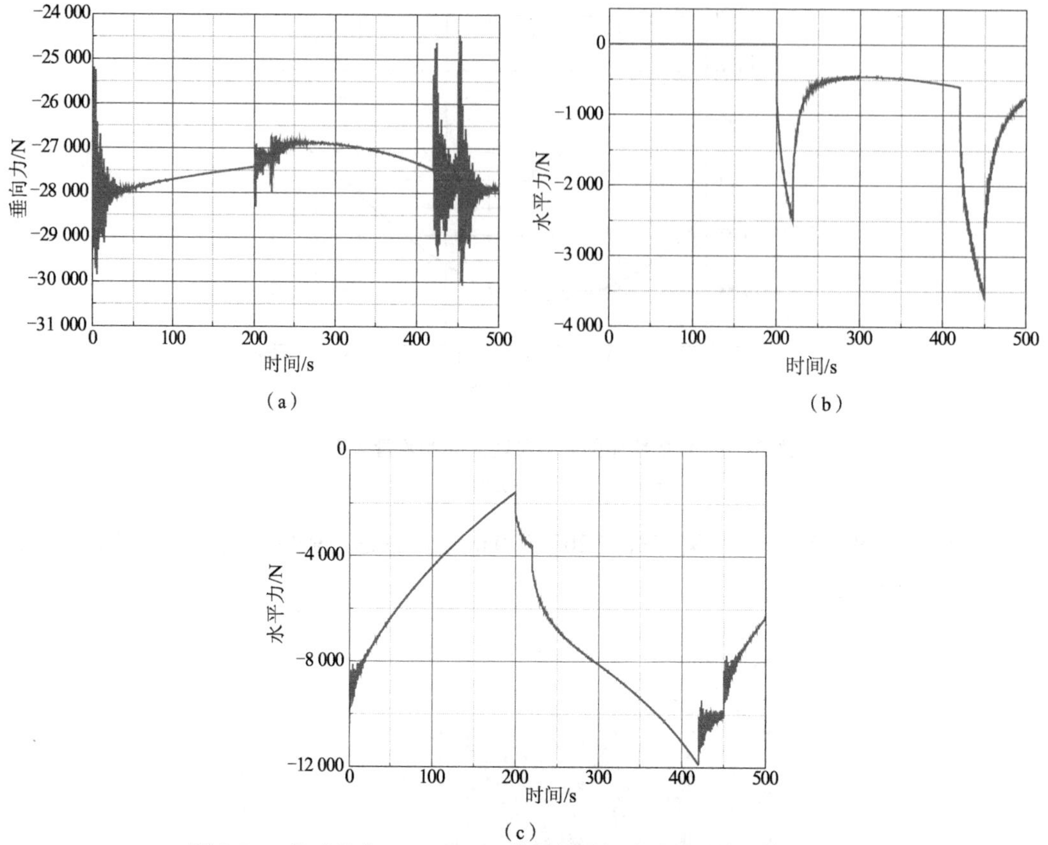

图 8-27　集矿机在 200~300 m 范围往返行驶时受到的软管作用力

(a)x 轴方向　(b)y 轴方向　(c)z 轴方向

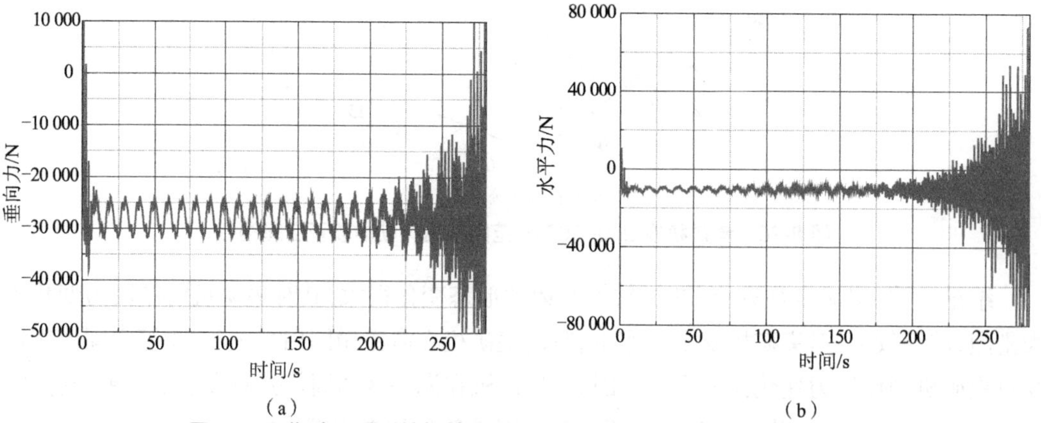

图 8-28　集矿机受到的软管作用力(垂荡周期为 10 s,振幅为 5 m)

(a)x 轴方向　(b)y 轴方向

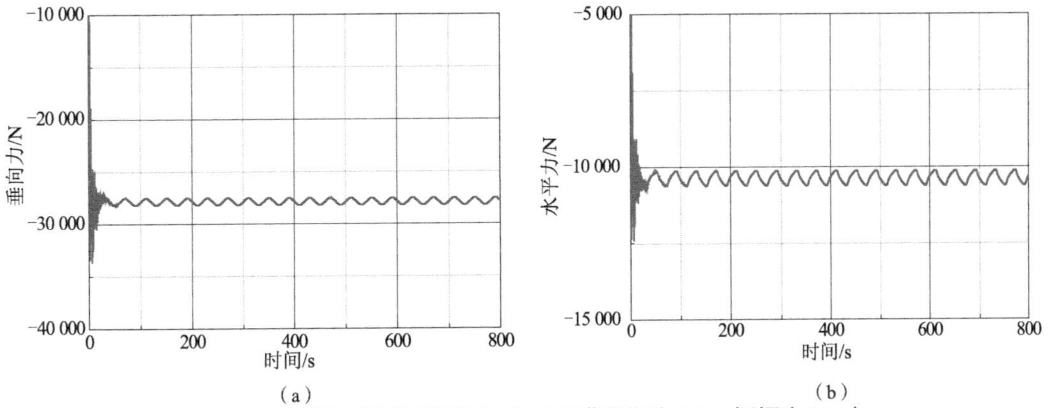

图 8-29　集矿机受到的软管作用力(垂荡周期为 40 s,振幅为 5 m)

(a)x 轴方向　(b)y 轴方向

图 8-30 和图 8-31 为中间舱简谐纵荡运动时软管作用在集矿机的力。

结果表明,中间舱做简谐垂荡和纵荡运动,且频率较高时,软管对集矿机的作用力会存在高频微小波动,随着时间增大,这些微小波动幅度会逐渐增大,导致作用力波动十分剧烈,会引起安全事故。而中间舱较低频率垂荡和纵荡时,不会引起软管对集矿机作用力的剧烈波动。分析表明,为了保持采矿系统的作业安全,需要重点抑制中间舱的高频振荡。

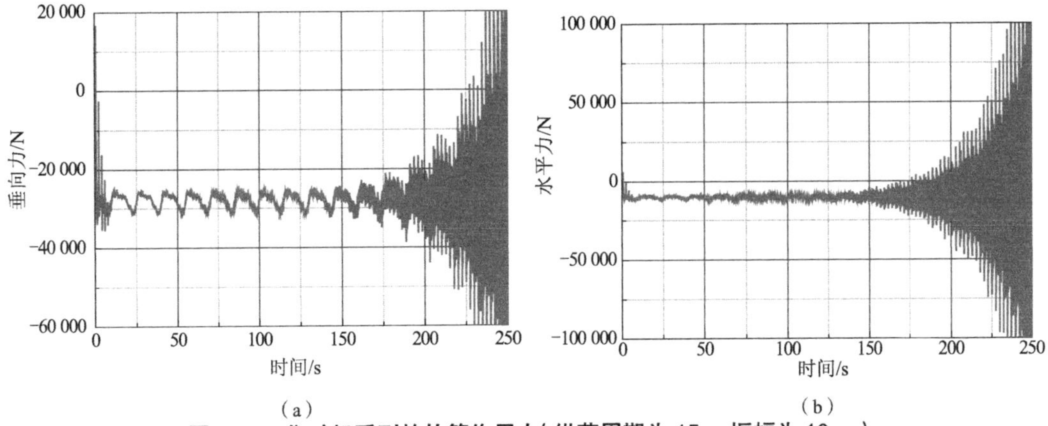

图 8-30　集矿机受到的软管作用力(纵荡周期为 15 s,振幅为 10 m)

(a)x 轴方向　(b)y 轴方向

以上结果是集矿机和中间舱剧烈运动引起的采矿软管的动力响应,软管的位移远大于其变形。结果表明,向量式有限元方法可以轻松高效地解决大位移小变形的几何非线性问题,获得响应、弯矩和拉力的时程。基于上述分析有以下三点结论:

(1)集矿机在与中间舱水平距离 200~300 m 范围工作最为合适;

(2)为减小软管对集矿机运行安全的影响,集矿机座在海底做圆周行驶进行采矿工作比往返行驶更合适;

(3)中间舱的高频垂荡和纵荡会引起软管对集矿机和中间舱作用力的剧烈波动,从而导致系统破坏,因此为保证采矿安全,需要抑制中间舱的高频垂荡和纵荡。

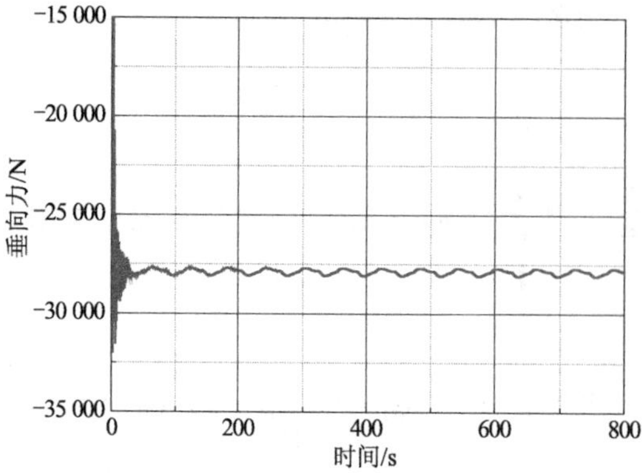

(a)

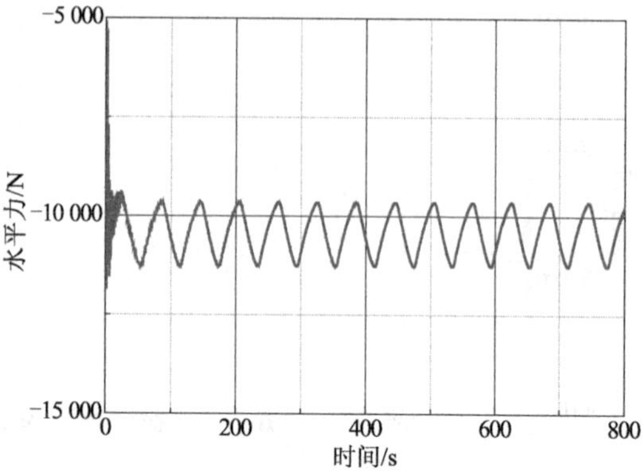

(b)

图 8-31 集矿机受到的软管作用力(纵荡周期为 60 s,振幅为 10 m)

(a)x 轴方向 (b)y 轴方向

本章部分图例

说明:为了方便读者直观地查看彩色图例,此处节选了书中的部分内容进行展示。页面左侧的页码,为您标注了对应内容在书中出现的位置。

第 9 章　海底管道结构复杂屈曲行为分析

9.1 引言

9.1.1 悬跨海底管道管土耦合

在海洋油气资源的开采和集输过程中，海底管道(简称海管)是重要的基础设施，被誉为海上油气开发的生命线。文献资料表明，在我国渤海埕岛油区安装的 61 条海管中，有 92% 的管道出现严重悬跨；中国海洋石油公司番禺—惠州天然气管道自 2006 年投产以来，悬跨现象更为严重，先后五次的调查结果显示悬跨长度累计已经接近海管总长的 30%。

工程上悬跨的原因很多，根据成因可将其分为地貌型悬跨、人工支撑型悬跨和冲刷型悬跨。人工支撑型悬跨较少，只在管道穿越等情况下存在。冲刷型悬跨在平直底床上亦不常见，往往是地貌型悬跨在波流作用下的发展。地貌型悬跨是由地形崎岖而引起的，最为常见，且由于冲刷作用可随时间发展，因此不确定性强，危险性高。例如，我国南海番禺—惠州管道，由于其经过沙波区，并且设计为直铺型海管，因此其悬跨最初是由底床崎岖引起的，而在后续生产过程中由于冲刷等原因，悬跨状态不断发生变化，已经给管道的安全运行带来了巨大威胁。

长输海管力学分析的方法主要有解析法和数值法两种。解析法由于其方便简单，能够揭示力学现象背后的机理和原因，被工程单位和各大规范制定者普遍接受，并在实际工程中广泛应用。赛维克(Sævik)、列沃尔德(Levold)和菲里列夫(Fyrileiv)等通过力学分析，指出在高温高压海管设计中，可引入初始崎岖，使管道在人为控制下发生整体屈曲，从而减小管道应力和应变分布。许多学者针对长输海管的屈曲问题提出改良方案，显著提高了长输海管设计的科学性。但是，当海管经过崎岖底床时，内流工况对悬跨状态和内力分布有较大影响。随着内流温度升高，海管可能发生复杂的整体屈曲行为，在此过程中悬跨管道变形、竖向屈曲和横向屈曲等行为相互耦合作用。此时无法对海管的屈曲行为作出合理分析，需要采用有限元方法进行数值模拟。

拉森(Larsen)等采用有限元方法对悬跨管道进行了时域和频域分析，在进行悬跨振动分析前，采用有限元方法得到了悬跨在崎岖底床上的海管形态和内力分布，使得后期悬跨安全评估更加合理。佩雷拉(Pereira)等采用基于 ANSYS 开发的 SPAN-CALC 软件，对悬跨海管进行了在位分析，包括不同工况下管道的形态和内力分布。托姆斯(Tomes)等采用有限元方法，研究了崎岖底床高温高压下管道的整体力学行为，指出在这种情况下轴向摩擦力、竖向屈曲和横向屈曲间具有复杂的耦合作用。同样基于 ANSYS 平台，苏雷德(Soreide)等研究了崎岖底床上悬跨形态随内流工况的变化，并指出高温管道在崎岖底床上将在底床凸起处出现翘起，发生复杂的整体屈曲行为。

以上研究中均关注于经过崎岖底床海管的悬跨现象和整体屈曲行为，管土耦合作用均采用非线性弹簧或弹性摩擦模型模拟。当底床崎岖程度较轻时，管土间耦合作用弱，可以采用以上模型。但是当底床崎岖严重时，管土耦合作用复杂，特别是在崎岖凸起处和悬跨跨肩处，管道对底床存在集中作用力，底床塑性变形严重，管道嵌入深度可达到与直径同量级。此时，必须采用更精确的管土耦合模型，分析管道对底床的强化和重塑作用。

传统上土体作用力的分析是采用绞支、固支约束、弹性约束、非线性弹簧模型和宏单元模型。其中，管土耦合宏单元模型可以同时兼顾计算精度和效率，与向量式有限元方法结合使用，还能够有效表达复杂的管土耦合作用。田英辉和卡西迪（Cassidy）介绍了三种可以用来模拟管土耦合过程的弹（塑）性模型，分别是弹（塑）性模型（elastoplastic model）、边界面模型（bounding surface model）和泡泡模型（bubble model），三种模型的复杂程度递增，描述管土耦合过程中的土体变形及土体作用力变化过程也更准确。经过一系列的发展，泡泡模型也被称为 UWAPIPE 模型，可以反映管土耦合作用过程中土体的弹性、塑性、应力流动及强化等复杂本构现象。因此，本书选用 UWAPIPE 模型与 VFIFE 方法结合。田英辉和卡西迪讨论了 UWAPIPE 模型数值实现过程中遇到的问题，对比了几种不同的时间差分格式的精度与效率。本书采用的修正欧拉格式在满足工程要求的前提下效率最高，选取的格式精度为 10^{-4}。本书将 UWAPIPE 模型与向量式有限元结合，以处理长跨时的管土耦合作用和几何非线性问题。在此基础上，本书对管土耦合模型也进行了发展，在 UWAPIPE 模型的基础上考虑了轴向土体反力及管土动态接触。

9.1.2 海底管道局部压溃 - 屈曲传播 - 止屈穿越

局部屈曲破坏是深水管道运行的另一最大安全问题之一。深水管道由于外部高静水压作用，其设计通常将局部屈曲压溃的失稳作为管道的极限状态。现行的挪威船级社设计规范（DNV-OS-F101）指出，管道在安装、检修和运营过程中会出现空载状态，即内部压力为零，仅承受外部静水压作用，此时需要核校外部静水压下深水管道抗屈曲能力。因此，开展外部静水压力作用下深水管道局部屈曲行为分析具有实际工程应用价值。

管道局部屈曲压溃和屈曲传播是一个复杂的力学问题，包含材料非线性、几何非线性和接触非线性等问题。近百年来径向外压下圆柱壳结构屈曲失效问题的研究不断深入，经历了基于弹性屈曲理论分析、卡门 - 唐纳（Karmen-Donnel）薄板大挠度理论和理想弹（塑）性平面应变二维圆环理论的发展。其中，铁木辛柯（Timoshenko）的二维圆环理论因其具有较好的适用性而被其他学者接受并进一步发展。基于相同的假定，哈格斯马（Haagsma）等的计算方法被列为 DNV 规范推荐方法并沿用至今，得到了工业界广泛的应用和认可。但是，规范推荐方法忽略材料硬化效应，预测的屈曲载荷偏于保守。对于深水油气开发中常用的 API X 级钢管，其塑性强化性能显著，若在计算中对模型简化将低估 API X 级钢管的抗屈曲能力。此外，美国的基里亚基德斯（Kyriakides）团队开展了管道压溃系列试验，分析了几何尺寸、材料性能、缺陷形式和加载路径等因素对管道压溃的影响规律，并开发了考虑几何非线性和材料非线性数值的计算方法,有力提升了业界对管道压溃行为的认识。同时,随着ANSYS、ABAQUS、ADINA 等大型商业有限元软件的不断发展,白勇、薛江红、托斯卡诺(Toscano)等应用软件成功模拟了深水管道屈曲压溃和屈曲传播过程,为压溃压力和屈曲传播压力的准确预测提供了又一种可行的思路。科拉迪(Corradi)、余建星等也进行了大量的缩尺比以及全尺寸的管道屈曲压溃试验和软件模拟分析,深入分析管件径厚比、椭圆度缺陷、材料屈服强度等因素对管道压溃的影响规律。

止屈器方面的研究自屈曲传播现象发现不久便起步。1971 年,巴特尔(Battle)实验室提出了三种止屈器构型:整体式止屈器、扣入式止屈器和焊接式止屈器。随后,约翰斯(Johns)和梅斯洛(Mesloh)等经研究认为扣入式止屈器是止屈器的首选,因其安装较为方便,且能起到一定的抑制屈曲传播的作用,而另外两种止屈器的有效性会受到焊接效果的影响。随着海底管道焊接技术的发展,整体式止屈器因其性能经济高效得到了国内外学者的高度重视。帕克(Park)和基里亚基德斯(Kyriakides)对外径为 114.7~114.8 mm、径厚比为 21~22.5 的钢管进行了大量的整体式止屈器穿越试验,分析了止屈器效率与管道长度、厚度等变量的敏感性关系。曼苏尔(Mansour)和塔苏拉斯(Tassoulas)采用有限元方法对整体式止屈器进行了准静态和动态穿越压力的计算,指出管道和压缩流体的相互作用使得动态穿越压力比准静态值偏小。兰格(Langner)提出了一套整体式止屈器设计公式,并与壳牌(Shell)公司、基里亚基德斯(Kyriakides)所做的试验进行了对比验证,指出在浅水和中等水深区域,采用较廉价的灌浆粘结型扣入式止屈器即可,而整体式止屈器止屈效率更高,适于深水。内托(Netto)和 Kyriakides 开展了整体式止屈器的动态穿越性能试验,并运用 ABAQUS 进行了真空条件下动态穿越的模拟,得到模拟结果与试验结果基本一致的结论。外国人 Kyriakides 等重点研究整体式止屈器和管件的材料差异对穿越可能带来的影响,拟合了更精确的整体式止屈器穿越压力公式。

9.2 悬跨海底管道管土耦合分析

9.2.1 动态管土耦合模型

9.2.1.1 UWAPIPE 模型

建立悬跨海管分析模型需要合理考虑管土耦合作用。本书选用 UWAPIPE 模型与向量式有限元结合的方法解析管土作用过程中土体的弹性、塑性、应力流动及强化等复杂本构现象。UWAPIPE 模型的表达式为

$$\mathrm{d}\boldsymbol{R}=\begin{Bmatrix}\mathrm{d}V\\ \mathrm{d}H\end{Bmatrix}=\boldsymbol{D}^{\mathrm{ep}}\mathrm{d}\boldsymbol{U}=\left(\boldsymbol{D}^{\mathrm{e}}-\frac{\boldsymbol{D}^{\mathrm{e}}\dfrac{\partial g}{\partial \boldsymbol{R}}\dfrac{\partial f}{\partial \boldsymbol{R}}^{\mathrm{T}}\boldsymbol{D}^{\mathrm{e}}}{K+\dfrac{\partial f}{\partial \boldsymbol{R}}^{\mathrm{T}}\boldsymbol{D}^{\mathrm{e}}\dfrac{\partial g}{\partial \boldsymbol{R}}}\right)\begin{Bmatrix}\mathrm{d}w\\ \mathrm{d}u\end{Bmatrix}\tag{9-1}$$

式中:$\boldsymbol{R}$ 为土体反力向量;$\mathrm{d}\boldsymbol{R}$ 为时间步 Δt 内的土体反力增量;$\mathrm{d}V$、$\mathrm{d}H$ 分别为土体反力在竖直和水平横向的分量;$\boldsymbol{U}$ 为管土相对位移向量;$\mathrm{d}\boldsymbol{U}$ 为时间步 Δt 内的管土相对位移增量;$\mathrm{d}w$

、du分别为du竖直和水平横向的分量；$\boldsymbol{D}^{\mathrm{eq}}$为模型弹（塑）性矩阵；$\boldsymbol{D}^{\mathrm{e}}$为模型弹性矩阵；$g$、$f$分别为土体塑性势函数与屈服面函数；$K$为土体强化模量。

值得注意的是g、f和V均为土体力$\boldsymbol{F}$、时间t、土体竖向塑性刚度k_{vp}、竖向弹性刚度k_{ve}和侧向弹性刚度k_{he}的函数。UWAPIPE模型的本构关系如图9-1所示，其中N为弹性区域的中心点，M为土体强化轮廓线的中心点，V_0反映土体强化程度，b为土体强化轮廓线的形状常数。详情可参看田英辉和卡西迪发表的论文。

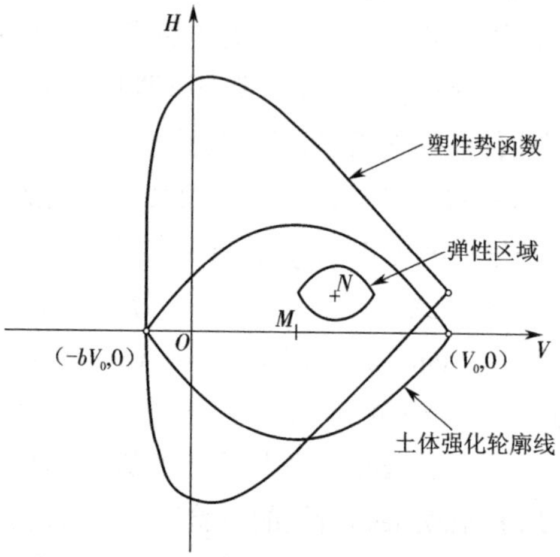

图9-1 UWAPIPE模型本构关系示意图

田英辉和卡西迪将UWAPIPE模型与ABAQUS结合，分析了一段长100 m的悬跨海管的竖向位移。悬跨段长度分别为20 m和30 m，单元尺寸为5 m，在每一结点施加UWAPIPE模型。海管参数见表9-1。本书结果与田英辉和卡西迪的计算结果对比如图9-2所示，从图中可以看出二者吻合良好。但需要注意的是，本书和对比文献中单元尺寸均为5 m，对于20 m和30 m悬跨而言，5 m的单元尺寸明显太大；另外在跨肩处，管土耦合作用强烈，必须使单元尺寸和管土耦合宏单元间距足够小，以消除尺寸效应。在后文中，将针对单元尺寸进行敏感性分析，并选取合适的单元尺寸以保证计算精度。

表9-1 对比算例管道参数

参数	数值	单位
管道外径	0.775	m
管道壁厚	0.08	m
杨氏模量	2.00×10^{11}	Pa
剪切模量	8.00×10^{10}	Pa
管道钢密度	7 800	kg/m^3
单位长度管道浮重	1 360	N/m

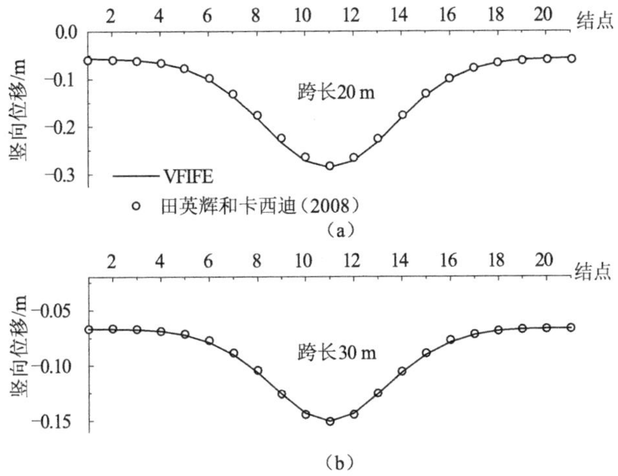

图 9-2　20 m 悬跨与 30 m 悬跨竖向位移分布对比

（a）20 m 悬跨　（b）30 m 悬跨

田英辉和卡西迪将 UWAPIPE 模型与 ABAQUS 相结合，在每个梁结点上均施加 UWAPIPE 模型，用以求解土体反力，但是该文没有考虑几何非线性和底床在海管轴向的作用力。另外，该文中海管与土体接触段是事先定义好的，不能根据计算过程中海管变形进行动态调整。本书将 UWAPIPE 模型与 VFIFE 结合能够很好地处理长跨时管土耦合作用和几何非线性的影响。在此基础上，本书对管土耦合模型也做了发展，在 UWAPIPE 模型的基础上考虑了轴向土体反力及管土动态接触。

9.2.1.2　轴向土体反力

土体对管线的作用力有三个分量，垂直于管线走向的两个分量采用 UWAPIPE 模型求解；沿管道走向为轴向土体反力。轴向土体反力对短跨计算结果影响不大，但是在长跨时必须考虑，本书依据 DNV-RP-F105 规范采用弹性摩擦模型计算轴向土体反力。

对于某管土接触结点，其所能承受的最大轴向土体反力为管土间最大摩擦力

$$f_{\max} = \mu V_n \tag{9-2}$$

式中：μ 为管土摩擦系数，V_n 为管土竖向土反力，由 UWAPIPE 模型计算得到。

在某一时间步，若结点位移为 $\mathrm{d}s$，且存在下述关系：

$$\mathrm{d}f_{\max} = k_{\mathrm{ae}}\mathrm{d}s \tag{9-3}$$

式中：k_{ae} 为轴向模型土体刚度，本书根据 DNV-RP-F105 规范采用 $k_{\mathrm{ae}} = k_{\mathrm{he}}$，$k_{\mathrm{he}}$ 为水平向土体刚度。

根据线弹性理论，轴向土体反力的增量为 $\mathrm{d}f_{\mathrm{axial}}$，且存在下述关系：

$$f_{\mathrm{axial}} = f_{\mathrm{axial}} + \mathrm{d}f_{\mathrm{axial}} \tag{9-4}$$

$$\text{if } \left|f_{\mathrm{axial}}\right| \geqslant f_{\max}, f_{\mathrm{axial}} = \mathrm{sign}\left(f_{\max}, f_{\mathrm{axial}}\right) \tag{9-5}$$

根据式（9-3）和式（9-4）更新 f_{axial} 后，需要据下式进行判断，确定轴向土体反力不大于最大摩擦力。

式中：$\mathrm{sign}(a,b)$ 表示绝对值为 a，正负号与 b 相同。

9.2.1.3 动态耦合

随着外力的变化，管线的位置也发生变化，所以必须在计算过程中考虑管土接触及分离的动态过程。在每时间步更新结点位移后，需要判断管土是否发生接触，在考虑管道对土体作用历史的基础上，可以得到本时刻土体上表面位置为 y_{touch}，若结点位置低于 y_{touch}，则说明管土发生接触，即管土接触判别准则为

$$y_{\text{node}} \leqslant y_{\text{touch}} \tag{9-6}$$

式中：y_{node} 为管道结点坐标。

y_{touch} 的初始值可由下式确定

$$y_{\text{touch}}^{\text{initial}} = y_{\text{seabed}} - w_{\text{p}}^{\text{initial}} \tag{9-7}$$

式中：y_{seabed} 为初始底床泥面坐标；$w_{\text{p}}^{\text{initial}}$ 为管道初始嵌入深度。

当土体对管道的竖向反力小于等于 0 时，土体不再对管道有作用力，表明管土发生分离，即有管土分离判别准则如下

$$V_n \leqslant 0 \tag{9-8}$$

当第 n 时间步管土发生分离时，土体的弹性回复部分需要叠加给 y_{touch}，即有

$$\begin{cases} y_{\text{touch}}^{n} = y^{n-1} + V^{n-1}/k_{\text{ve}}, \text{在屈服面} \\ y_{\text{touch}}^{n} = y^{n-1} - \mathrm{d}w\left[e + p(1.0 - e)\right], \text{穿越屈服面} \end{cases} \tag{9-9}$$

式中：$\mathrm{d}w$ 为第 $n-1$ 时间步该点的竖向位移；e 为此步位移中弹性变形所占比例，弹性变形后需要迭代更新 UWAPIPE 模型参数并计算土体反力；k_{ve} 为垂直向土体刚度；p 表示模型迭代完成的进度，其变化范围为 $0.0 \leqslant p \leqslant 1.0$。

本书在原 VFIFE 算法中加入了 UWAPIPE 模型、轴向土体反力及管土接动态接触算法，本书管土耦合计算流程如图 9-3 所示，迭代步骤如下。

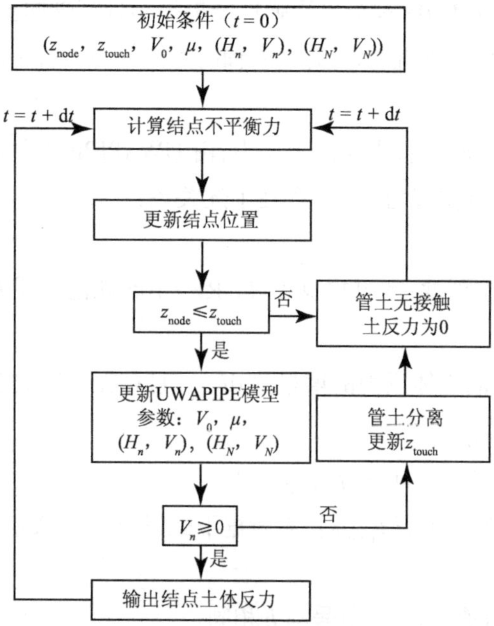

图 9-3 管土耦合计算流程

(1)初始状态,包括每一结点 UWAPIPE 模型初始参数、初始管土接触情况、初始底床与结构位形、管道下表面与土体接触点竖向坐标 y_{touch} 初值,见式(9-7)。

(2)计算每一结点所承受外力。

(3)计算每一单元内力,每个结点在当前变形状态下的受力,即相邻单元对本结点的作用力。相比最初的 VFIFE 方法,本书在结构不平衡力中加入了土体作用力,该循环步中有如下子循环。

①初始情况认为管体与土体分离,给定管体位置及土体上表面竖向坐标初始值。

②判断管道位移与土体表面位移,若满足接触判别准则(式(9-6)),则认为管土发生接触,按 UWAPIPE 模型和轴向土体反力模型计算土体反力,更新 UWAPIPE 模型参数,包括 V_0、μ、土体反力 (H_n,V_n) 及土体屈服函数中心点坐标 (H_N,V_N)。若不满足接触条件,则土体与管体无接触,管体自由,此时土体反力为 0。

③依据式(9-8)判断管体与土体是否发生分离,对于接触结点,若 $V_n>0$,转到第 4 步,否则即认为管土发生分离,根据式(9-9)更新 y_{touch} 值。

④结束,输出土体反力及接触情况。

(4)判断管土是否接触或分离,若管土接触,计算土体对结点的作用力,否则本结点土体反力为 0。

(5)得到结点不平衡力,包括内力、重力以及土体反力。

(6)根据牛顿第二定律计算本时间步结点位移,更新结点位置,返回第(2)步。

9.3.2 悬跨海底管道数值模型

9.3.2.1 确定 UWAPIPE 模型参数

DNV-RP-F105 规范中推荐采用的静态竖向沙质底床单位长度支撑力与海管嵌入深度的关系如下:

$$R_{\text{v}}=\gamma_{\text{soil}}B\left(N_q\upsilon_{\text{eff}}+0.5N_\gamma B\right) \tag{9-10}$$

$$\upsilon_{\text{eff}}=\max\left(0,v-D/4\right) \tag{9-11}$$

$$B=\begin{cases}2\sqrt{(D-v)v}, & v\leqslant 0.5D\\ D, & v>0.5D\end{cases} \tag{9-12}$$

$$N_q=\exp\left(\pi\tan\frac{\pi\varphi_{\text{s}}}{180}\right)\tan^2\left(\frac{\pi}{4}+\frac{\pi\varphi_{\text{s}}}{360}\right) \tag{9-13}$$

$$N_\gamma=1.5\left(N_q-1\right)\tan\frac{\pi\varphi_{\text{s}}}{180} \tag{9-14}$$

式中:R_{v} 为单位长度土体竖向土体作用力;D 为管道直径;γ_{soil} 单位体积土体浮重;B 为底床与海管传递支撑力部分的接触面积;N_q、N_γ 为土体承载力系数;v 为海管嵌入深度;φ_{s} 为泥沙休止角。

天然气海管参数见表 9-2。本章研究中,用到了三种常见沙质,分别是松散沙、中沙和密实沙,其休止角和单位体积浮重参数见表 9-3。

表 9-2 本书中研究的某双层天然气海管参数

参数	数值	单位
钢管外直径	0.508	m
钢管内直径	0.479 4	m
钢管壁厚	0.014 3	m
混凝土配重层厚度	0.04	m
混凝土配重层外径	0.516	m
钢的弹性模量	2.07×10^{11}	Pa
钢的剪切模量	8.00×10^{10}	Pa
钢的密度	7 850	kg/m^3
混凝土的密度	3 044	kg/m^3
海水密度	1 025	kg/m^3
各工况单位长度海管浮重	1 033（空管状态）	N/m
	2 802（注水状态）	N/m
	1 296（运行状态）	N/m

表 9-3 三种沙质参数

沙质类型	泥沙休止角 φ_s /（°）	单位体积土体浮重 γ_{soil}/（kN/m^3）
松散沙	29	9.75
中沙	33	10.75
密实沙	38.5	11.75

为了模拟以上三种沙质底床与海管的耦合作用，本书用 UWAPIPE 选取不同 k_{vp} 值进行了大量模拟，并将结果与 DNV 公式进行对比（图 9-4），最终确定了海管在三种沙质时的 k_{vp} 值，如表 9-3 所示。本书采用 Zhang 提出的耦合模型竖直方向弹性刚度与塑性刚度的关系，即 $k_{ve}=20k_{vp}$。对于竖向弹性刚度及横向弹性刚度的关系，DNV-RP-F105 推荐为 $k_{he}=0.75k_{ve}$（沙质底床）或 $k_{he}=0.67k_{ve}$（泥质底床）。由此得到的三种沙质 UWAPIPE 模型参数见表 9-4。

表 9-4 UWAPIPE 模型计算参数取值

参数	数值
单位长度竖直横向加载塑性刚度系数 k_{vp}	95 kN/m^2（松散沙）
	175 kN/m^2（中沙）
	410 kN/m^2（密实沙）
竖向弹性刚度系数 k_{ve}	20 k_{vp}
侧弹性刚度系数 k_{he}	$k_{he}=0.75k_{ve}$

续表

参数	数值
轴向弹性刚度系数 k_{ae}	$k_{ae}=k_{he}$
土体强化轮廓线初始大小 $V_0^{initial}$	0.1 kN
管道初始嵌入深度 $w_p^{initial}$	$V_0^{initial}\left(k_{ve}-k_{vp}\right)/\left(k_{ve}k_{vp}\right)$

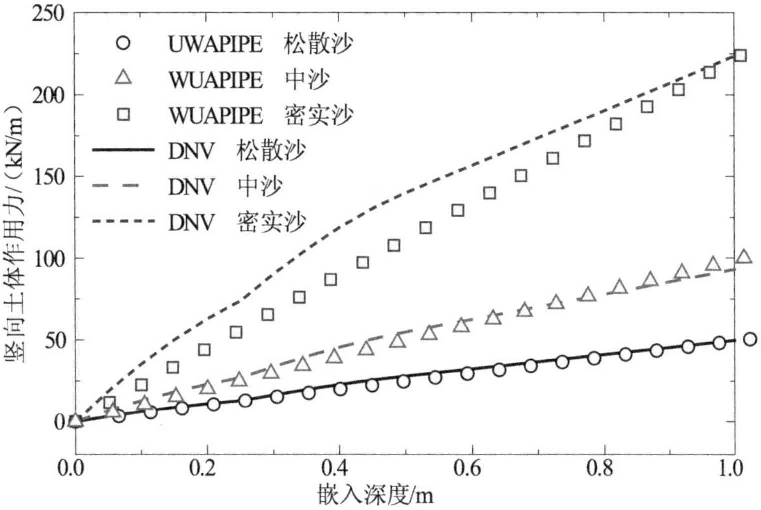

图 9-4　竖向土体作用力随嵌入深度变化

9.3.2.2　确定单元尺寸

悬跨分析时 DNV-RP-F105 推荐采用的单元长度为 1 倍管道外径，但也可通过试算确定。DNV 标准指出，在短跨时需要更小的单元尺寸，才能满足管土耦合分析的要求，一般情况下危险悬跨长度均大于 20 m，若 20 m 悬跨计算结果无误，则可认为单元尺寸能满足危险悬跨的计算要求。另外，沙质越松散，管土耦合作用越强，所需单元尺寸越小。因此，本书采用 20 m 长的松散沙质底床上的悬跨试算单元尺寸的影响。

图 9-5 为单元尺寸分别为 5.0 m、2.0 m、1.5 m 和 1.0 m 时的计算结果。可以看出单元长度为 1 m 时，悬跨的位移分布(图 9-5(a))和弯曲应力分布(图 9-5(b))均已趋于收敛，因此本章后续所有算例中单元尺寸设为 1 m。

9.3.3　动态管土耦合过程

本节以松散沙质底床上一段长 100 m 的悬跨为例，详细说明管道变形过程中的动态管土耦合作用。如图 9-6 所示，海管变形及内力变化过程与加卸载过程相对应。设 T 为总加载时间 300 s，在 $t/T<0.6$ 时，处于加载阶段，管道拉应力、弯曲应力和跨中挠度持续增大；$t/T>0.6$ 时为卸载阶段，管道拉应力、弯曲应力和跨中挠度逐渐减小。说明悬跨高度和悬跨内力分布与海管浮重相关。当改变海管工作状态时，海管浮重发生变化，相应的悬跨状态和海管内力分布也将改变。

图 9-7 为 $t/T = 0.3$、0.6 和 1.0 时海管的竖向和轴向位移分布。在加载阶段，海管变形不断增大，为了弥补悬跨段变形，悬跨两端结点向悬跨方向移动。在卸载阶段海管变形量减小，跨肩结点轴向位移也相应减小。但尽管 $t/T = 0.3$ 和 1.0 时管道所受竖向均布力大小相同，但管道位置和轴向位移并不相同，这是因为加载过程中管道对土体有一定强化作用，引起底床塑性变形，管道卸载后支撑情况与之前已不同。

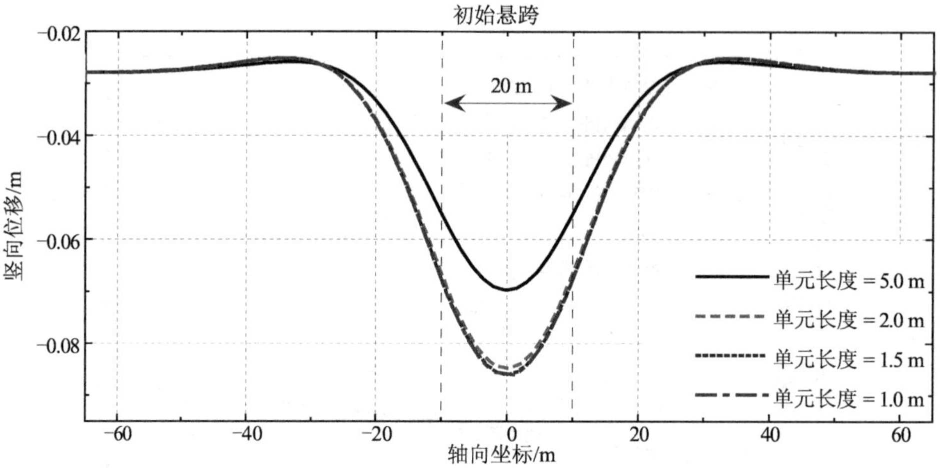

(a)

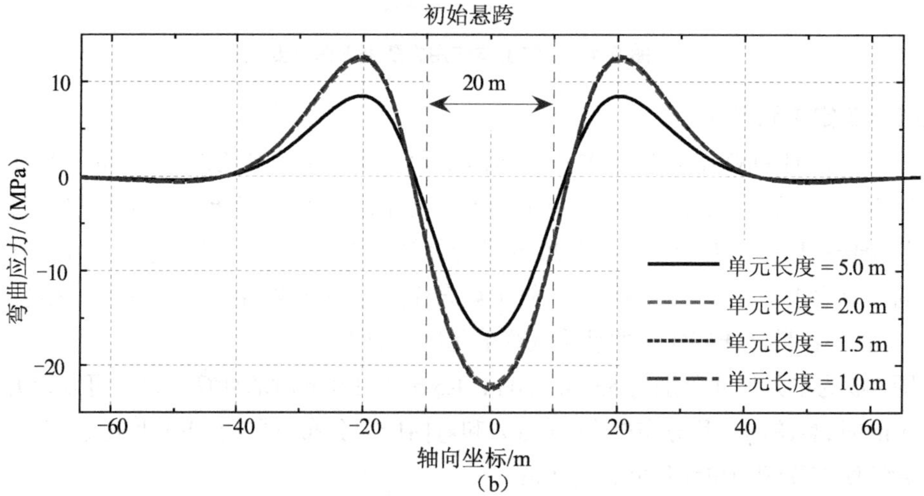

(b)

图 9-5 不同单元尺寸悬跨海管竖向位移和弯曲应力分布

(a)竖向位移 (b)弯曲应力

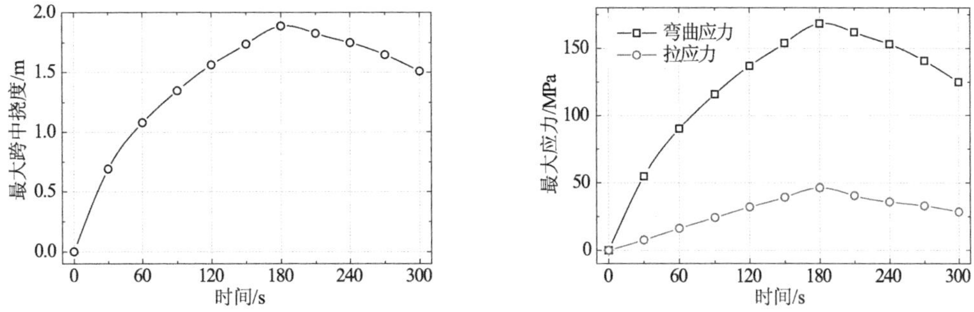

图 9-6　海管变形及内力变化过程

(a)最大跨中挠度时程　(b)最大应力时程

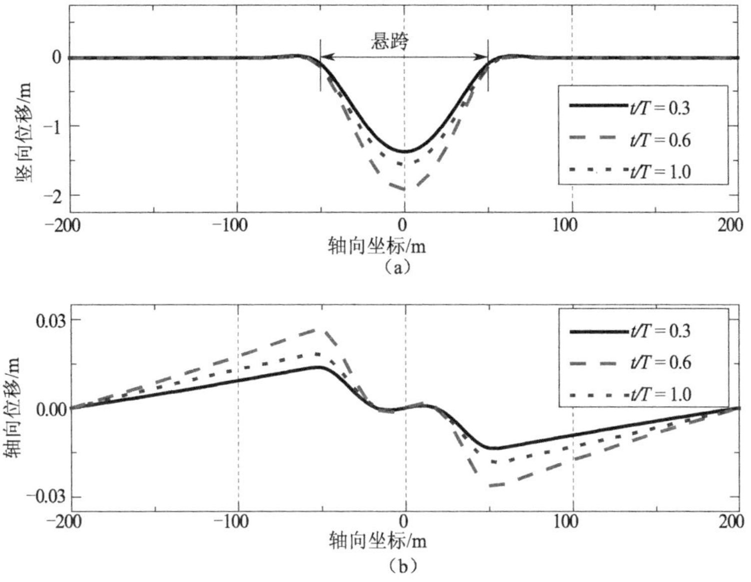

图 9-7　悬跨海管竖向和轴向位移分布

(a)竖向位移　(b)轴向位移

由于管土耦合作用主要集中在跨肩处,图 9-8(b)强调了跨肩处管道位置与初始底床位置。可以看出 $t/T=1.0$ 时管道位置虽有较小回撤,但在跨肩处管道位置与 $t/T=0.6$ 时非常相近。实际上,由于底床在加载过程中出现塑性变形,在 $t/T=1.0$ 时,底床位置已经和初始位置不同,图 9-8(a)标出了此时的底床位置,反映跨肩处管道对底床的强化和重塑作用。

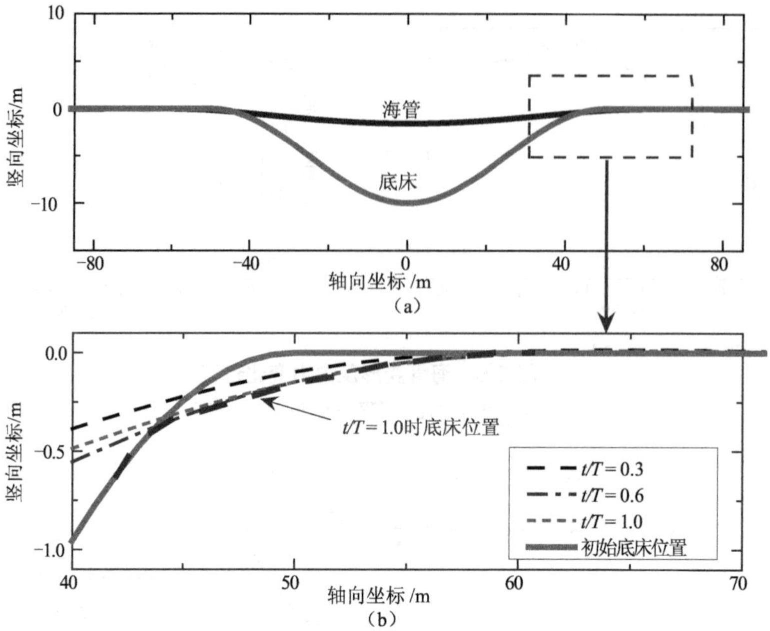

图 9-8 悬跨跨肩管土动态接触过程

(a)全部 (b)局部

图 9-9 所示为跨肩处土体反力随轴向坐标和加载时间变化的规律。结点 45、结点 50 和结点 55 为跨肩处的结点,位置分别为 $x=45$ m、50 m 和 55 m;结点 100 则为 $x=100$ m 处的结点,离悬跨较远,海管变形对其影响不大,反映的是无悬跨时的管土耦合作用。很明显,跨肩处的竖向土反力比远离跨肩处大一个量级。如图 9-9(b)所示,结点 45 与土体接触情况随加、卸载过程变化,而结点 50 和结点 55 自始至终与土体接触,土体反力随加、卸载过程增减。

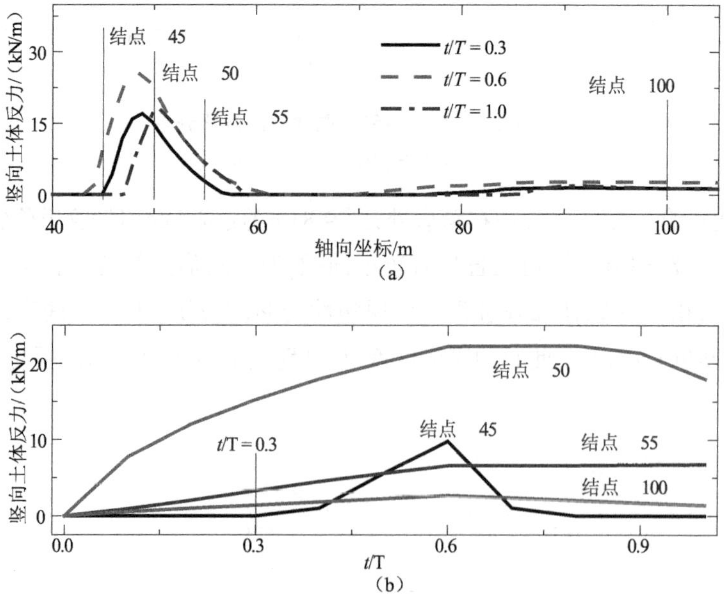

图 9-9 悬跨跨肩竖向土反力

(a)随管道走向分布 (b)随加载时间分布

与土反力相对应的是海管位移引起的土体变形。本书管土耦合模型考虑加载历史对底床土体的影响。图 9-10 所示为跨肩土体塑性变形随管道轴向和时间的变化。从图中可以看出，在加载阶段土体塑性变形不断增大，在卸载阶段，尽管土体反力发生回复，但塑性变形保持不变。UWAPIPE 模型中土体强化轮廓线的大小与塑性位移相关，塑性变形的增加造成 UWAPIPE 模型本构关系参数变化，从而记录土体应力 - 应变历史，当海管与土体再次接触时，模型参数中已记录了此前加载过程的影响。

悬跨变形是一个动态的过程，在跨肩处，管土接触情况随管道变形发生改变。图 9-10 中结点 45 最具代表性，可以说明管土接触和分离的过程。在初始时刻，该结点并未与土体接触，在初期加载阶段作用力保持为 0，但随着海管变形加剧，在 $t/T=0.3$ 时，此处海管与土体发生接触并提供支撑力，直到加载阶段结束支撑力越来越大；在卸载阶段，海管变形减小，结点 45 支撑力也越来越小，直至 t/T 接近 0.8 时与土体分离，支撑力为 0。该过程说明，本书使用的动态接触算法可模拟管土接触分离过程。

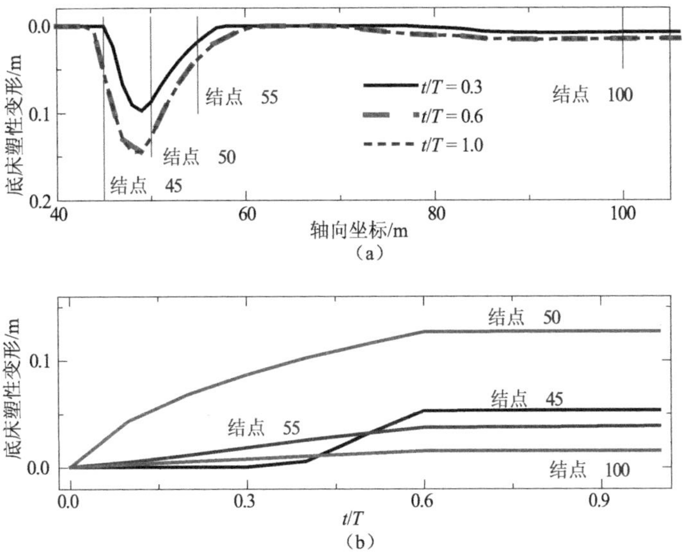

图 9-10　悬跨跨肩土体塑性变形随管道走向和时间的变化

(a)随管道走向变化　(b)随时间变化

图 9-11 为 $t/T=0.3$、0.6 和 1.0 时的弯曲应力和拉应力分布。可见弯曲应力与海管位移变化规律相同，但拉应力分布规律在加载阶段与卸载阶段相反。管道的拉应力改变主要是底床轴向阻力引起的。

图 9-12 所示为跨肩处轴向土体反力分布。在加载阶段，由于海管向悬跨移动弥补悬跨位移(图 9-7(b))，此阶段土体反力与运动方向相反，土体反力为正。

在卸载阶段，结点轴向运动反向，土体反力先缓慢减小，当弹性变形全部恢复后，轴向力发生反向，如图 9-13(b)。直到卸载结束，可以发现土体反力分布与加载阶段完全反向，从而引起海管张应力分布规律变化。

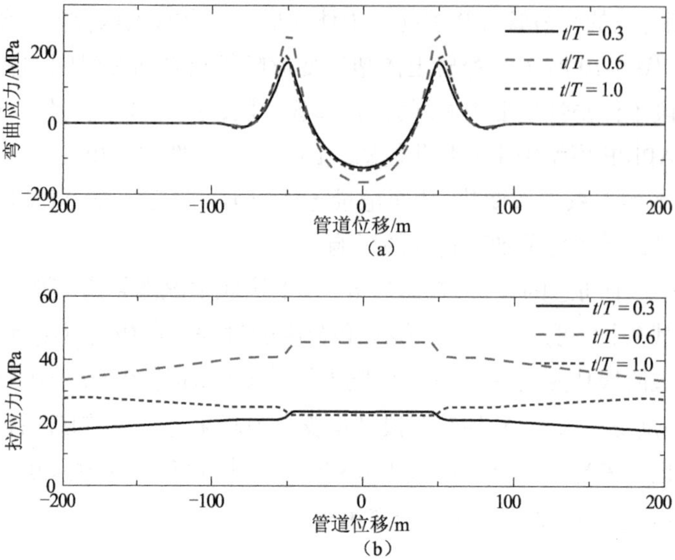

图 9-11 不同时刻悬跨海管弯曲应力和拉应力分布

(a)弯曲应力 (b)拉应力

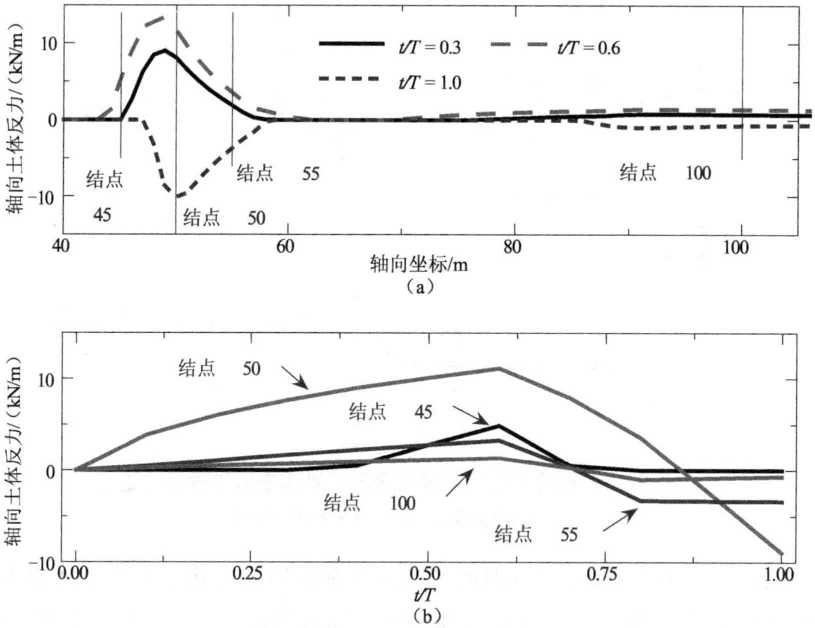

图 9-12 不同悬跨跨肩结点轴向土体反力随管道走向和加载时间变化

(a)管道走向 (b)随加载时间

图 9-13 为四个代表性结点的轴向位移 - 时间曲线及轴向土体反力 - 轴向位移曲线。根据图 9-13(a)可以将结点位移分为三个阶段。第一阶段在加载期间,结点轴向位移全部朝向悬跨方向,并随着外力的增大不断增大;第二阶段出现在开始卸载时,此时结点的轴向弹性变形开始恢复,轴向土体反力迅速减小,直至达到反向最大值;之后是第三阶段,此时弹性理论所得结果大于土体能够提供的摩擦力,土体反力为最大摩擦力,随结点竖向支撑力改

变。尽管结点 50 与结点 55 轴向位移非常接近，但由于两结点竖向土体支撑力不同，两者的轴向土体反力相去甚远。

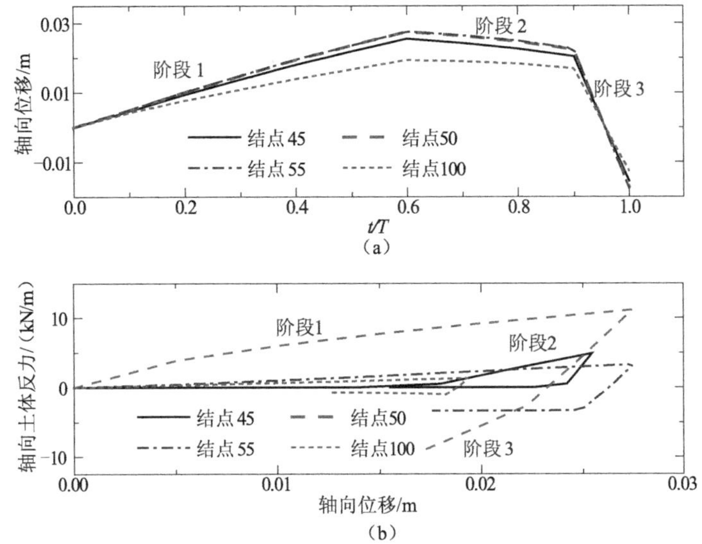

图 9-13　不同跨肩结点轴向位移及轴向土体反力

(a)轴向位移　(b)轴向土体反力

以上分析了竖向加、卸载过程中的管土耦合动态过程，已证实本书使用的管土耦合模型对管土动态耦合问题的适用性。后文中，管土动态耦合模型将被用于海管不平整度分析和整体屈曲分析，模拟更复杂的管土耦合过程。

9.3.4　悬跨海管 DNV 公式

采用悬跨海管数值模型进行了大量算例研究。针对松散沙、中沙和密实沙分别设置 20 个算例，算例中悬跨长度分别为 10 m、20 m、30 m、…、200 m，对应的悬跨长径比(悬跨长度 L 与管道外径 D 之比)范围为 $19 < L/D < 383$，涵盖了短跨、中跨和长跨各跨长区间。海管计算段长度均为 4 倍悬跨长度，共计 60 个算例。

DNV-RP-F105 推荐采用的悬跨静态挠度计算公式为

$$\mathrm{DEF} = \frac{1}{384}\frac{\mathrm{PW}\times L_{\mathrm{eff}}^4}{\mathrm{EI}\times\left(1+\dfrac{S_{\mathrm{eff}}}{P_{cr}}\right)} \tag{9-15}$$

式中：DEF 为海管挠度；PW 为单位长度海管浮重；L_{eff} 为等效悬跨长度；EI 为海管抗弯刚度；S_{eff} 为有效张力；P_{cr} 为悬跨海管整体屈曲临界力。下面将先介绍上式中各变量的定义与取值。

DNV-RP-F105 定义的有效跨长 L_{eff} 为理想固支悬跨与跨长为 L 的真实悬跨有相同自然频率时的跨长，推荐采用的有效跨长的计算公式如下

$$\frac{L_{\text{eff}}}{L}=\begin{cases}\dfrac{4.73}{-0.066\beta^2+1.02\beta+0.63}, & \beta \geqslant 2.7\\ \dfrac{4.73}{0.036\beta^2+0.61\beta+1.0}, & \beta < 2.7\end{cases} \tag{9-16}$$

式中：β为无量纲底床刚度，定义为

$$\beta=\lg_{10}\frac{KL^4}{(1+\mathrm{CSF})\times \mathrm{EI}} \tag{9-17}$$

式中：K为底床刚度，由于本书使用的为准静态加载过程，因此K取值为竖向塑性刚度，具体可参考表 9-4；CSF 为混凝土保护套对海管刚度的贡献，由于本书中海管刚度 EI 已经对各种材料做了等效，所以 CSF 取值为 0。对于本章所有算例，当悬跨长度为 200 m 且底床为密实沙时，无量纲底床刚度β最大，为 6.46；当悬跨长度为 10 m 且底床为松散沙时，β最小，为 0.62。

本节所有 60 个算例的等效跨长分布如图 9-14 所示。等效跨长与跨长之比随着跨长增加而减小，但由于悬跨管道端部约束弱于两端固支约束，因此等效跨长始终大于原始跨长L。三种沙质中，松散沙对管道的约束作用最弱，因此其等效跨长比中沙和密实沙要大。

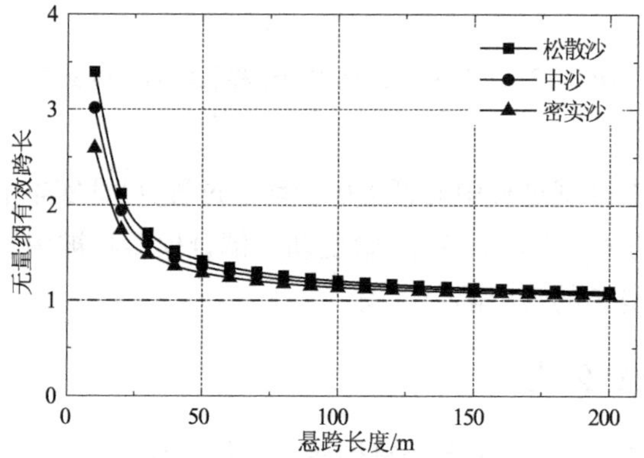

图 9-14 不同悬跨长度及沙质下有效跨长相对值

由于轴向土体反力的存在，悬跨分析时海管张力沿程分布不同，在本书算例中，有效张力取值为跨中海管张力。本节 60 个算例的跨中海管张力分布如图 9-15 所示。有效张力随悬跨长度增加，三种沙质间有效张力的差异不明显，但沙质更密实时有效张力略有减小。

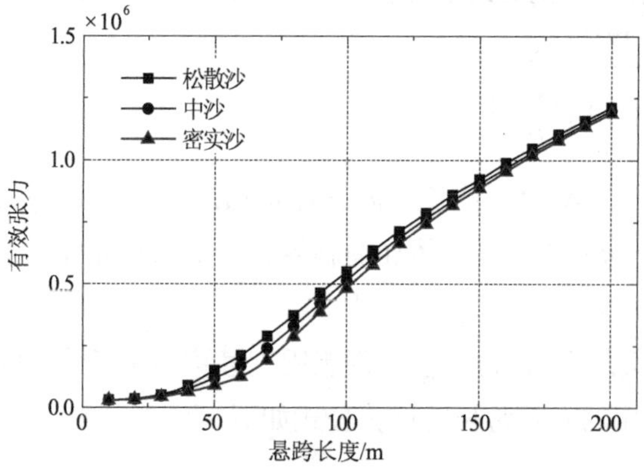

图 9-15 不同悬跨长度及沙质下的有效张力

DNV-RP-F105 推荐的悬跨管道临界屈曲载荷 P_{cr} 计算公式为

$$P_{cr}=(1+CSF)C_2\pi^2\times EI/L_{eff}^2 \tag{9-18}$$

式中：C_2 为边界条件系数，取值为 4.0。实际上，上式即为跨长为 L_{eff} 的两端固支梁压杆失稳临界力的欧拉公式。用临界屈曲载荷 P_{cr} 对有效张力 S_{eff} 做无量纲化，得到的无量纲海管有效张力如图 9-16 所示，可见随着悬跨长度增加，本章算例的无量纲海管有效张力急剧变大。

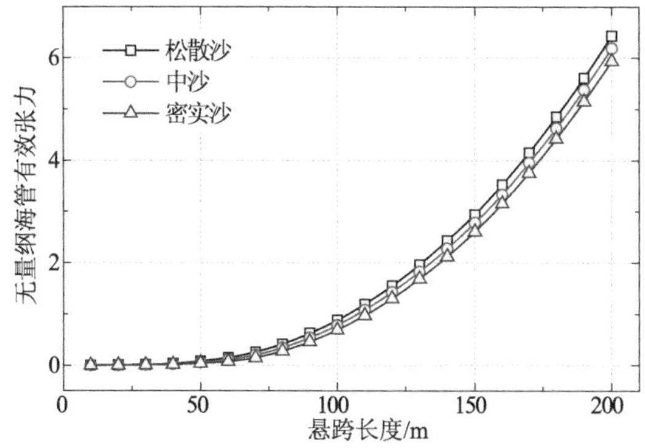

图 9-16　不同悬跨长度及沙质下的无量纲海管有效张力

9.3.5　VFIFE 结果与 DNV 对比

依据式(9-15)计算得到跨中挠度，并与本书数值结果进行对比，结果如图 9-17 所示。对于本书三种沙质共 60 个算例的数值计算结果与 DNV 推荷公式的计算结果非常接近。跨中挠度随着悬跨长度增加而增加。当悬跨长度相同时，DNV 计算结果与本书结果均表明沙质越松散，跨中挠度越大，但是沙质的影响较小。从式(9-15)至式(9-17)可以看出，跨中挠度 DEF 是无量纲底床刚度 β 的函数，而 β 是底床刚度系数 K 的对数函数，因此 K 对 DEF 的影响是很小的。

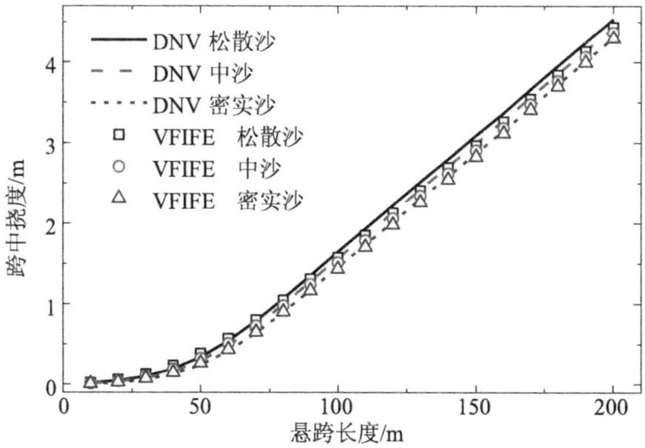

图 9-17　不同悬跨长度及沙质时的跨中挠度

DNV-RP-F105 推荐采用的悬跨跨肩及跨中静态弯矩公式如下：

$$M_s=C_5\frac{PW\times L_{eff}^2}{\left(1+\dfrac{S_{eff}}{P_{cr}}\right)} \tag{9-19}$$

式中：M_s 为海管跨中或跨肩处的弯矩；PW 为单位长度海管的浮重；C_5 为边界条件系数，

对跨中弯矩取 $C_5 = 1/24$，对跨肩弯矩有

$$C_5 = \frac{1}{18\left(L_{\text{eff}}/L\right)^2 - 6} \tag{9-20}$$

如图 9-18 所示，在短跨时 DNV 计算结果与本书结果较接近，而在长跨时尽管两者规律相同，但本书结果比 DNV 计算结果小很多。如图 9-19 所示，对于跨肩弯矩，同样在短跨时两者差异较小，而在长跨时差异增大。随着跨长增加，DNV 计算结果的跨肩弯矩趋于定值，但本书结果却持续增加。观察图 9-18 和图 9-19 中沙质的影响，发现底床沙质对跨中弯矩的影响随着跨长增加而减小，但是对跨肩弯矩的影响却随着跨长增加而增大。

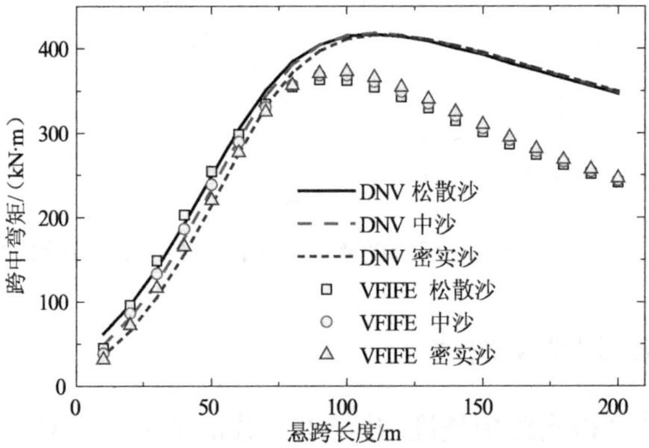

图 9-18　不同悬跨长度及沙质时的跨中弯矩

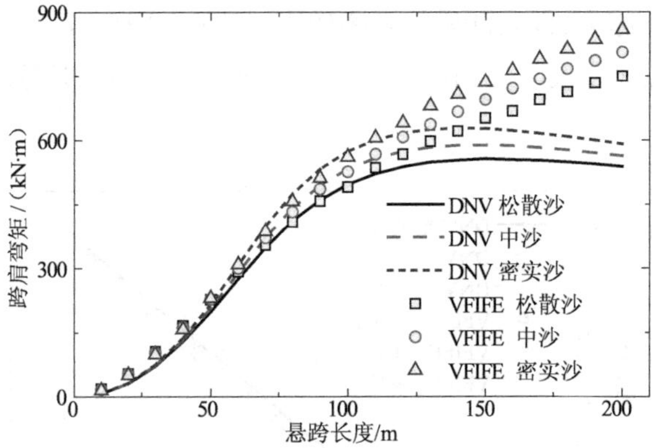

图 9-19　不同悬跨长度及沙质时的跨肩弯矩

9.3 带整体式止屈器海底管道局部压溃 - 屈曲传播 - 止屈穿越行为分析

9.3.1 深水压力舱管道局部压溃 - 屈曲传播 - 止屈穿越试验

9.3.1.1 试验设备

天津大学全尺寸深海压力试验舱如图 9-20 所示，全长 11.5 m、直径 1.6 m、设计承压能力 43 MPa，可以模拟 4 300 m 水深的海洋高压环境。舱体内部可容纳长度为 8 m 的实尺寸海管、立管等深海结构的 1∶1 试件进行全尺寸高压测试试验，能够完成试件变形过程及结果的准确观测。全尺寸深海压力舱主要由压力舱主体、液压加载系统、控制与数据采集系统、试验保障系统组成。压力舱主体包括压力舱前端盖、尾部密封端盖、舱内输送管件的滑车和导轨、轴向力加载油压机、舱体测试连接开孔等，如图 9-20 所示。液压加载系统可实现各载荷施加的独立作业，试验时载荷的波动范围为≤ 0.5%、测量精度为 ±0.2%FFS、控制精度为 ±0.2%F·S（Full Scale，全量程）、系统波动值不高于 ±0.5%。

图 9-20　全尺寸深海压力舱

9.3.1.2 试验过程

为了实现全尺寸海管的压力加载、获取试验管件的局部压溃、屈曲传播和止屈穿越等物理过程，对海管压力试验方案进行了详细设计，包括试件处理方案、设备安装方案、数据采集方案、试验加载方案等，基本试验流程如图 9-21 所示。

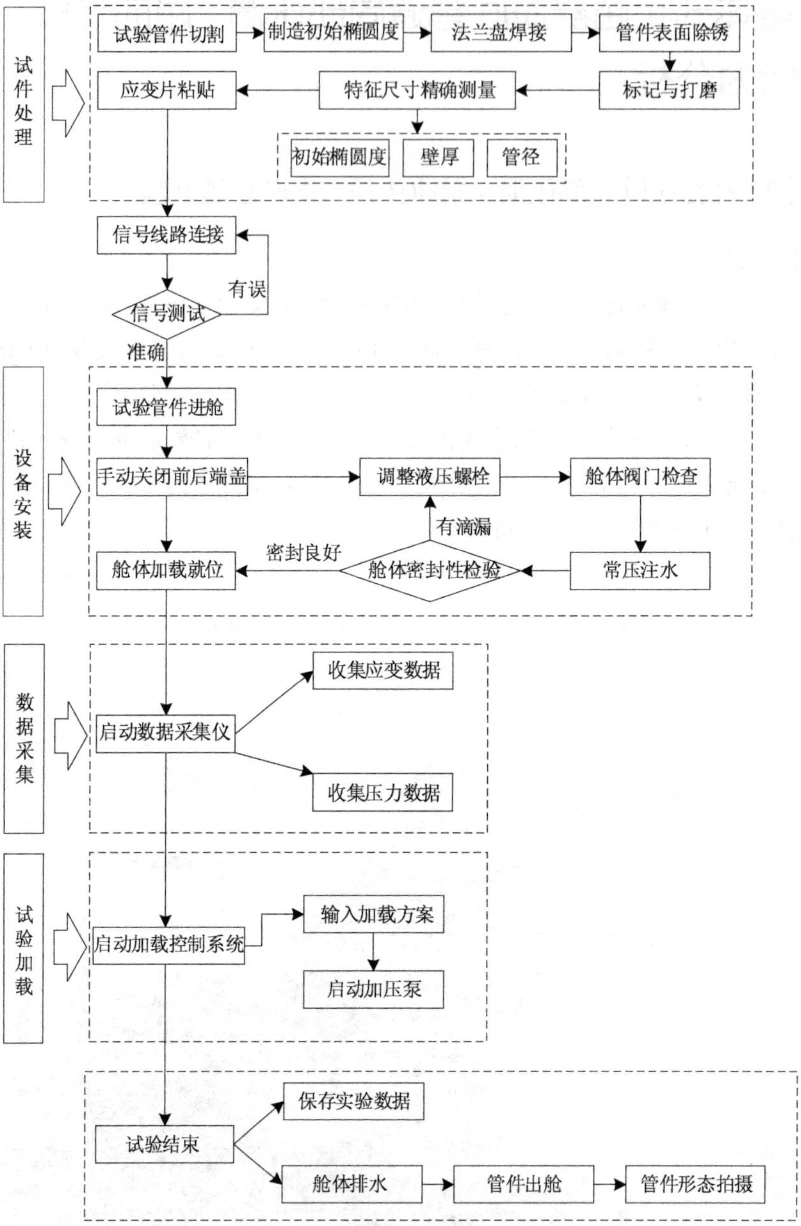

图 9-21　全尺寸海管载荷联合加载试验流程

全尺寸海管试验流程简述如下。

第一步需要对原始管件进行切割和前处理。将实际工程所使用的标准管道(长度为12 m)切割至指定长度 8 m,以适应压力舱试验需求(图 9-22)。将剩余的管材加工成材料试验所需标准试验件,以完成该管件材料参数的精确测定。根据试验的需要,利用起重和压力设备人为制造试验管件的初始椭圆度。管件与压力舱的连接需要借助法兰盘固定,在管件两端截面处开坡口并进行法兰盘的焊接,借助除锈剂、除锈铁刷和砂纸对试验管件表面进行浮锈清理。

图 9-22　原始管件切割

为了监测管道在试验过程中的变形并获取管道不同位置的应变数据，将管件沿轴向方向划分为 9 站，在每一站的圆截面处以 90° 为间隔，沿圆周设定 4 个监测点，按照设计监测点的位置在管道表面打磨出长方形光滑区域，为后续牢固粘贴轴向和环向应变片做好准备，如图 9-23 所示。

图 9-23　指定位置打磨抛光

将带整体式止屈器的试验管件分为三段：上游管段、止屈器段和下游管段。上游管段和下游管道尺寸一致，一般由同一根管道切割得到。止屈器段为指定长度的整体式止屈器，内径与上游或下游管道一致，外径一般大一些。上述三段管道通过焊接相连，止屈器段位于中间，焊接完成后总长度切割为 8 m。由于整体式止屈器的性能会受到焊接质量的影响，在焊接过程中应十分注意，需聘请海工企业的焊接技术人员用专业的焊接设备完成。

试验前需要精确测量管件的几何尺寸。利用三坐标关节臂精确扫描管道的外轮廓形状，通过对测量数据进行处理分析可以得到海管的实际初始椭圆度值和管道直径。同时，根据已规划好的监测点位置，使用壁厚测量仪采集管道壁厚数据，可以得到全尺寸试验管件的壁厚数值。本书试验管件按径厚比分为两组，分别为 32.5 和 40.6。每组 2 根试验管件，其中一根带有整体式止屈器。将得到的试验管件几何参数进行汇总，见表 9-5。表中 D 为上下游管件直径，t 为上下游管件壁厚，Δ_0 为管件初始椭圆度，Δ_1 为诱发管道局部压溃而特意制造的管端局部椭圆度，L_a 为止屈器段的长度，L_u 为上游管段的长度，L_d 为下游管段的长度，h 为止屈器管段的壁厚。

表 9-5 试验管件的几何参数

编号	D/mm	t/mm	Δ_0	Δ_1	L_a/m	L_u/m	L_d/m	h/m
F1	325	10	0.06%	—	—	4.00	4.00	—
F3				8.0%	160	3.92	3.92	20
F2	406	10	0.05%	—	—	4.00	4.00	—
F4				8.0%	200	3.90	3.90	20

在试验管件指定位置粘贴应变片。为记录试验过程中试验管件某些特征位置处应变的时程变化曲线，在管道表面分别沿轴向和周向粘贴应变片。试验过程伴随着试验管件的变形，既要保证应变片与试验管件表面始终紧密贴合，又要保证水环境下应变片的绝缘效果，防止应变片短路造成数据失真。因此，需要分别使用强力胶、硅胶和蜜月胶固定应变片并做好防水抗压处理。将应变片的引出线与应变采集仪相连，从而实时显示并记录所有设定监测点处的应变时程曲线。连接完成后随即进行信号测试，保证每个应变片与应变采集仪内的数据通道一一对应，如图 9-24 和图 9-25 所示。

图 9-24 粘贴应变片

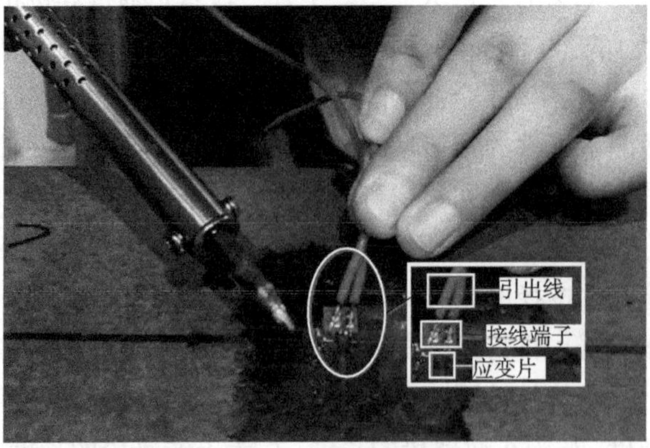

图 9-25 焊接连接线

第二步完成试验管件进舱。利用起重设备将试验管件吊起，精准控制移动位置，使试验管件的尾端法兰准确落至舱内带导轨的小车上。调整舱体前端盖的位置，将管件的前端法兰与端盖处法兰对齐，通过螺栓进行紧固。启动舱体前端盖下方的电机及变速机构，将管件缓慢移动至舱内，如图 9-26 所示。调整前端盖的螺栓孔与舱体端部密封螺栓，利用 16 个液压螺母将前端盖与舱体锁紧。通过螺栓将管件尾端与舱体尾端完成紧固操作，保证试验舱内的水密环境。

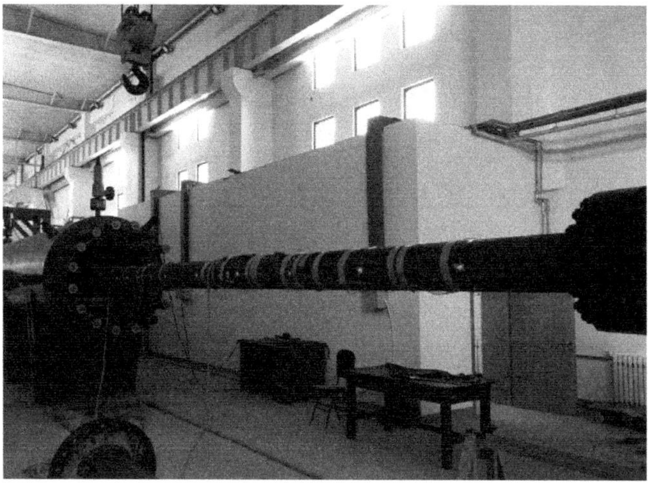

图 9-26　试验管件进舱

检查舱体各个阀门处的状态，通过储水箱和注水泵向舱体内部进行常压注水，其间随时进行舱体密封性能检验，如发现滴漏现象则需重新调整液压螺栓，保证端盖及各个阀门处的水密性，直至舱体内常压水通过排气口溢出，完成常压注水过程，关闭排气阀门和注水阀门。

第三步进行数据采集。启动数据采集仪，分别通过应变片、压力传感器、轴向液压加载系统实时读取应变数据、水压数据和轴力数据，使用操作台处的计算机实时记录并存储试验数据，如图 9-27 所示。

图 9-27　数据采集系统

第四步进行试验管件，启动试验加载控制系统，输入设计加载方案。打开舱体加压阀，启动舱体高压注水泵（图 9-28），缓慢向舱内加压，直至管道发生压溃，记录此刻舱内压力数值。

图 9-28 高压注水泵

试验结束后，保存应变数据、压力数据、轴力数据，关闭加载控制系统。打开舱体排气阀、排水阀，待排净舱内水体，打开舱体前端盖，通过移动前端盖下方的电机及变速机构将管件拖出舱体，清理管件表面线路，对管件压溃状态进行拍摄记录。

9.3.1.3 试验结果

图 9-29 显示了表 9-5 所示试验管件的压力 - 时间曲线。其中，点画线为预设的压力加载计划，图 9-28 所示的高压注水泵最大加载速度为 2 MPa/min。对 F1 和 F3 试件进行的压溃和屈曲传播试验，设定压力达到 15 MPa 后进入保压过程；对 F2 和 F4 试件的屈曲传播和穿越试验，设定压力达到 10 MPa 后进入保压过程。

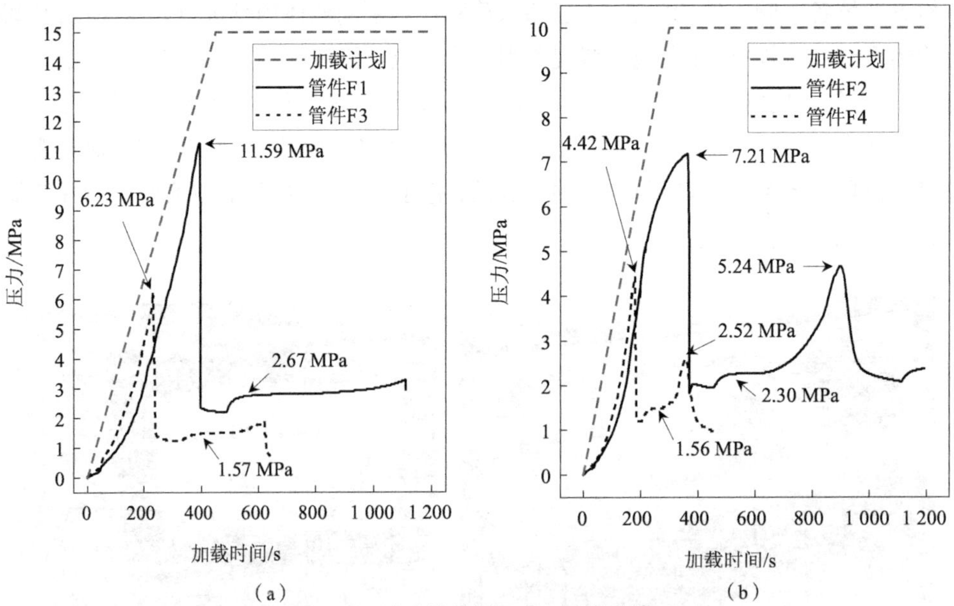

图 9-29 试验管件的压力 - 时间曲线

(a)管道压溃和屈曲传播试验 (b)屈曲传播和穿越试验

图 9-29 中的实线为实测水压变化过程。试验过程中，舱内实际水压先是缓慢上升，然后迅速上升，最大上升速度与注水泵的最大加载能力接近。对于图 9-29(a)，实线的水压达

到 11.59 MPa 后舱内实际水压急剧下降。这是因为舱内管件 F1 发生局部压溃,形变大,变化时间很短,引起舱内水的体积急剧增大。由于水的体积弹性模量很大(一个标准大气压下，20 ℃水的体积弹性模量是 2.18×10^9 Pa),体积小量增大即可引起舱内实际水压急剧下降。因此,由该曲线的第一个骤降点对应的压力值可以确定管件 F1 的局部压溃压力为 11.59 MPa。

进一步观察图 9-29(a)中的实线。舱内水压下降到一定值,即使继续加压,水压也基本保持不变。经过一段时间的加压,舱内水压明显上升至 2.67 MPa,然后保持非常缓慢的增长。继续加压但水压基本保持不变,主要是因为继续加载阶段局部压溃后的管道继续发生小的形变。但是由于舱内水压急剧下降到低于屈曲传播压力的水平,管道形变小并不会使局部压溃持续扩展,即管道没有发生屈曲传播现象。

然后,继续加压导致舱内水压上升至管道屈曲传播压力,管道发生了屈曲传播,水压加载和管道屈曲传播引起的舱内水压变化基本平衡,舱内水压不发生明显变化。这是测试的第二阶段,稳定值是管件 F1 的屈曲传播压力。在这一阶段,局部压溃沿着管道传播。当压溃到达管道末端时,由于没有更多的变形,水压将再次上升。图 9-29(a)中的虚线反映了类似的水压变化过程,可以确定试件 F3 的局部压溃压力和屈曲传播压力分别为 6.23 MPa 和 1.57 MPa。

对于图 9-29(b),同样观察实线记录的水压变化过程。该实线的第一个阶段和第二阶段和图 9-29(a)一致,即管道在 7.21 MPa 发生局部压溃,导致水压急剧下降至屈曲传播压力之下,持续加压使得水压达到屈曲传播压力 2.30 MPa,进一步发生了屈曲传播。不同的是,在屈曲传播后又经历了水压的显著上升和下降。其中的原因是,屈曲传播在止屈器处停止,管道变形停止导致舱内水压增大。当舱内水压达到止屈曲器的穿越压力时,止屈穿越行为发生,管道屈曲传播持续,舱内水压下降。由此,确定第二个压力峰值就是整体式止屈器的穿越压力为 5.24 MPa。

管件 F3 的局部压溃压力值较小的主要原因是表 9-5 所示的预制 8% 初始椭圆度,它用于诱发局部压溃在较小水压下发生。同样地,由图 9-29(b)虚线确定管件 F4 的屈曲传播压力和止屈穿越压力为 1.56 MPa 和 2.52 MPa。

总结来看,管件 F1 和 F3 的压溃压力分别为 11.59 MPa 和 6.23 MPa,而屈曲传播压力分别为 2.67 MPa 和 1.57 MPa。它们抗压能力不同的主要原因在于径厚比不同。由于预制的大椭圆度,管件 F3 和 F4 的压溃压力明显下降。对于管径较大的管道(管件 F3 和 F4),由于舱内空间有限,加压过程中水压上升较快,发生压溃和穿越时,水压降至较低水平。

试验后的管道形态如图 9-30 所示。经过压溃和屈曲传播试验后,管件 F1 和 F3 被整体压扁。正如一般的管道试验,压溃管道的横截面形状呈哑铃状,屈曲传播后压溃形貌沿管道传播。在图 9-30(b)中,哑铃状变形穿过止屈器,整个结构被压扁。研究发现,径厚比越大的管道,其横截面上的弧形越明显,原因是压溃后较低的水压不能使管道充分压扁。

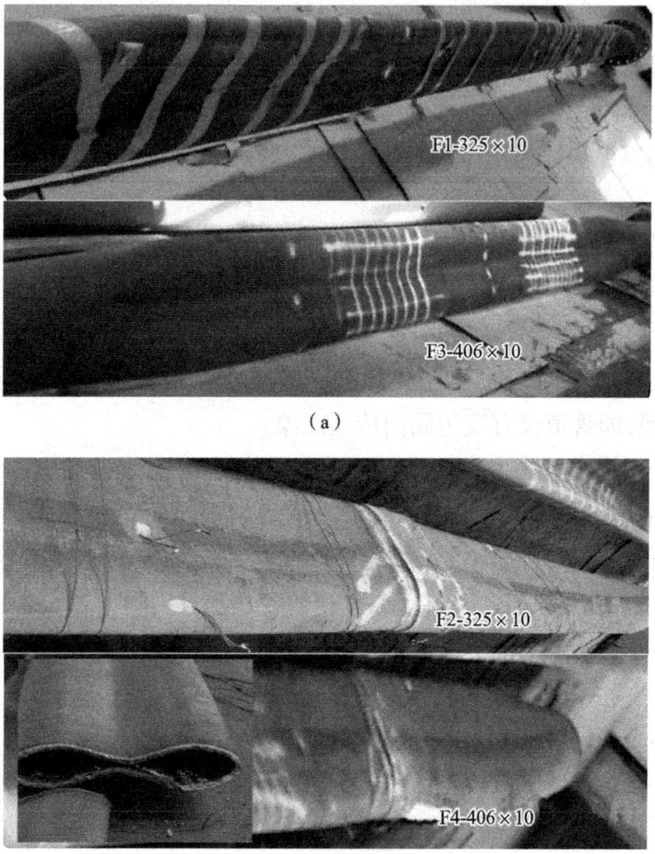

图 9-30 试验后管道形貌

(a)压溃和屈曲传播试验 (b)屈曲传播和穿越试验

9.3.2 DNV 规范计算方法

9.3.2.1 局部压溃压力

总体上要求管道上任一点的外部压力 p_e 都要满足

$$p_e - p_{\min} \leqslant \frac{p_c(t)}{\gamma_m \gamma_{SC}} \tag{9-21}$$

式中：p_c 为压溃压力；$p_{\min}$ 为持续的最小内部压力，在上述的外部超压情况下取为 0；γ_m、γ_{SC} 为材料和安全等级分项抗力系数，分别与极限状态类别和潜在失效后果有关，其值的选取多从可靠性和风险的角度考虑（γ_m 仅在疲劳极限状态（Fatigue Limit State, FLS）下取为 1.00，在意外极限状态（Accidental Limit Stae, ALS）、使用极限状态（Sevviceabilty Limit State, SLS）和最终极限状态（Ultimate Zimit State, ULS）下均取为 1.15）。管道压溃压力 p_e，即管道结构抵抗外部过压的特征能力，可基于圆环弹性屈曲抗力和塑性屈曲抗力，由下式计算：

$$\left[p_c(t) - p_{el}(t)\right]\left[p_c^2(t) - p_p^2(t)\right] = p_c(t)\, p_{el}(t)\, p_p(t)\, f_0 \frac{D}{t} \tag{9-22}$$

$$p_{\mathrm{el}}(t)=\frac{2E\left(\dfrac{t}{D}\right)^3}{1-v^2} \tag{9-23}$$

$$p_{\mathrm{p}}(t)=2f_{\mathrm{y}}\alpha_{f_{\mathrm{ab}}}\frac{t}{D} \tag{9-24}$$

式中：p_{el} 为弹性压溃压力；p_{p} 为塑性压溃压力；f_0 为椭圆度；D 为名义外径；t 为名义壁厚；E 为弹性模量；v 为泊松比；f_{y} 为特征屈服强度；$\alpha_{f_{\mathrm{ab}}}$ 为制造系数。

上述变量中，D、E、v 一般可由管材规格和牌号或材料性能试验直接得到，其他参数的取值则需要经过一定步骤的计算获得，可参考 DNV 规范进行计算。

9.3.2.2　屈曲传播压力

DNV-OS-F101 规范主要针对整体式止屈器的参数进行要求，认为管道止屈器的止屈能力主要取决于以下三点：

（1）相邻管道的屈曲传播压力；

（2）无限长止屈器的屈曲传播压力；

（3）止屈器的长度。

同时，该规范指出，当管道的外部压力大于式（9-21）给出的临界值时，需根据成本费用和管道铺设的地理条件，在一定的间距内安装止屈器。

$$p_{\mathrm{e}}\leqslant\frac{p_{\mathrm{p}}}{\gamma_{\mathrm{m}}\gamma_{\mathrm{SC}}} \tag{9-25}$$

式中：p_{e} 为外部压力；γ_{m} 为管道的材料抗力系数；γ_{sc} 为管道的安全等级强度系数；（p_{p} 为屈曲传播压力，其计算方法如下。

$$p_{\mathrm{p}}=35\sigma_0\alpha_{f_{\mathrm{ab}}}\left(\frac{t}{D}\right)^{2.5}\quad 15<D/t<45 \tag{9-26}$$

p_{pr} 是维持管道发生屈曲传播的最低压力，外部静水压力一旦小于管道的屈曲传播压力，屈曲传播就会停止。

9.3.2.3　止屈穿越压力

在 DNV 规范中关于整体式止屈器穿越压力的计算公式如下：

$$p_{\mathrm{xs}}=p_{\mathrm{p}}+\left(p_{\mathrm{p,BA}}-p_{\mathrm{p}}\right)\left[1-\exp\left(-20\frac{tL_{\mathrm{a}}}{D^2}\right)\right] \tag{9-27}$$

$$p_{\mathrm{p}}=35\sigma_0\alpha_{f_{\mathrm{ab}}}\left(\frac{t}{D}\right)^{2.5}\quad D/t\leqslant 45 \tag{9-28}$$

$$p_{\mathrm{p,BA}}=35\sigma_{0\mathrm{a}}\left(\frac{h}{D_{\mathrm{BA}}}\right)^{2.5} \tag{9-29}$$

式中：p_{xs} 为止屈器的穿越压力；p_{p} 为屈曲传播压力；$p_{\mathrm{p,BA}}$ 为无限长止屈器的屈曲传播压力；t 为管道的壁厚；L_{a} 为止屈器的长度；D 为管道外径；σ_0 为管道材料的屈服强度；$\alpha_{f_{\mathrm{ab}}}$ 为管道的制造系数；$\sigma_{0\mathrm{a}}$ 为止屈器材料的屈服强度；h 为止屈器的壁厚；D_{BA} 为止屈器的外径。

9.3.3 带整体式止屈器海底管道局部压溃、屈曲传播、止屈穿越数值模拟

9.3.3.1 带整体式止屈器海底管道计算模型

带整体式止屈器海底管道向量式有限元壳模型如图 9-31 所示。管道外径为 D，一致椭圆度为 Δ，根据厚度在长度方向上分为三部分：止屈器，长度 L_a，厚度 h；上游管段，长度 L_u，厚度 t；下游管段，长度 L_d，厚度 l。模型采用等大小的三角形壳单元均匀划分。由于管道的周向对称性，计算模型只取完整管道的 1/4 以提高计算效率。

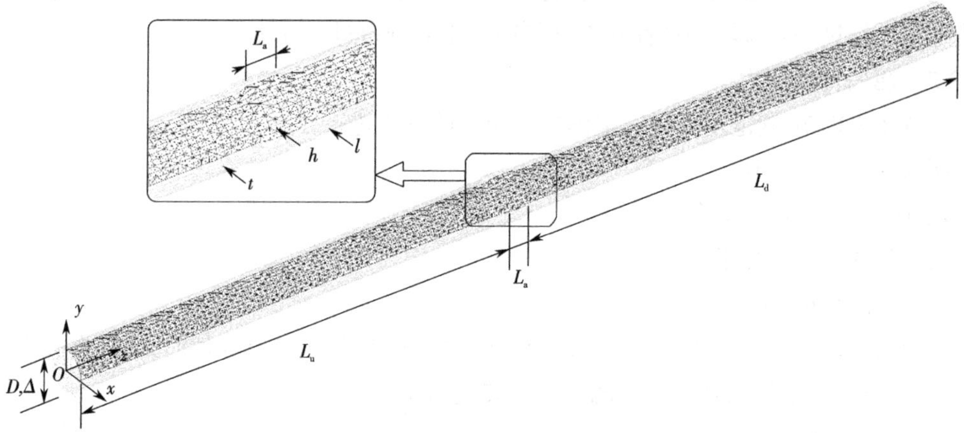

图 9-31 带整体式止屈器海底管道向量式有限元模型

在图 9-31 所示坐标系中，平面 yOz 和 xOz 设为 1/4 模型的对称面，对称面内质量点的运动受对称边界条件约束。坐标 $z=0$（即管道的左端面）的质量点设置关于平面 xOy 的对称约束，坐标 $z=L_u+L_a+L_d$（即管道的右端面）的质量点则完全固定约束。以上边界条件能够简化模型，并预期：管道将从 $z=0$ 处压溃，并沿着 z 轴正方向传播至止屈器，然后穿越并继续向下游管段传播。管道屈曲过程中，上下壁面会发生碰撞接触，因此 1/4 模型中设置平面 xOz 和 yOz 为刚性面，避免质量点发生穿透现象。

根据每个时刻管道的实时形貌加载外压，保证压力作用方向始终为结构表面法向。对于管道动态屈曲行为分析，外压随时间线性增长。对于管道准静态屈曲行为，外压加载按时间先后分为三个阶段：①外压由 0 MPa 以一定速率匀速增大，当程序检测到管道发生压溃行为时则停止加载，并将外压下降到不高于传播压力的较小值；②外压保持在较小压力值一段时间，该时间称为"冷静期"，用于缓冲压溃瞬间结构大变形引起的惯性力和应力波效应；③外压继续以一定速率匀速增大，直至管道发生屈曲传播、止屈穿越行为。

9.3.3.2 动态屈曲过程分析

根据第 4 章介绍的基本理论，VFIFE 是一种显式动态方法。在管道屈曲分析中，为了计算最小临界载荷，需要确定准静态加载速度。另一方面，为了减少计算时间，应将准静态加载速度设置得尽可能大。下面以表 9-4 中的小直径管道为例详细分析海底管道的复杂屈曲行为。

如图 9-32（a）所示，测试了 6 种加载速度下的特定结点位移，压力加载速度分别为 P_v = 50.0 MPa/s、40.0 MPa/s、30.0 MPa/s、20.0 MPa/s、15.0 MPa/s、10.0 MPa/s。管道的参数对应于表 9-5。选定分析的结点位于横截面的两端 $z=0$，其初始坐标为 $(D_{max}/2,0,0)$ 和 $(D_{min}/2,0,0)$。

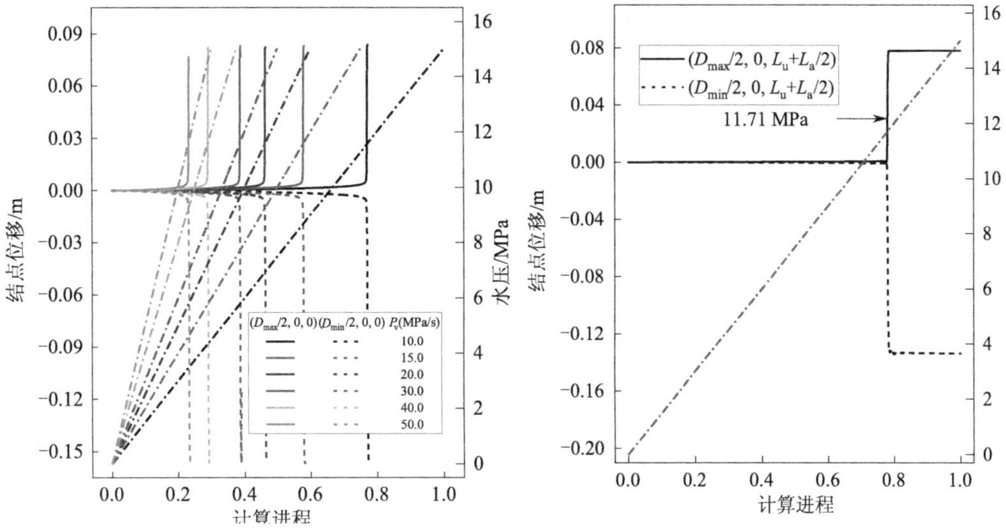

（a）　　　　　　　　　　（b）

图 9-32　结点位移和外压的时程曲线

（a）$(D_{max}/2,0,0)$ 和 $(D_{min}/2,0,0)$　（b）$(D_{max}/2,0,L_u+L_a/2)$ 和 $(D_{min}/2,0,L_u+L_a/2)$

由图 9-32（a）可知，当外压达到一定值时，6 种加载速度下结点位移均出现突然改变。根据布迪安斯基·罗斯（Budiansky Roth）动力屈曲准则，当载荷的微小增加导致结构响应发生巨大变化时，可以认为结构在该载荷下发生了屈曲行为。如图 9-32（a）中结点位移曲线同外压曲线交点，确定不同加载速度下的管道的压溃压力分别为 11.70 MPa、11.64 MPa、11.60 MPa、11.58 MPa、11.56 MPa 和 11.55 MPa。比较发现，在压力加载速度小于 20 MPa/s 后，压溃压力的变化很小，可以认为接近准静态加载工况。

在计算成本允许的情况下，我们最终选择的加载速度为 20 MPa/s。另外选择了位于止屈器中部的两个结点 $(D_{max}/2,0,L_u+L_a/2)$ 和 $(D_{min}/2,0,L_u+L_a/2)$，在图 9-32（b）中绘制了它们的结点位移过程。在图 9-32（b）中可以发现类似图 9-32（a）的变化，确定了止屈器发生局部压溃的临界压力水平为 11.71 MPa。这与 11.55 MPa 比较接近，表明在上游管道局部压溃和传播后不久就出现了穿越。

加载过程不同阶段管道的变形和 von-Mises 应力分布如图 9-33 所示。较小压力下，管道变形不明显，如图 9-33 的①～④所示。由于管道长轴所在的对称面左右两侧管道壁面投影面积较大，管道短轴两端的应力高于长轴两端的应力（图 9-33 中的②，5.00 MPa）。当短轴两端的应力达到材料屈服值后，应力增长变缓，而长轴两端的应力会明显上升，短轴和长轴两端之间的中间区域较低（图 9-33 中的③，10.00 MPa）。

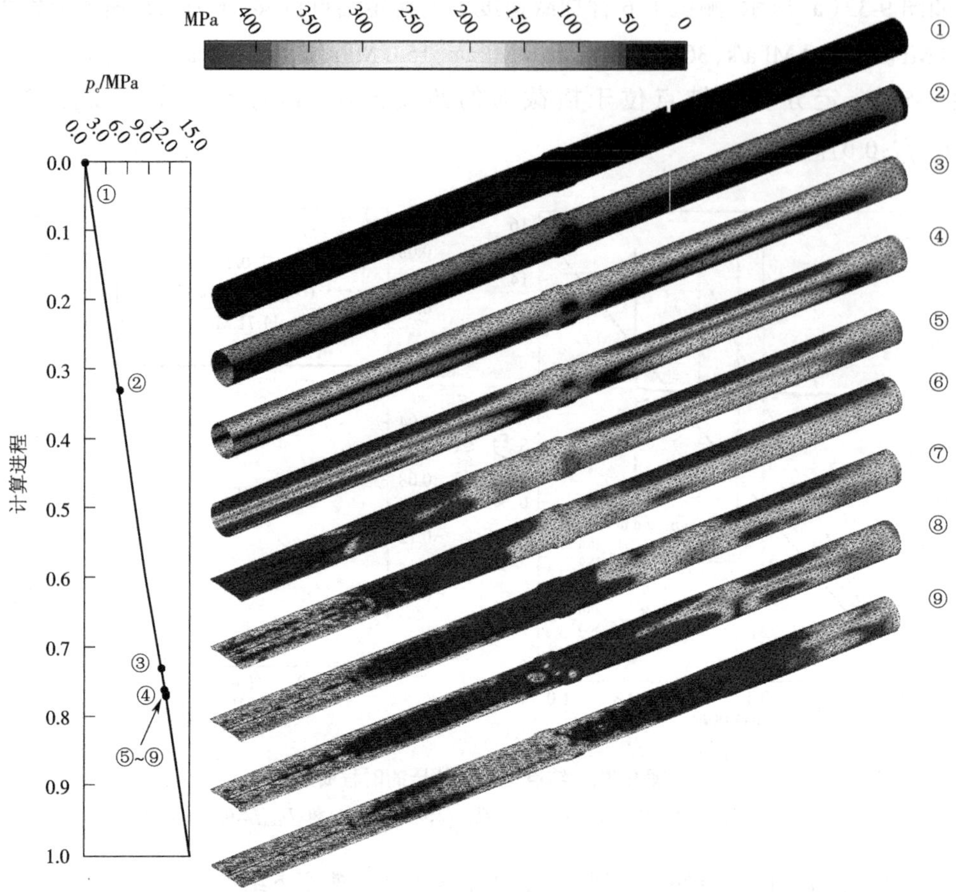

图 9-33 不同外压下管道的变形及 von-Mises 应力分布

①—0.00 MPa；②—5.00 MPa；③—10.00 MPa；④—11.55 MPa；⑤—11.61 MPa；
⑥—11.64 MPa；⑦—11.70 MPa；⑧—11.73 MPa；⑨—11.79 MPa

随着压力的继续增大，管道的应力分布呈压溃趋势：长轴和短轴两端的应力均达到材料屈服值（图 9-33 中的④，11.55 MPa），两端屈服区域逐渐向中间扩展，呈贯通趋势。此时，压力的小幅增加会导致局部压溃，对称截面上下壁面相互接触，附近区域伴随着较大变形，沿管轴方向呈“斜坡”变化（图 9-33 中的⑤，11.61 MPa）。

当压力继续小幅增加时，局部压溃以非常快的速度向右侧传播，扩展到整体式止屈器，并直接穿越止屈器，蔓延到整个管道（图 9-33 中的⑥～⑨，11.64~11.79 MPa）。当管道横截面压溃时，截面附近的材料将进入屈服状态，屈曲传播过后保持大变形，但应力水平降低较多。这种持续加载方式下管道相继发生的局部压溃、屈曲传播和止屈穿越现象被称为动态屈曲。在动态屈曲过程中，外部压力与管道的大变形无关。

显而易见的是，外部压力达到管道局部压溃压力时，其水平大于管道屈曲传播压力和止屈器的止屈穿越压力，所以上述后屈曲行为在管道局部压溃之后即发生。这与 9.3.1 节所述的压力舱试验有所差异：压力舱由于其密闭性，管道大变形会引起舱内压力下降。实际情况中，由于海底水域较大，管道大变形引起的管道周围外部压力较小，并不会出现压力骤降的情况。

由于压溃试验中压力舱舱体密封,屈曲传播区域的轴向变形构型和截面椭圆度的长度难以测量,只能借助数值计算结果进行分析。图 9-34 为屈曲传播过程中不同时刻短轴所在平面内质点分布情况。

图 9-34 中从上到下所示的云图是 $x=0$ 和 $y=0$ 处的质点和横截面椭圆度的变形构形。在局部压溃发生之前(①~④),$x=0$ 和 $y=0$ 处的质点发生了一定的径向位移,该径向位移随着轴向坐标的增加而减小。局部压溃发生时,$x=0$ 和 $y=0$ 处的质点径向运动到达对称面,并带动附近的结点向下运动。当局部压溃在上游管道中传播时,由于止屈器的作用,$x=0$ 和 $y=0$ 处的剖面变陡(⑤~⑦)。随后发生穿越,在下游管道发生屈曲传播(⑧~⑨)。传播区域长度由刚刚到达对称平面的结点与即将压溃的结点之间的最近距离(沿 z 方向)定义。显然,当屈曲传播接近止屈器以及在下游管道中进行时,传播区域长度会减小。

动态屈曲的另一个重要特征是屈曲传播过程中下游管道中出现反向椭圆度。如图 9-34 所示,下游管道中的质点 $x=0$ 和 $y=0$ 沿与上游管道结点相反的方向运动(⑦~⑨)。导致反向椭圆度的原因是上游屈曲传播导致管道整体受到轴向压缩作用,而下游管道出现了一定程度的径向扩张。

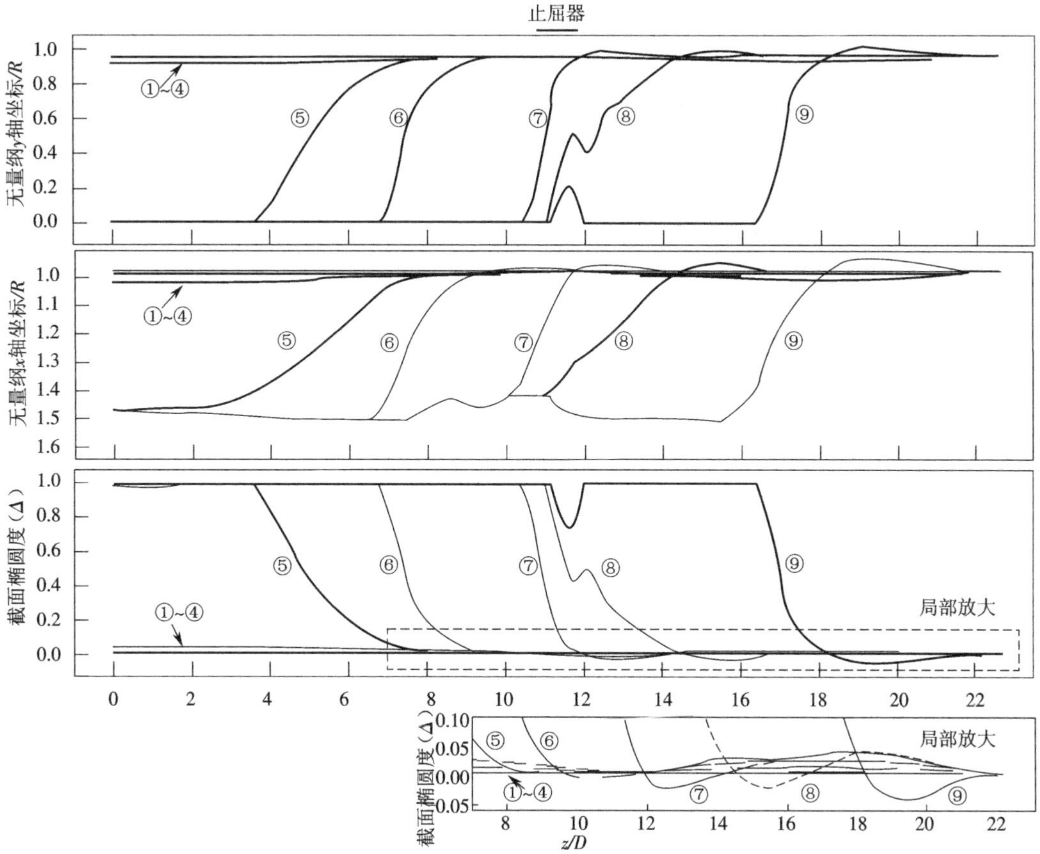

图 9-34　动态情况下一系列质点的计算云图

①—0.00 MPa;②—5.00 MPa;③—10.00 MPa;④—11.55 MPa;⑤—11.61 MPa;
⑥—11.64 MPa;⑦—11.70 MPa;⑧—11.73 MPa;⑨—11.79 MPa

9.3.3.3 准静态屈曲过程分析

本节介绍另一种准静态屈曲行为模拟过程。在 9.3.3.2 节的计算过程中，增加一个识别局部压溃和调整外部压力的子程序。具体如下：实时跟踪对称端面($z=0$)上质点的位置变化，一旦发生局部压溃，截面上的质点加速度变化将突破原有量级，此时可以将外部压力调整到一个较低的值。这样的子程序实现的操作和试验中观察到的转折点相似(图 9-29)。

此外，子程序中还设置了冷静阶段，即外部压力下降到较低值后维持不变一段时间，以减轻惯性力和应力波的影响。上述的较低值一般比管道的屈曲传播压力低，这样能够避免管道局部压溃之后马上引发屈曲传播现象。冷静阶段之后，如果我们再一次设定加载，随着外部压力的增大，管道会发生屈曲传播和止屈穿越现象。

如图 9-35(a)所示，当压力曲线达到 11.55 MPa 时，$(D_{max}/2,0,0)$和$(D_{min}/2,0,0)$处质点的位移突然变化。新增的子程序马上识别到局部压溃的发生，将外部压力水平迅速调整到 1.50 MPa。

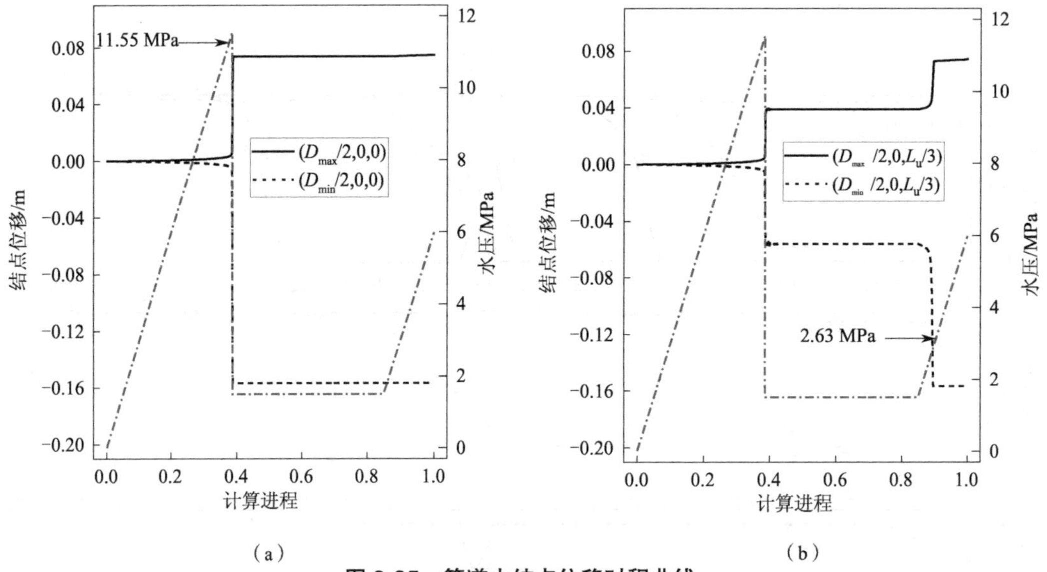

图 9-35 管道中结点位移时程曲线

(a)局部压溃 (b)屈曲传播

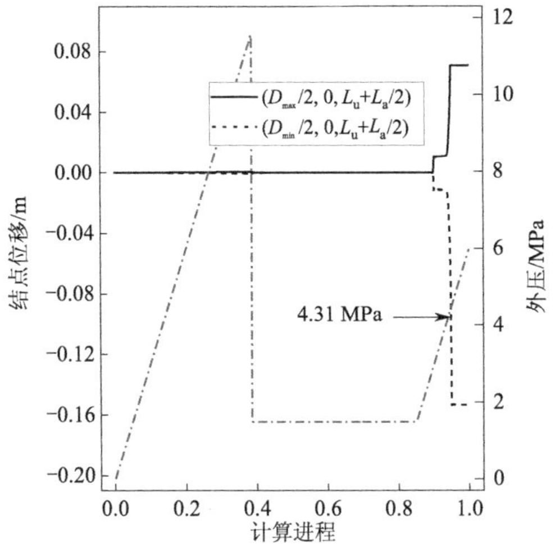

(c)

图 9-35　管道中结点位移时程曲线(续)

(c)止屈穿越

图 9-35(b)与图 9-35(a)不同的是，当质点$(D_{min}/2,0,0)$到达对称面$y=0$时，质点$(D_{max}/2,0,0)$没有充分运动。这是因为由于外部压力的同步变化，横截面$z=0$没有被充分地压扁。即便如此，由于形变主要是塑性大形变，观测的两个质点$(D_{max}/2,0,0)$和$(D_{min}/2,0,0)$并没有因为外部压力的下降而回弹。进一步，对$(D_{max}/2,0,L_u/3)$和$(D_{min}/2,0,L_u/3)$处的另外两个质点进行了监测，它们的位移曲线则有两个突然变化。

显然，图 9-35(b)与图 9-35(a)比较，第一次突然变化出现在局部压溃发生时，从位移变化的幅度来看该横截面没有被压平。第二次突然变化应该是屈曲传播引起的，从质点位移变化的幅度来看屈曲传播之后该横截面的形状与$z=0$时相同。此外，我们选择了位于止屈器中段$(D_{max}/2,0,L_u+L_a/2)$和$(D_{min}/2,0,L_u+L_a/2)$处的两个质点进行穿越识别。

图 9-35(c)中绘制了止屈器中段两质点的位移时程曲线。当局部压溃发生时，止屈器中段经历了不明显的弹性变形。当外部压力下降时，止屈器中段的变形就消失了，两个质点回到了原来的位置。当屈曲传播到止屈器处时，质点移动了有限的塑性距离，并在止屈穿越发生后到达图 9-35(a)和图 9-35(b)所示质点的位移，这表明止屈器也被压扁了。由此，由图 9-35(b)和图 9-35(c)中质点位移曲线和水压曲线的交点最终确定传播压力和穿越压力分别为 2.63 MPa 和 4.31 MPa。

管道压溃后的变形和 Von-Mises 应力分布随水压的变化过程如图 9-36 所示。在冷却阶段(①)开始时，靠近截面$z=0$的应力很高，下游管段的短轴一端也出现了狭长的高应力区。经过“冷静”阶段，应力分布将变得平滑和稳定(图 9-36 中的②)，上游管段高应力区域的应力水平下降，下游管段的高应力区消失，止屈器段应力水平最低，残余应力主要分布在横截面$z=L_u/3$附近。观察此时刻$z=0$处的管道截面，质点$(D_{min}/2,0,0)$达到对称面，$z=0$处横截面呈哑铃状。随着外压的增大(③～④)，局部压溃区域的应力逐渐增大。

如图 9-36 中④所示，当局部压溃区域的管段全部处于塑性时，屈曲传播发生：外压的小幅增加会导致哑铃状变形沿上游管道传播（⑤～⑥）。屈曲传播会被止屈器阻止（⑥），直到外部压力达到穿越压力并发生屈曲穿越（⑦）。然后，压溃区域越过止屈器，下游管道被压扁（⑧～⑨）。

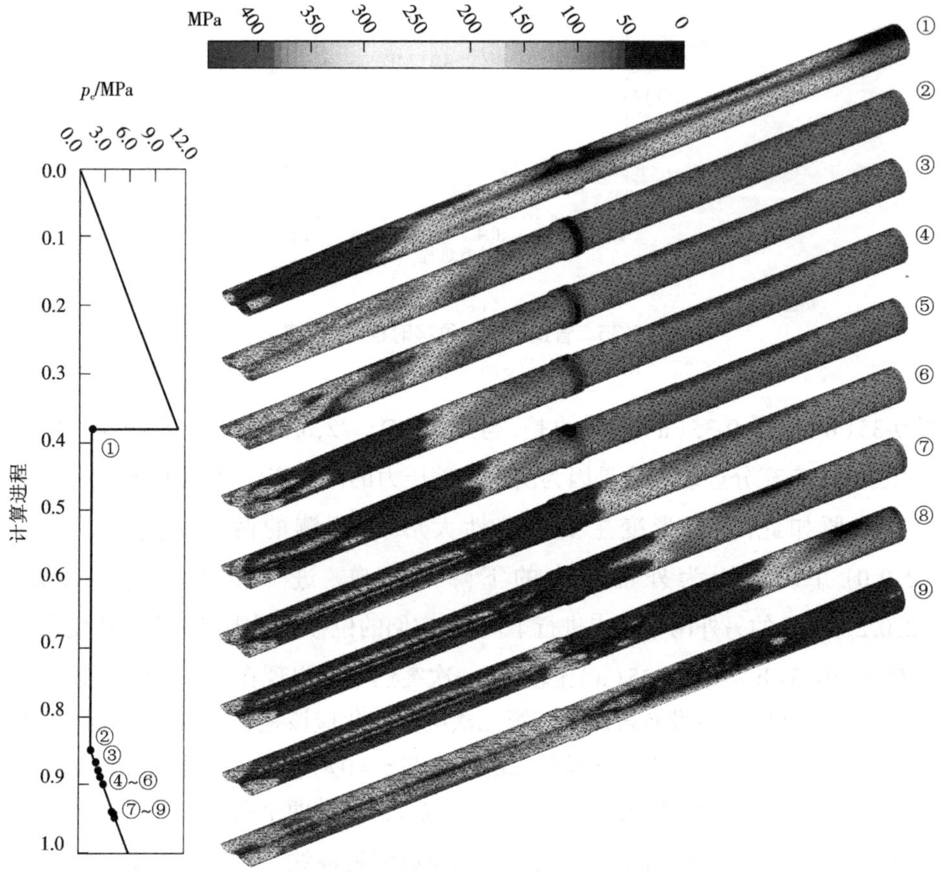

图 9-36 不同外压下管道的变形和 von-Mises 应力分布

①—1.50 MPa；②—1.50 MPa；③—2.00 MPa；④—2.63 MPa；⑤—2.76 MPa；⑥—3.00 MPa；⑦—4.31 MPa；⑧—4.35 MPa；⑨—4.40 MPa

对于准静态情况，图 9-37 中给出了与图 9-34 相似的云图。在冷静阶段（③～④），初始位置在（ $x=0$, $y=0$ ）处的质点在压力下降后由于惯性力的作用而继续向下运动，并且质点 $x=0$ 将运动到平面 $y=0$ 。在第二次加压过程开始时，这些质点的位置没有明显变化（②～③）。当外压接近屈曲传播压力时，截面质点位移变大，上游管段（④～⑥）发生屈曲传播。当外压接近穿越压力时，止屈器被压塌，下游管段也发生局部压溃并持续传播，截面呈扁平状（⑦～⑨）。

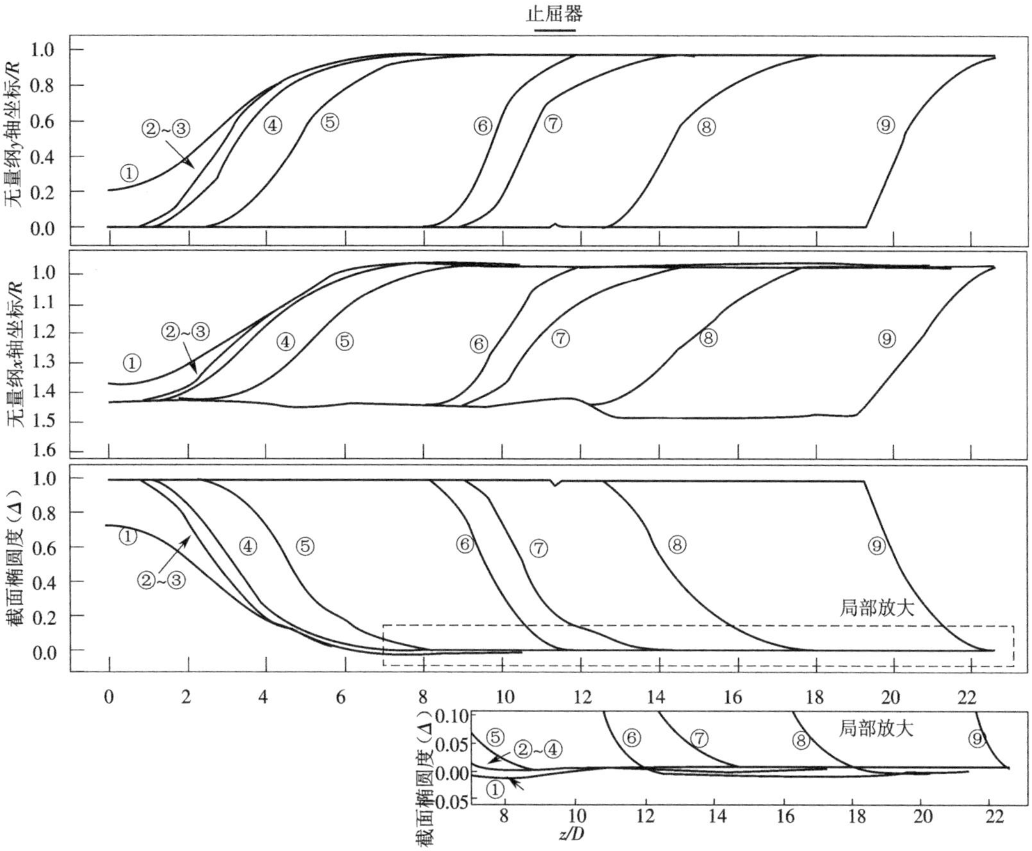

图 9-37　准静态情况下一系列质点的计算云图

①—1.50 MPa；②—1.50 MPa；③—2.00 MPa；④—2.63 MPa；⑤—2.76 MPa；⑥—3.00 MPa；⑦—4.31 MPa；⑧—4.35 MPa；⑨—4.40 MPa

与 9.3.3.2 节动态屈曲过程不同的是，准静态屈曲过程屈曲传播较慢，下游管段的轴向压力较小，没有观察到明显的反椭圆度。图 9-36 和图 9-37 反映了准静态屈曲过程的另一个的特点是下游和上游管段的屈曲传播模式不同：上游传播模式为哑铃状截面，下游传播模式为扁平截面。下游扁平截面与图 9-33 类似，出现在局部压溃后外部压力保持或者持续增加的工况中。

9.3.4　结果分析

对于管道结构压力极限承载能力分析，应重点研究其临界压力，包括压溃压力、屈曲传播压力和穿越压力。表 9-6 列出了不同方法下临界压力的比较，包括 9.3.3.1 节所示的试验、9.3.3.2 节和 9.3.3.3 节所示的向量式有限元方法、传统有限元方法（ABAQUS、F3D3 流体单元和 C3D8I 实体单元）及 DNV 规范。

表 9-6 不同方法下临界压力的比较

临界压力/MPa	编号	VFIFE/MPa	屈服试验		ABAQUS		DNV	
			结果/MPa	比较误差	结果/MPa	比较误差	结果/MPa	比较误差
压溃压力	F1	11.55	11.59	-0.35%	11.43	1.05%	11.84	-2.45%
	F2	6.30	6.23	1.12%	6.34	-0.63%	6.26	0.64%
屈曲传播压力	F1	2.63	2.67	-1.50%	2.56	2.73%	2.50	5.20%
	F2		2.30	14.35%				
	F3	1.58	1.57	0.64%	1.51	4.64%	1.43	10.49%
	F4		1.56	1.28%				
穿越压力	F3	4.31	5.24	-17.75%	4.72	-8.69%	4.68	-7.91%
	F4	2.62	2.52	3.97%	2.55	2.75%	2.49	5.22%

结果表明,不同方法得到的压溃压力和屈曲传播压力相差较小。这两个压力的误差范围在 ±1.5% 以内。管件 F2 的屈曲传播压力低于管件 F1,这可能是预设诱导压溃的椭圆度引起的。不过对于较大径厚比的试验组,管件 F3 的屈曲传播压力和管件 F4 相差较小。对于穿越压力,管件 F3 测得的值最大,在四种方法中 VFIFE 结果最小。管件 F3 测试穿越压力较大的原因可能是两段管道之间焊接的止屈器椭圆度较小或受焊接质量的影响。此外,VFIFE 方法测得的穿越压力值相对于 ABAQUS 和 DNV 规范的误差百分比分别为 -8.69% 和 -7.91%。而对于管件 F4,不同方法的穿越压力取得了很好的一致性。需要注意的是,管件 F3 和管件 F4 的止屈器径厚比分别为 16.25 和 20.3。对于管道结构,薄壳结构通常是指径厚比大于 20 的管道结构,而径厚比小于 20 的通常称为厚壳结构。本研究采用的第 3 章和第 4 章所述的薄壳单元忽略了厚壳的剪切承载力,计算厚壁管道的穿越压力时存在一定的计算误差。因此,对于厚管或厚管段,有必要开发厚壳单元或实体单元。总的来看,对于海上油气开采中常见的薄壁管道来说,薄壳单元还是足够精确的。

通过比较管道数值模型计算得到的形态和试验的实测形态,VFIFE 方法可以模拟出两种不同的屈曲模态。如图 9-38 所示,Kyriakides 等研究了准静态传播和动态传播中的两种不同的屈曲模态。对于准静态传播,止屈器前缘后方压溃截面的顶点基本上在同一轴线上。在动态情况下,止屈器之后的管段基本上被更高的环境压力和惯性力压扁。如图 9-34 和图 9-37 所示,动态情况下的屈曲轮廓(长度约为 $4D$)比准静态情况下(长度约为 $6D$)陡峭得多。在准静态情况下发现的一个新现象是,穿越后下游管道中的传播形态与动态情况下的传播形态相似。这是因为当发生止屈穿越时没有压力下降,后续过程相当于动态过程。

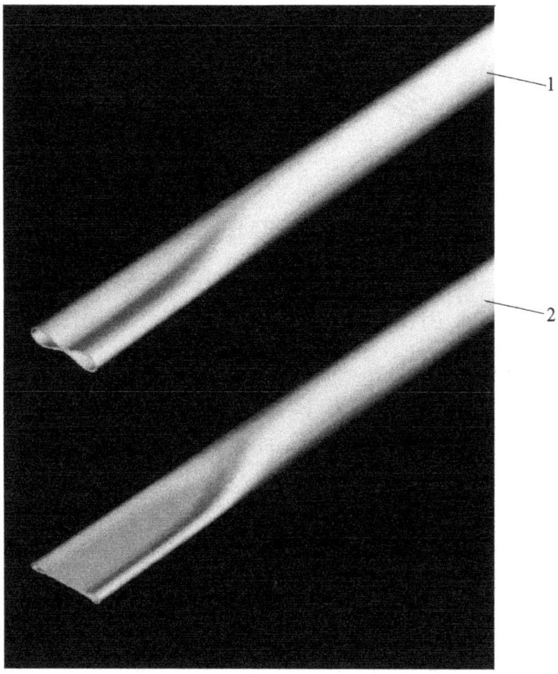

图 9-38　准静态传播和动态传播中的两种不同的屈曲模态

1—准静态传播；2—动态传播

屈曲传播过程中反椭圆度现象也应该受到关注。如图 9-34 和图 9-37 中放大的子图所示，在接近压溃的区域发现了反椭圆度。在动态屈曲情况下，当屈曲传播越过止屈器并接近固定端时，反椭圆度非常明显。反椭圆度的最大值约为 3.98%，出现区域管段长度约为 1.72D。对于准静态情况，反椭圆度的最大值较小，约为 0.60%，但出现区域管段长度较长，约为 2.09D。屈曲传播过程中的轴向压缩是产生这种反椭圆度的原因，同时也是在动态情况下靠近 $z=0$ 区域产生明显褶皱的原因。

采用 VFIFE 薄壳单元，可以直接模拟符合实际情况的带有整体式止屈器的管道局部压溃、屈曲传播和止屈穿越行为。VFIFE 的优点是不需要对奇异刚度矩阵等棘手问题进行特殊的计算处理，并且可以通过直接查询质点的信息来跟踪整个屈曲行为。因此，VFIFE 可以作为海底管道屈曲模拟的一种新的、通用的分析策略。需要注意的是，流固耦合和材料应变率在本研究中被忽略，因为它们不是管道复杂屈曲问题需要考虑的主要因素。进一步的研究将首先针对管道的厚壁段开发实体单元，然后考虑流固耦合作用和更复杂的材料本构模型。

本章部分图例

说明：为了方便读者直观地查看彩色图例，此处节选了书中的部分内容进行展示。页面左侧的页码，为您标注了对应内容在书中出现的位置。

参 考 文 献

[1] 丁承先，段元锋，吴东岳. 向量式结构力学[M]. 北京：科学出版社，2012.

[2] WANG C Y，WANG R Z，WU T Y，et al. Nonlinear discontinuous deformation analysis of structure[C]//Proceedings of the Sixth International Conference on Analysis of Discontinuous Deformation（ICADD-6）. A.A.Balkema Publishers，2021：79-91.

[3] 王勖成. 有限单元法[M]. 北京：清华大学出版社，2003.

[4] SMITH I M，GRIFFITHS D V，MARGETTS L. 有限元方法编程[M]. 5 版. 张新春，慈铁军，范伟丽，等译. 北京：电子工业出版社，2017.

[5] 曾攀. 有限元分析及应用[M]. 北京：清华大学出版社，2004.

[6] 徐荣桥. 结构分析的有限元法与 MATLAB 程序设计[M]. 北京：人民交通出版社，2006.

[7] BROWN P A，SOLTANAHMADI A，CHANDWANI R. Application of the finite difference technique to the analysis of flexible riser systems[C]//The Fourth International Conference on Civil and Structural Engineering Computing. Zentech International Ltd.，1989：225-231.

[8] 李鹏，李彤，张鸿凯，等. 深水 FPSO 柔性立管[J]. 中国造船，2010：51（A02）：8.

[9] TIMOSHENKO S P，WOINOWSKY K S. Theory of plates and shells[M]. 2nd ed. New York：McGraw-Hill，1959.

[11] 杨耀乾. 薄壳理论[M]. 北京：中国铁道出版社，1981.

[12] ZIENKIEWICZ O C. The finite element method in engineering science[M]. New York：McGraw-Hill，1971.

[13] 彭国伦. Fortran 95 程序设计[M]. 北京：中国电力出版社，2002.

[14] 沈建华，郝立平. 嵌入式系统教程：基于 Tiva C 系列 ARM Cortex-M4 微控制器[M]. 北京：北京航空航天大学出版社，2015.

[15] HERMANNS M . Parallel programming in fortran 95 using OpenMP. 2002.

[16] 都志辉. 高性能计算并行编程技术：MPI 并行程序设计[M]. 北京：清华大学出版社，2001.

[17] DOT NORSKE VERITAS. DNV-OS-J201 Offshore substations for wind farms[S]. Norway：2009.

[18] 美国石油协会.APIRP2 A-WSD Planning，designing，and constructing fixed offshore platforms-working stress dcsign[S]. Washington，D. C.：API Publishing Services，2014.

[19] 中国船级社. 浅海固定平台建造与检验规范[S]. 北京：人民交通出版社，2004.

[20] 李海生. Delaunay 三角剖分理论及可视化应用研究[M]. 哈尔滨：哈尔滨工业大学出版社，2010.

[21] 陈铁云，陈伯真. 船舶结构力学[M]. 北京：国防工业出版社，1984.

[22] 竺艳蓉. 海洋工程波浪力学[M]. 天津：天津大学出版社，1991.

[23] SAEVIK S，LEVOLD E. High temperature snaking behaviour of pipelines[C]// The fifth international offshore and polar engineering conference. Netherlands，1995：63-72.

[24] FYRILEIV O，AAMLID O，VENÅS A. Analysis of expansion curves for subsea pipelines[C] //The sixth international offshore and polar engineering conference. Los Angeles，1996：66-74.

[25] LARSEN C M，KOUSHAN K，PASSANO E. Frequency and time domain analysis of vortex induced vibrations for free span pipelines[C]//ASME 2002 21st international conference on offshore mechanics and arctic engineering. 2002：103-111.

[26] PEREIRA A，BOMFIMSILVA C，FRANCO L，et al. In-place free span assessment using finite element analysis[C]//ASME 2008 27th international conference on offshore mechanics and arctic engineering. 2008：191-196.

[27] TOMES K，NYSTREM P R，DAMSLETH P，et al. The behaviour of high pressure high temperature flowlines on very uneven seabed[C]//The seventh international offshore and polar engineering conference. 1997.

[28] SOREIDE T，KVARME S O，PAULSEN G. Pipeline expansion on uneven seabed[C]//The fifteenth international offshore and polar engineering conference. 2005：38-43.

[29] NIELSEN F G，SOREIDE T，KVARME S. VIV response of long free spanning pipelines[C] //21st International conference on offshore mechanics and arctic engineering（OMAE）. Norway，2002：121-129.

[30] LI X，WANG B，ZHOU J. Analytical method of submarine buried steel pipelines under strike-slip faults[C]//The 15th world conference on earthquake engineering. 2012.

[31] XU L，LIN M. Integrate pipe-soil interaction model with the vector form intrinsic finite element method-nonlinear analysis of free-span[C]//Proceedings of the twenty-fourth international ocean and polar engineering conference. 2014：72-79.

[32] BAI Q，BAI Y. Subsea pipeline design，analysis，and installation[M]. Amsterdam：Elsevier，2014.

[33] DNV-OS-F101，Submarine pipeline systems[S]. Høvik：DNV（Det Norske Veritas），2013.

[34] TIMSHENKO S P，GERE J M. Theory of elastic stability[M]. Lodon：Dover Publications，2009.

[35] DNV-RP-F105，Free spanning pipelines[S]. Høvik：DNV（Det Norske Veritas），2006.

[36] 余建星，李小龙，苗春生. 深海水下结构设计及试验[M]. 天津：天津大学出版社，2015.

[37] TING E C，SHIH C，WANG Y K. Fundamentals of a vector form intrinsic finite element：

part I. basic procedure and a plane frame element[J]. Journal of mechanics，2004，20（2）：113-122.

[38] TING E C，SHIH C，WANG Y K. Fundamentals of a vector form intrinsic finite element：part Ⅱ. plane solid elements[J]. Journal of mechanics，2004，20（2）：123-132.

[39] SHIH C，WANG Y K，TING E C. Fundamentals of a vector form intrinsic finite element：part Ⅲ. convected material frame and examples[J]. Journal of mechanics，2004，20（2）：133-143.

[40] WU T Y，WANG R Z，WANG C Y. Large deflection analysis of flexible planar frames[J]. Journal of the Chinese institute of engineers，2006，29（4）：593-606.

[41] WANG C Y，WANG R Z，CHUANG C C，et al. Nonlinear dynamic analysis of reticulated space truss structure[J]. Journal of mechanics，2006，22（3）：199-212.

[42] WU T Y，WANG C Y，CHUANG C C，et al. Motion analysis of 3D membrane structures by a vector form intrinsic finite element[J]. Journal of the Chinese insititute of engineers，2007，30（6）：961-976.

[43] 卢哲刚，姚谏. 向量式有限元：一种新型的数值方法[J]. 空间结构，2012，18（1）：85-91.

[44] WU T Y. Nonlinear analysis of axi-symmetric solid using vector mechanics[J]. Computer modeling in engineering and sciences，2011，82（2）：83-112.

[45] 王震，赵阳，杨学林. 基于六面体网格的向量式有限元分析及应用[J]. 计算力学学报，2018，35（4）：480-486.

[46] 王震，赵阳，杨学林. 基于向量式有限元的实体结构非线性行为分析[J]. 建筑结构学报，2015，36（3）：133-140.

[47] 王震，赵阳，杨学林. 薄膜断裂和穿透的向量式有限元分析及应用[J]. 计算力学学报，2018，35（3）：315-320.

[48] WU T Y，TING E C. Large deflection analysis of 3D membrane structures by a 4-node quadrilateral intrinsic element[J]. Thin-walled structures，2008，46（3）：261-275.

[49] 王震，赵阳，胡可. 基于向量式有限元的三角形薄板单元[J]. 工程力学，2014，31（1）：37-45.

[50] WU T Y. Dynamic nonlinear analysis of shell structures using a vector form intrinsic finite element[J]. Engineering structures，2013，56：2028-2040.

[51] 王震，赵阳，杨学林. 薄壳结构的向量式有限元屈曲行为分析[J]. 中南大学学报（自然科学版），2016，47（6）：2058-2064.

[52] 王震，赵阳，胡可. 基于向量式有限元的三角形薄壳单元研究[J]. 建筑结构学报，2014，35（4）：64-70，77.

[53] 喻莹，罗尧治. 基于有限质点法的结构屈曲行为分析[J]. 工程力学，2009，26（10）：23-29.

[54] DUAN Y F, WANG S M, YAU J D. Vector form intrinsic finite element method for analysis of train-bridge interaction problems considering the coach-coupler effect[J]. International journal of structural stability and dynamics, 2018, 19:1950014.

[55] DUAN Y F, HE K, ZHANG H M, et al. Entire-process simulation of earthquake-induced collapse of a mockup cable-stayed bridge by vector form intrinsic finite element (VFIFE) method[J]. Advances in structural engineering, 2014, 17(3):347-360.

[56] DUAN Y F, WANG S M, WANG R Z, et al. Vector form intrinsic finite-element analysis for train and bridge dynamic interaction[J]. Journal of bridge engineering, 2018, 23(1): 04017126.1-04017126.15.

[57] 朱明亮，董石麟. 基于向量式有限元的弦支穹顶失效分析 [J]. 浙江大学学报(工学版)，2012，46(9):1611-1618,1632.

[58] YUAN F, LI L L, GUO Z, et al. Landslide impact on submarine pipelines: analytical and numerical analysis[J]. Journal of engineering mechanics, 2014, 141(2):04014109.

[59] DUAN Y F, WANG S M, WANG R Z, et al. Vector form intrinsic finite element based approach to simulate crack propagation[J]. Journal of mechanics, 2017, 33(6):797-812.

[60] 曲激婷，宋全宝. 基于向量式有限元的黏滞阻尼减震结构抗竖向连续倒塌动力反应分析[J]. 地震工程学报，2019，41(6):1432-1439.

[61] LIEN K H, CHIOU Y J, WANG R Z, et al. Vector form intrinsic finite element analysis of nonlinear behavior of steel structures exposed to fire[J]. Engineering structures, 2010, 32(1):80-92.

[62] 陈旭骏，张圩. 基于向量式有限元导管架平台桩腿的力学分析[J]. 科技创新导报，2015，12(23):107-108,112.

[63] 胡狄，何勇，金伟良. 基于向量式有限元的 Spar 扶正预测及强度分析[J]. 工程力学，2012，29(8):333-339,345.

[64] 李效民，张林，牛建杰，等. 基于向量式有限元的深水顶张力立管动力响应分析[J]. 振动与冲击，2016，35(11):218-223.

[65] 王飞，李效民，马芳俊，等. 向量式有限元法在管土相互作用中的应用[J]. 船舶力学，2019，23(4):467-475.

[66] 余杨，赵宇，张振兴，等. 多浮筒段缓波型立管向量有限元分析[J]. 天津大学学报(自然科学与工程技术版)，2021，54(6):561-574.

[67] 徐海良，龙国键，梁武. 深海采矿输送软管几何非线性静力分析[J]. 金属矿山，2005(8):7-10.

[68] 徐海良，周刚，吴万荣，等. 深海采矿扬矿管几何非线性静力分析[J]. 中南大学学报(自然科学版)，2011，42(11):3352-3358.

[69] 徐海良，龙国键. 采矿车运动对深海采矿软管输送系统的影响分析[J]. 海洋工程，2006(1):132-138.

[70] 徐海良，龙国键，诸福磊. 深海采矿矿石输送软管有限元动力分析[J]. 矿山机械，2005，33(9):10-13,4.

[71] 简曲，何永森，王明和，等. 大洋采矿输送软管动力特性的数值研究[J]. 海洋工程，2001(1):59-64.

[72] WU H，ZENG X H，XIAO J Y，et al. Vector form intrinsic finite-element analysis of static and dynamic behavior of deep-sea flexible pipe[J]. International journal of naval architecture and ocean engineering，2020，12:376-386.

[73] RUMBOD G. A simple and efficient algorithm for the static and dynamic analysis of flexible marine risers[J]. Computers & structures，1988，29(4):541-555.

[74] RAMAN N W，BADDOUR R E. Three-dimensional dynamics of a flexible marine riser undergoing large elastic deformations[J]. Multibody system dynamics，2003，10(4):393-423.

[75] CHATJIGEORGIOU I K. A finite differences formulation for the linear and nonlinear dynamics of 2D catenary risers[J]. Ocean engineering，2008，35(7):616-636.

[76] CHATJIGEORGIOU I K. Three dimensional nonlinear dynamics of submerged，extensible catenary pipes conveying fluid and subjected to end-imposed excitations[J]. International journal of non-linear mechanics，2010，45(7):667-680.

[77] PARK H I，Jung D H. A finite element method for dynamic analysis of long slender marine structures under combined parametric and forcing excitations[J]. Ocean engineering，2002，29(11):1313-1325.

[78] REZAZADEH K,陆钰天,白勇,等. 钢悬链线立管与海底相互作用和疲劳分析[J]. 哈尔滨工程大学学报,2014,35(2):155-160.

[79] 余建星,蔡晓雄,余杨,等. 深海刚性跨接管弯管强度关键影响因素研究[J]. 海洋工程，2018,36(1):1-8.

[80] 阎军,英玺蓬,步宇峰,等. 深水柔性立管结构技术进展综述[J]. 海洋工程装备与技术，2019,6(6):745-749.

[81] 余建星,刘晓强,余杨,等. 基于改进响应面法的立管疲劳可靠性计算[J]. 天津大学学报(自然科学与工程技术版),2017,50(10):1011-1017.

[82] 郝帅,余杨,吴雷,等. 复杂载荷下深水顶张式立管屈曲失效风险分析[J]. 天津大学学报(自然科学与工程技术版),2018,51(6):555-565.

[83] CHATJIGEORGIOU I K. On the effect of internal flow on vibrating catenary risers in three dimensions[J]. Engineering structure，2010，32(10):3313-3329.

[84] 王金龙,段梦兰,田凯. 海流作用下的深水懒波型立管形态研究[J]. 应用数学和力学，2014,35(9):959-968.

[85] 李艳,李欣. 深水缓波形立管的非线性动力分析[J]. 中国造船,2014,55(2):92-101.

[86] WANG J L，DUAN M L. A nonlinear model for deepwater steel lazy-wave riser

configuration with ocean current and internal flow[J]. Ocean engineering, 2015, 94:155-162.

[87] WANG J L, DUAN M L, LUO J M. Mathematical model of steel lazy-wave riser abandonment and recovery in deepwater[J]. Marine structures, 2015, 41:127-153.

[88] YUAN S, MAJOR P, ZHANG H X. Flexible riser replacement operation based on advanced virtual prototyping[J]. Ocean engineering, 2020, 210:107502.

[89] 于帅男,桑松,曹爱霞,等. 缓波型柔性立管构型优化及敏感性分析[J]. 船舶工程,2019,41(1):104-109.

[90] 王晗栋,黄丹. 海洋柔性立管弯曲限制器非线性建模及参数敏感性分析[J]. 中国海洋平台,2020,35(1):1-5,11.

[91] TANG M G, YAN J, CHEN J L, et al. Nonlinear analysis and multi-objective optimization for bend stiffeners of flexible riser[J]. Journal of marine science and technology, 2015, 20(4):591-603.

[92] 郝建伶,武国营,罗衡. 海洋柔性立管疲劳寿命分析与研究[J]. 石化技术,2020,27(5):80-81.

[93] 李冠军,姜冬菊,黄丹. 深海柔性立管弯曲加强器力学建模及参数敏感性分析[J]. 科学技术与工程,2020,20(11):4210-4215.

[94] BAI X L, HUANG W, VAZ M A, et al. Riser-soil interaction model effects on the dynamic behavior of a steel catenary riser[J]. Marine structures, 2015, 41:53-76.

[95] 刘震,郭海燕,牛建杰. 考虑内流作用的缓波形立管非线性静动力分析[J]. 中国海洋大学学报(自然科学版),2019,49(5):101-107.

[96] MINDLIN R D. Influence of rotary inertia and shear on flexural motions of isotropic elastic plates[J]. Journal of applied mechanics, 1951, 18(1):31-38.

[97] REISSNER E. On bending of elastic plates[J]. Quarterly of applied math ematics, 1947, 5(1):55-68.

[98] BATOZ J L, BATHE K J, HO L W. A study of three-node triangular plate bending elements[J]. International journal for numerical methods in engineering, 1980, 15:1771-1812.

[99] BATOZ J L. An explicit formulation for an efficient triangular plate-bending element[J]. International journal for numerical methods in engineering, 1982, 18:1077-1089.

[100] ÖZCAN D M, BAYRAKTAR A, SAHIN A, et al. Experimental and finite element analysis on the steel fiber-reinforced concrete (SFRC) beams ultimate behavior[J]. Construction and building materials, 2009, 23(2):1064-1077.

[101] MOHR S, BAIRÁN J M, MARI A R. A frame element model for the analysis of reinforced concrete structures under shear and bending[J]. Engineering structures, 2010, 32(12):3936-3954.

[102] SILVA L P, JOÃO A. RC fiber beam-column model with bond-slip in the vicinity of interior joints[J]. Engineering structures, 2015, 96:78-87.

[103] PANTÒ B, RAPICAVOLI D, CADDEMI S, et al. A fibre smart displacement based (FSDB) beam element for the nonlinear analysis of reinforced concrete members[J]. International journal of non-linear mechanics, 2019, 117:103222.

[104] 聂利英,李建中,范立础. 弹(塑)性纤维梁柱单元及其单元参数分析[J]. 工程力学, 2004(03):15-20.

[105] SPACONE E, FILIPPOU F C, TAUCER F F. Fiber beam-column model for nonlinear analysis of R/C frames[J]. Earthquake engineering & structural dynamics, 1996, 25(7): 711-725.

[106] LI Z M, YU J X, YU Y, et al. Topology optimization of pressure structures based on regional contour tracking technology[J]. Structural & multidisciplinary optimization, 2018, 58: 687-700.

[107] 王福军, 王利萍, 程建钢,等. 并行有限元计算中的接触算法[J]. 力学学报, 2007 (3):422-427.

[108] ZANG M Y, GAO W, LEI Z. A contact algorithm for 3D discrete and finite element contact problems based on penalty function method[J]. Computational mechanics, 2011, 48(5):541-550.

[109] 李振眠, 余杨, 余建星,等. 基于向量有限元的深水管道屈曲行为分析[J]. 工程力学, 2021, 38(4):247-256.

[110] YU Y, LI Z M, YU J X, et al. Buckling analysis of subsea pipeline with integral buckle arrestor using vector form intrinsic finite thin shell element[J]. Thin-walled structures, 2021, 164:107533.

[111] BATHE K J , HO L W. A simple and effective element for analysis of general shell structures[J]. Computers & structures, 1981, 13(5-6):673-681.

[112] ROFOOEI F R, JALALI H H, ATTARI N K A, et al. Parametric study of buried steel and high density polyethylene gas pipelines due to oblique-reverse faulting[J]. Canadian journal of civil engineering, 2015, 42(3): 178-189.

[113] KARAMITROS D K, BOUCKOVALAS G D, KOURETZIS G P. Stress analysis of buried steel pipelines at strike-slip fault crossings[J]. Soil dynamics and earthquake engineering, 2007, 27(3): 200-211.

[114] JOSHI S, PRASHANT A, DEB A, et al. Analysis of buried pipelines subjected to reverse fault motion[J]. Soil dynamics and earthquake engineering, 2011, 31(7): 930-940.

[115] O' GRADY R, HARTE A. Localised assessment of pipeline integrity during ultra-deep S-lay installation[J]. Ocean engineering, 2013, 68: 27-37.

[116] DIJKSTRA E W . A discipline of programming[J]. Prentice hall PTR, 1976.

[117] 邢小东, 侯飞. 轴向冲击载荷下圆柱壳动力屈曲的计算机仿真[J]. 机械管理开发, 2008, 23(1):77-78.

[118] 高宏飙，刘碧燕，罗雯雯. 海上风电场离岸升压站关键技术研究[J]. 风能，2017(3)：60-64.

[119] KAWANO K，VENKATARAMANA K. Dynamic response and reliability analysis of large offshore structures[J]. Computer methods in applied mechanics & engineering，1999，168(1-4)：255-272.

[120] HONARVAR M R，BAHAARI M R，ASGARIAN B，et al. Cyclic inelastic behavior and analytical modelling of pile-leg interaction in jacket type offshore platforms[J]. Applied ocean research，2007，29(4)：167-179.

[121] ELSAYED T，EL-SHAIB M，HOLMAS T. Earthquake vulnerability assessment of a mobile jackup platform in the Gulf of Suez[J]. Ships & offshore structures，2015，10(6)：609-620.

[122] 丛军. 导管架平台地震响应谱分析[J]. 科技创新导报，2013(17)：222-223.

[123] 梁永超，李巨川，张剑波. 浅海导管架平台地震响应分析[J]. 中国海洋平台，2003，18(6)：16-18.

[124] 荣棉水，彭艳菊，吕悦军. 导管架式海洋平台的地震动时程分析[J]. 世界地震工程，2009，25(1)：25-30.

[125] 刘福来，张略秋，武江. 海上风电场海上升压站抗震设计[J]. 武汉大学学报(工学版)，2013，46(S1)：144-147.

[126] 左文安. 升压站导管架平台地震分析[J]. 船舶工程，2015，37(S2)：88-91.

[127] HOBBS R E. In-service buckling of heated pipelines[J]. Journal of transportation engineering，1984，110(2)：175-189.

[128] PEDERSEN P T，JENSEN J. Upheaval creep of buried heated pipelines with initial imperfections[J]. Marine structures，1988，1(1)：11-22.

[129] TAYLOR N，GAN A B. Submarine pipeline buckling-imperfection studies[J]. Thin-walled structures，1986，4(4)：295-323.

[130] KOURETZIS G P，KARAMITROS D K，SLOAN S W. Analysis of buried pipelines subjected to ground surface settlement and heave[J]. Canadian geotechnical journal，2014，52(8)：1058-1071.

[131] SABERI M，BEHNAMFAR F，VAFAEIAN M. A semi-analytical model for estimating seismic behavior of buried steel pipes at bend point under propagating waves[J]. Bulletin of earthquake engineering，2013，11(5)：1373-1402.

[132] TIAN Y，CASSIDY M J. The challenge of numerically implementing numerous force-resultant models in the stability analysis of long on-bottom pipelines[J]. Computers and geotechnics，2010，37(1)：216-232.

[133] YOUSSEF B S，CASSIDY M J，TIAN Y. Application of statistical analysis techniques to pipeline on-bottom stability analysis[J]. Journal of offshore mechanics and arctic

engineering, 2013, 135(3): 031701.

[134] DUTTA S, HAWLADER B C, PHILLIPS R. Finite element modelling of partially embedded pipelines in clay seabed using coupled eulerian-lagrangian method[J]. Canadian geotechnical journal, 2014, 52(1):58-72.

[135] RANDOLPH M F, WHITE D J, YAN Y. Modelling the axial soil resistance on deep-water pipelines[J]. Géotechnique, 2012, 62(9): 837-846.

[136] TIAN Y, CASSIDY M J. Modeling of pipe-soil interaction and its application in numerical simulation[J]. International journal of geomechanics, 2008, 8(4): 213-229.

[137] 许雷阁. 向量式有限元方法在长输油气管道安全中的应用研究 [D]. 北京:中国科学院大学, 2016.

[138] SOUTHWELL R V. On the general theory of elastic stability[J]. Philosophical transactions of the royal society of London, 1914, 213(497-508): 187-244.

[139] DONNELL L H. Stability of thin-walled tubes under torsion[J]. Technical report archive & image library, 1933.

[140] HAAGSMA S C, SCHAAP D. Collapse resistance of submarine lines studied[J]. Oil gas journal, 1981, 79.

[141] FATT M S H. Elastic-plastic collapse of non-uniform cylindrical shells subjected to uniform external pressure[J]. Thin-walled structures, 1999, 35(2): 117-137.

[142] DYAU J Y, KYRIAKIDES S. On the localization of collapse in cylindrical shells under external pressure[J]. International journal of solids & structures, 1993, 30(4): 463-482.

[143] PARK T D, KYRIAKIDES S. On the collapse of dented cylinders under external pressure[J]. International journal of mechanical sciences, 1996, 38(5):557-578.

[144] BAI Y, IGLAND R T, MOAN T. Tube collapse under combined external pressure, tension and bending[J]. Marine structures, 1997, 10(5): 389-410.

[145] XUE J H. A non-linear finite-element analysis of buckle propagation in subsea corroded pipelines[J]. Finite elements in analysis & design, 2006, 42(14-15): 1211-1219.

[146] TOSCANO R G, MANTOVANO L O, AMENTA P M, et al. Collapse arrestors for deepwater pipelines: cross-over mechanisms[J]. Computers & structures, 2008, 86(7-8): 728-743.

[147] CORRADI L, LUZZI L, TRUDI F. Plasticity-instability coupling effects on the collapse of thick tubes [J]. International journal of structural stability & dynamics, 2005, 5(1): 1-18.

[148] 余建星, 卞雪航, 余杨, 等. 深水海底管道全尺寸压溃试验及数值模拟[J]. 天津大学学报, 2012, 45(2):154-159.

[149] FAN Z Y, YU J X, SUN Z Z, et al. Effect of axial length parameters of ovality on the collapse pressure of offshore pipelines [J]. Thin-walled structures, 2017, 116: 19-25.

[150] YU J X, ZHAO Y Y, LI T Y, et al. A three-dimensional numerical method to study pipeline deformations due to transverse impacts from dropped anchors[J]. Thin-walled structure, 2016, 103: 22-32.

[151] HUAKUN W, YANG Y, YU J X, et al. Effect of 3D random pitting defects on the collapse pressure of pipe-part I: Experiment[J]. Thin-walled structures, 2018, 129: 512-526.

[152] JOHNS T G, MESLOH R E, SORENSON J E. Propagating buckle arrestors for offshore pipelines[J]. Journal of pressure vessel technology, 1978, 100(2):206-214.

[153] PARK T D, KYRIAKIDES S. On the performance of integral buckle arrestors for offshore pipelines [J]. International journal of mechanical sciences, 1997, 39(6):643-669.

[154] MANSOUR G N, TASSOULAS J L. Crossover of integral-ring buckle arrestor: computational results[J]. Journal of engineering mechanics, 1997, 123(4):359-366.

[155] NETTO T A, ESTEFEN S F. Buckle arrestors for deepwater pipelines[J]. Marine structures, 1999, 9(9):873-883.

[156] NETTO T A, KYRIAKIDES S. Dynamic performance of integral buckle arrestors for offshore pipelines: part Ⅱ analysis[J]. International journal of mechanical sciences, 2000, 42(7): 1425-1452.

[157] LEE L H, KYRIAKIDES S, NETTO T A. Integral buckle arrestors for offshore pipelines: enhanced design criteria[J]. International journal of mechanical sciences, 2008, 50(6): 1058-1064.

[158] TIAN Y, CASSIDY M J. Modeling of pipe–soil interaction and its application in numerical simulation[J]. International journal of geomechanics, 2008, 8(4): 213-229.

[159] 李振眠，余杨，余建星，等. 基于向量有限元的深水管道屈曲行为分析[J]. 工程力学，2021，38(4):247-256.

[160] YU Y, LI Z, YU J, et al. Buckling analysis of subsea pipeline with integral buckle arrestor using vector form intrinsic finite thin shell element[J]. Thin-walled structures, 2021, 164:107533.

[161] FRALDI M, GUARRACINO F. Towards an accurate assessment of UOE pipes under external pressure: effects of geometric imperfection and material inhomogeneity[J]. Thin-walled structures, 2013, 63(3): 147-162.

[162] NETTO T A, KYRIAKIDES S. Dynamic performance of integral buckle arrestors for offshore pipelines, part Ⅱ: analysis[J]. International journal of mechanical sciences, 2000, 42(7):1405-1423.

[163] 陈世铠. 向量式有限元素法于空间桁架之应用[D]. 桃园：中原大学，2004.

[164] 王国昌. 混凝土结构之非线性不连续变形分析[D]. 2004.

[165] 孙伟翰. 应用向量式有限元素法于挠性机构的运动分析[D]. 台北：台湾大学，2004.

[166] 赖建豪. 向量式有限元素法于平面构架几何非线性之应用[D]. 桃园：中原大学，

2003.
[167] 李东奇. 向量式有限元时间积分法之研究[D]. 桃园：中原大学，2006.
[168] 王仁佐. 向量式结构运动分析[D]. 2006.
[169] 赖哲宇. 向量式有限元素法之分散式计算应用于平面构架运动分析[D]. 桃园：中原大学，2006.
[170] 陈柏宏. 运用向量式有限元素法于隔震桥梁非线性动力分析[D]. 2008.
[171] 吴思颖. 向量式刚架有限元于二维结构之大变形与接触行为分析[D]. 2005.
[172] 萧程瑞. 向量式有限元于三维构架被动控制之应用[D]. 桃园：中原大学，2009.
[173] 魏子凌. 含温度效应之向量式有限元素法于平面构架运动分析[D]. 2007.
[174] 彭涛. 向量式有限元在索膜结构分析中的应用[D]. 杭州：浙江大学，2012.
[175] 王震. 向量式有限元薄壳单元的理论与应用[D]. 杭州：浙江大学，2013.
[176] 喻莹. 基于有限质点法的空间钢结构连续倒塌破坏研究[D]. 杭州：浙江大学，2010.
[177] 倪秋斌. 基于向量式有限元的斜拉索振动与控制研究[D]. 杭州：浙江大学，2013.
[178] 袁峰. 深海管道铺设及在位稳定性分析[D]. 杭州：浙江大学，2013.
[179] 陈建霖. 向量式有限元素法于平面构架弹（塑）性及断裂之应用[D]. 桃园：中原大学，2005.
[180] 蔡文昌. 向量式有限元求解具高度非线性二维刚架结构问题[D]. 台北：台湾大学，2009.
[181] 钟俊杰. 基于向量有限元的轮轨接触问题研究[D]. 成都：西南交通大学，2014.
[182] 于磊. 基于向量式有限元的膜结构褶皱与碰撞接触分析[D]. 杭州：浙江大学，2014.
[183] 刘奕廷. 应用向量式有限元素法于施工阶段结构物之模拟[D]. 桃园：中原大学，2007.
[184] 陈诗宏. 向量式有限元素法于被动结构控制元件模拟之应用[D]. 桃园：中原大学，2006.
[185] 张燕如. 钢结构火害之向量式有限元素法分析[D]. 台北：台湾成功大学，2007.
[186] 黄明哲. 基于向量式有限元的海上电气平台非线性动力分析[D]. 天津：天津大学，2019.
[187] 赵宇. 深水缓波型柔性立管响应特性及疲劳寿命研究[D]. 天津：天津大学，2021.
[188] 廖春蓝. 多金属结核中试采矿系统的动力学特性模拟与测试系统研究[D]. 长沙：中南大学，2004.
[189] 肖芳其. 深海采矿扬矿软管空间构形和流固耦合力学分析[D]. 长沙：中南大学，2012.
[190] 高云. 钢悬链式立管疲劳损伤分析[D]. 大连：大连理工大学，2011.
[191] 毛海英. 钢悬链线立管整体动力响应分析[D]. 青岛：中国海洋大学，2015.
[192] 曲自信. 非粘合柔性立管抗拉铠装条带应力计算模型及疲劳分析研究[D]. 大连：大连理工大学，2019.

[193] 王野. 海洋非粘结柔性管道结构设计与分析研究[D]. 大连:大连理工大学,2013.

[194] 李传凯. 钢悬链线立管静力及波激疲劳分析[D]. 大连:大连理工大学,2008.

[195] 覃振东. 环境载荷对钢悬链线立管影响的参数研究[D]. 天津:天津大学,2013.

[196] 董永强. 深海钢悬链线立管的分析与设计[D]. 哈尔滨:哈尔滨工程大学,2008.

[197] 徐莹. 缓波形钢悬链立管分析与优化设计[D]. 哈尔滨:哈尔滨工程大学,2016.

[198] CHEN X H. Studies on dynamic interaction between deep-water floating structures and their mooring/tendon system[D]. Texas: Texas A&M University, 2002.

[199] 阮伟东. 深水立管非线性静力/动力响应数值研究及铺管安全评估[D]. 杭州:浙江大学,2017.

[200] 汤明刚. 深水柔性立管及附件设计的关键力学问题研究[D]. 大连:大连理工大学,2015.

[201] 吴可伟. 空间杆系结构的弹(塑)性大位移分析[D]. 北京:清华大学,2012.

[202] 李帅. 冲击载荷下圆柱壳非线性动力屈曲的数值研究[D]. 大连:大连理工大学,2005.

[203] 孙震洲. 深海油气管道屈曲失稳机理研究[D]. 天津:天津大学, 2017.

[204] ZHANG J. Geotechnical stability of offshore pipelines in calcareous sand[D]. Perth: University of Western Australia, 2001.

[205] MUREN J, CAVENY K, ERIKSEN M, et al. Unbonded flexible risers-recent field experience and actions for increased robustness: 0389-26583-u-0032[R]. PSA, 4Subsea, 2013.

[206] "The 10th Five-Year" chief designer group of mining sea trial. Overall technical design of 1 000 m ocean polymetallic nodules mining system. Beijing: Research report of China Ocean Mineral Resources R & D Association ,2004.

[207] The OpenMP API specification for parallel programming[EB/OL]. https://www.openmp.org/.

[208] Open MPI: Open source high performance computing[EB/OL]. https://www.open-mpi.org/.

[209] The home of GNU Fortran[EB/OL]. http://gcc.gnu.org/fortran/.

[210] IMSL Fortran Library[EB/OL]. https://www.imsl.com/products/imsl-fortran-libraries.

[211] Developer reference for Intel® oneAPI math Kernel Library-Fortran[EB/OL]. https: //software.intel.com/content/www/us/en/develop/documentation/onemkl-developer-reference-fortran/top.html.

[212] MATLAB[EB/OL]. https://www.mathworks.com/products/matlab.html.

[213] MPICH[EB/OL]. https://www.mpich.org/mpichlindex.php/Main_Page.

[214] LAMMPS[EB/OL]. https://lammps.sandia.gov/.

[215] CHIMP[EB/OL]. ftp://ftp.epcc.ed.ac.uk/pub/packages/chimp/release/